秸秆高值转化利用技术

JIEGAN GAOZHI ZHUANHUA LIYONG JISHU

申 锋 杨吉睿 郭海心 仇 茉 张 笑 等 著

中国农业出版社
北 京

■ 著者名单（按姓氏笔画排序）

王洪亮	王晓琦	仇 茉	申 锋	代立春	朱慧娥
刘怡璇	李 早	李 虎	李明瑞	杨 帆	杨吉睿
张 笑	张松党	陈炳堃	武荷涓	周海琴	单建荣
郝珩羽	钟 恒	姚宗路	候其东	徐思瑜	郭宏瑞
郭海心	程 硕	裴福云	漆新华	霍丽丽

农作物光合作用的产物一半在籽实,一半在秸秆。秸秆是农业生产的副产物,也是重要的农业资源,秸秆资源化利用就是找回农业的另一半。近年来,我国粮食生产连年丰收,粮食产量连续7年站稳6.5亿t台阶,与此同时,农作物秸秆产生量也在逐年递增,2021年全国秸秆产生量8.65亿t,可收集量约为7.22亿t。

秸秆综合利用是提升耕地质量、改善生态环境、加快农业绿色低碳发展的重要抓手。《"十四五"全国农业绿色发展规划》《全国农业农村科技发展规划》等政策文件,均将秸秆综合利用率作为重要指标之一。2021年10月国务院印发的《2030年前碳达峰行动方案》,明确提出"加快推进秸秆高值化利用";2022年5月农业农村部、国家发展改革委联合印发的《农业农村减排固碳实施方案》,将秸秆综合利用作为十项重大行动之一。目前,我国秸秆综合利用率处于较高水平,2021年达到88.1%,以直接还田利用为主,秸秆再利用的下游产品附加值低,市场化开发、长效机制建设等方面存在明显短板。作为自然界富含木质纤维素的可再生生物质资源,秸秆能够部分替代不可持续的化石基原料,生产高附加值的聚乳酸(PLA)、聚氨酯(Bio-PU)、储能材料等多种化学品及炭基材料。秸秆高值转化利用,是实现绿色低碳转型的重要技术发展方向,也是发挥秸秆潜在价值的良好出路。

农业农村部环境保护科研监测所组织行业内多个专家团队,在多年成果凝练和总结的基础上,围绕秸秆高值转化技术进展及挑战等进行系统梳理和总结，汇编成册。本书详细介绍了秸秆高值利用技术的基本原理和发展趋势，并重点阐述了秸秆水解制糖和呋喃类化合物，秸秆纤维素催化转化制甲酸、多功能醇等高值转化新技术和新方法。全书内容丰富，数据翔实，具有较强的系统性、前瞻性和实用性，可为学术界进一步探索秸秆全方位高值化开发提供有益借鉴，也可为秸秆资源的高效利用提供理论依据和技术参考。

秸秆高值转化技术涉及能源、化学、材料、环境等多领域内容，需要多学科知识和技术的交叉融合，其原理、内容、目标和内涵在不断地充实和完善，希望编写团队再接再厉，取得更多高质量的研究成果，为秸秆高值转化相关理论研究和实践探索做出新的贡献。

2023 年 1 月

前言
FOREWORD

目前，化石资源（石油、煤炭、天然气）仍是人类社会基本能源和有机工业原料的最主要来源，而石油/煤化工也是传统的高能耗、高碳排放行业。在"双碳"目标背景下，大力发展可再生能源，尤其是生物质能是实现能源结构优化、较少碳排放的重要举措。中国是农业大国，每年在农业生产和农产品加工过程中产生大量的固体废弃物如农作物秸秆、蔗渣、尾菜、木屑、杂草、农膜等。我国的农作物秸秆量大面广，年产量近9亿t，约占全球秸秆总产量的17%。实现农业固体废弃物的资源化利用是助力乡村振兴战略、改善农村人居环境、提升农村经济效益的重要途径。2022年农业农村部发布了《农业农村部办公厅关于做好2022年农作物秸秆综合利用工作的通知》，其中指出秸秆综合利用坚持农用优先、多措并举，以肥料化、饲料化、能源化为主攻方向。然而，秸秆的天然属性决定了其养分、营养成分和热值均较低，这也导致了通过上述三种方式得到的产品附加值较低。因此，开发秸秆高值转化利用技术，研发具有更高附加值和市场竞争力的秸秆工业化产品，不仅能提升秸秆综合利用产业的经济效益、激发市场活力，同时对"双碳"目标实现有积极的推动作用。

木质纤维素生物质作为秸秆的主要构成成分，具有廉价易得、不争粮等优点，用以制备生物基燃料、生物基化学品和生物基材料。秸秆不仅可以通过高温热解、高温液化和气化来制备合成气、生物油和生物质炭三类产品，而且可以结合预处理技术有针对性地将秸秆组分催化转化为多功能平台化合物，如单糖（葡萄糖、果糖、木糖等）、呋喃型化合物（5-羟甲基糠醛、糠醛等）、有机酸（甲酸、乙酰丙酸、乳酸、2，5-呋喃二甲酸等）和酚类化合物等，并进一步提质得到更高值的精细化学品和液体燃料。由于木质纤维素主要由纤维素、半纤维素和木质素三种组分构成，这三种组分的物化属性有所区别，分别对应了具体高值产品。因此，针对不同组分和产品对目前现有的秸秆高值转化利用技术进行整合与分析，对于实际秸秆的高值转化以及实际应用，具有重要的价值和意义。

本书由农业农村部环境保护科研监测所牵头，同时结合了多家知名高校和科研院所的研究成果，以农作物秸秆资源化利用现状和秸秆高值利用现状为切入点，分别从秸秆水解制糖和呋喃类化合物、秸秆纤维素催化转化制甲酸技术、秸秆纤维素催化转化制多功能醇、生物质催化水热胺化为含氮化合物、秸秆纤维素的电催化转化、木质素的结构和物性、木质纤维素基单体及其高分子聚合、木质素基有序介孔碳制备技术、生物质水热炭材料的研究进展及生物质炭表面含氧官能团的调控及应用等方面，较为全面系统性地梳理了目前秸秆生物质高值转化的技术进展。

本书的编写得到了中国农业科学院农业环境与可持续发展研究所、南开大学、贵州大学、上海交通大学、中国农业大学、日本东北大学、农业农村部沼气科学研究所及河北工业大学等多家单位的大力支持。本书的出版得到了中国农业科学院青年创新专项经费的支持，在此一并表示由衷的感谢！

限于编者水平，书中不足之处在所难免，恳请读者不吝赐教和批评指正。

著 者

2023年1月

目 录
CONTENTS

序
前言

第1章 农作物秸秆资源化利用现状 ······················· 1
  1.1 农作物秸秆的来源、产量和分布 ···················· 1
  1.2 农作物秸秆的收储运 ···························· 2
    1.2.1 秸秆供应模式 ···························· 2
    1.2.2 秸秆收储工艺方案 ························ 5
  1.3 农作物秸秆的资源化利用途径 ······················ 6
    1.3.1 肥料化利用技术 ·························· 7
    1.3.2 饲料化利用技术 ·························· 9
    1.3.3 燃料化利用技术 ·························· 10
    1.3.4 基料化利用技术 ·························· 11
    1.3.5 原料化利用技术 ·························· 11
    1.3.6 秸秆资源化利用模式 ······················ 12
    1.3.7 秸秆资源化利用运营管理模式 ·············· 14
    1.3.8 秸秆资源化利用政策激励模式 ·············· 14

第2章 秸秆高值利用现状 ································ 17
  2.1 生物质炼制 ···································· 18
  2.2 木质纤维素生物质 ······························ 18
    2.2.1 纤维素 ·································· 20
    2.2.2 半纤维素 ································ 20
    2.2.3 木质素 ·································· 21
    2.2.4 木质素-糖复合体 ························· 22
  2.3 木质纤维素预处理概述 ·························· 23

2.4 木质纤维素高值利用 ………………………………………… 25

第3章 秸秆水解制糖和呋喃类化合物 ………………………… 32

3.1 秸秆水解制 C6/C5 糖 …………………………………………… 34
 3.1.1 秸秆类生物质预处理 ……………………………………… 34
 3.1.2 纤维素水解产 C6 糖 ……………………………………… 36
 3.1.3 半纤维素水解产 C5 糖 …………………………………… 36

3.2 C6 糖制 5-HMF ………………………………………………… 37
 3.2.1 果糖脱水制备 5-HMF ……………………………………… 37
 3.2.2 葡萄糖异构制备果糖 ……………………………………… 39
 3.2.3 葡萄糖制备 5-HMF ………………………………………… 40
 3.2.4 纤维素制备 5-HMF ………………………………………… 41
 3.2.5 5-HMF 的分离纯化和稳定化 ……………………………… 42
 3.2.6 5-HMF 的升级转化 ………………………………………… 44

3.3 C5 糖制糠醛 …………………………………………………… 45
 3.3.1 糠醛的性质和应用 ………………………………………… 45
 3.3.2 糠醛的制备 ………………………………………………… 45

第4章 秸秆纤维素催化转化制甲酸技术 ……………………… 60

4.1 湿氧化法转化秸秆等糖类制甲酸 ……………………………… 61
4.2 催化氧化法转化秸秆等糖类制甲酸 …………………………… 65
4.3 其他转化技术 …………………………………………………… 67
 4.3.1 快速热解法 ………………………………………………… 67
 4.3.2 光催化反应法 ……………………………………………… 68
4.4 催化氧化法制备甲酸典型催化剂及机理 ……………………… 68
 4.4.1 锰氧化物 MnO_x 催化剂合成 ……………………………… 68
 4.4.2 催化剂表征及性能研究 …………………………………… 69
 4.4.3 反应路径及催化机理研究 ………………………………… 71

第5章 秸秆纤维素催化转化制多功能醇 ……………………… 78

5.1 由单糖制多功能醇 ……………………………………………… 78
 5.1.1 葡萄糖制山梨醇 …………………………………………… 78
 5.1.2 山梨醇制小分子醇 ………………………………………… 81
5.2 由纤维素制山梨醇 ……………………………………………… 83
 5.2.1 可溶性酸/金属催化剂 ……………………………………… 83

5.2.2 原位生成的 H^+/金属催化剂 ·············· 84
5.3 由纤维素制能源醇 ·············· 87
5.3.1 碱性催化剂 ·············· 88
5.3.2 过渡金属催化剂 ·············· 89

第6章 生物质催化水热胺化为含氮化合物 ·············· 98

6.1 天然生物质水热胺化 ·············· 99
6.2 木质纤维素组分水热胺化 ·············· 100
    6.2.1 纤维素 ·············· 100
    6.2.2 半纤维素 ·············· 101
    6.2.3 木质素 ·············· 101
6.3 生物基平台分子水热胺化 ·············· 102
    6.3.1 醇类化合物 ·············· 102
    6.3.2 羰基化合物 ·············· 104
    6.3.3 单糖化合物 ·············· 105
    6.3.4 其他平台分子 ·············· 106
6.4 水热胺化法反应机理 ·············· 106
6.5 生物质热解 ·············· 107
    6.5.1 热解产物中的含氮化合物 ·············· 107
    6.5.2 影响生物质转化为含氮化合物的主要因素 ·············· 108
6.6 小结与展望 ·············· 110

第7章 秸秆纤维素的电催化转化 ·············· 119

7.1 阳极催化氧化 ·············· 120
    7.1.1 秸秆纤维素电催化氧化促进水产氢 ·············· 122
    7.1.2 5-HMF 的电催化氧化 ·············· 123
    7.1.3 葡萄糖的电催化氧化 ·············· 127
7.2 阴极催化加氢 ·············· 127
    7.2.1 葡萄糖的电催化还原 ·············· 128
    7.2.2 5-HMF 的电催化还原 ·············· 129
7.3 小结与展望 ·············· 130

第8章 木质素及其高值转化利用 ·············· 141

8.1 木质素的结构和物化特性 ·············· 142
    8.1.1 木质素的结构 ·············· 142

8.1.2 木质素的物化特性 …… 145
8.2 木质素的提取和分级 …… 146
  8.2.1 木质素的提取 …… 146
  8.2.2 木质素的分级 …… 147
8.3 木质素的功能特性和修饰改性 …… 148
  8.3.1 木质素的功能特性 …… 148
  8.3.2 木质素的修饰改性 …… 149
8.4 木质素转化制备燃料和化学品 …… 153
  8.4.1 木质素热解转化 …… 153
  8.4.2 木质素酸及碱催化转化 …… 155
  8.4.3 木质素还原催化转化 …… 156
  8.4.4 木质素氧化催化转化 …… 157
  8.4.5 木质素高值转化中存在的挑战和机遇 …… 160

第9章 木质纤维素基单体及其高分子聚合 …… 166

9.1 木质纤维素由来的生物基单体 …… 167
  9.1.1 基于纤维素/半纤维素的 C5/C6 糖 …… 167
  9.1.2 不含呋喃环结构的 5-HMF 由来生物基单体 …… 168
  9.1.3 含有呋喃环结构的 5-HMF 由来生物基单体 …… 170
  9.1.4 木质素基平台化合物及其生物基单体的制备 …… 172
9.2 生物基单体常用的聚合方法 …… 173
  9.2.1 缩合聚合和聚加成反应 …… 173
  9.2.2 开环聚合 …… 175
  9.2.3 自由基聚合 …… 176
9.3 生物基聚合物的未来展望 …… 178

第10章 木质素基有序介孔碳制备技术 …… 183

10.1 木质素基有序介孔碳的合成方法 …… 183
10.2 木质素基有序介孔碳催化转化半纤维素到糠醛 …… 185
  10.2.1 试验材料与方法 …… 185
  10.2.2 结果与讨论 …… 186
  10.2.3 催化性能测试 …… 188
  10.2.4 OMC-SO_3H 催化木聚糖转化为糠醛 …… 191
  10.2.5 小结 …… 191
10.3 木质素基有序介孔碳催化转化糠醛到四氢糠醇 …… 191

10.3.1　试验材料与方法 ………………………………………………… 192
　　10.3.2　结果与讨论 …………………………………………………… 192
　　10.3.3　催化性能测试 …………………………………………………… 195
　　10.3.4　材料的普适性 …………………………………………………… 198
　　10.3.5　小结 ……………………………………………………………… 200

第11章　生物质水热炭材料的研究进展 ……………………………………… 204

11.1　概述 ……………………………………………………………………… 205
11.2　生物质水热炭材料的制备 ……………………………………………… 205
11.3　水热炭材料的应用 ……………………………………………………… 209
　　11.3.1　能源 ……………………………………………………………… 210
　　11.3.2　环境治理 ………………………………………………………… 210
　　11.3.3　催化应用 ………………………………………………………… 213
11.4　结论与展望 ……………………………………………………………… 213

第12章　生物质炭表面含氧官能团的调控及应用 …………………………… 219

12.1　低温烘焙富氧生物质炭 ………………………………………………… 220
　　12.1.1　低温烘焙富氧生物质炭的制备 ………………………………… 220
　　12.1.2　低温烘焙富氧生物质炭的结构特征 …………………………… 220
　　12.1.3　低温烘焙富氧生物质炭的铀吸附性能 ………………………… 224
　　12.1.4　小结 ……………………………………………………………… 226
12.2　热空气氧化生物质炭 …………………………………………………… 226
　　12.2.1　热空气氧化生物质炭的制备 …………………………………… 226
　　12.2.2　热空气氧化对生物质炭结构的调控作用 ……………………… 226
　　12.2.3　热空气氧化生物质炭的铀吸附性能 …………………………… 229
　　12.2.4　小结 ……………………………………………………………… 230
12.3　微波氧化冲击生物质炭 ………………………………………………… 231
　　12.3.1　生物质炭的微波氧化冲击改性 ………………………………… 231
　　12.3.2　MW-AOS对多孔生物质炭结构的调控作用 …………………… 231
　　12.3.3　MW-AOS后多孔生物质炭的亚甲基蓝吸附 …………………… 233
　　12.3.4　MW-AOS后多孔生物质炭的电化学储能性能 ………………… 235
　　12.3.5　小结 ……………………………………………………………… 236

第1章 农作物秸秆资源化利用现状

姚宗路，霍丽丽

中国农业科学院农业环境与可持续发展研究所，农业农村部华北平原农业绿色低碳重点实验室

秸秆利用关系种植、养殖绿色高质量生产，关系农田地力保护与提升，关系农村居民低碳能源需求等，涉及粮食安全和重要农产品保障、农业农村减排固碳等国家重大需求。自 1999 年国家环保总局与农业部、财政部等部委联合发布《秸秆禁烧和综合利用管理办法》以来，我国针对秸秆资源化利用陆续发布《关于加快推进农作物秸秆综合利用的意见》《"十二五"农作物秸秆综合利用实施方案》《中国秸秆产业蓝皮书》《环境保护法》等一系列政策文件、实施方案及法律法规，阐明秸秆资源化利用总体目标、发展举措和实施方法；明确禁止秸秆露天焚烧，对秸秆资源化利用进行了界定和推广，不断提高秸秆的资源化利用率；将秸秆资源化利用归为秸秆"五料化"利用五个方面，即饲料化利用、肥料化利用、能源化利用、基料化利用和原料化利用[1]，秸秆饲料化利用可以促进草食畜牧质量提升，秸秆肥料化利用可以显著提高粮食产量、保护土壤地力并减缓气候变化，秸秆能源化利用可以为村镇地区提供清洁低碳能源，秸秆基料化和原料化利用可以提升农业副产物价值。

目前，我国玉米秸秆的资源化利用已形成多元化利用的新格局[2]。玉米秸秆从早期的仅用作能源燃料和牲畜饲料，扩展到用作青贮饲料、育苗基料、能源燃料和工业原料等；从过去的传统农业应用到现代工业能源领域应用；从农民燃烧秸秆到秸秆直燃发电、秸秆气化、秸秆沼气、秸秆炭化和热解的高效利用。随着秸秆产业化的快速发展，秸秆人造板材、秸秆生物乙醇等高附加值产品也实现了工业化生产[3]。

1.1 农作物秸秆的来源、产量和分布

农作物秸秆（以下简称秸秆）是指在农业生产过程中收获了稻谷、小麦、玉米等农作物籽粒后，残留的不能食用的茎、叶等农作物副产品，不包括农作

物地下部分[4]。秸秆是重要的生物质资源，可被广泛用作肥料、饲料、能源、基料、原料等，充分利用秸秆资源可产生经济效益、环境效益、社会效益等多重效益[5]。

农业农村部秸秆资源台账数据（均不含港澳台，下同）分析结果显示，2019年全国秸秆产生量8.65亿t，可收集量7.31亿t，可收集资源密度每亩* 约361 kg。

分区来看，华北地区秸秆产生量最高，达到2.36亿t，占全国秸秆总产量的27.3%；其次为长江中下游地区和东北地区，秸秆产生量分别占全国秸秆总产量的24.5%和23.3%；西北地区、西南地区和华南地区秸秆产生量均不足亿吨，分别占全国秸秆总产量的9.6%、9.2%和6.1%。

分省份来看，河南省秸秆产生量9 195.2万t，占全国秸秆总产量的10.7%，居全国首位；其次为黑龙江省，秸秆产生量8 426.8万t，占全国的9.8%；山东省、安徽省、河北省秸秆产生量5 000万～8 000万t，分别占全国的8.3%、6.8%和6.0%；内蒙古自治区、新疆维吾尔自治区（含新疆生产建设兵团，下同）、吉林省、江苏省、湖南省、湖北省、四川省、辽宁省、江西省、广西壮族自治区和云南省11个省份秸秆产生量均达到2 000万～5 000万t。在秸秆资源分布密度方面，河南省资源分布密度每亩656kg，是全国平均水平的1.82倍；山东省、新疆维吾尔自治区和安徽省资源分布密度分别是全国平均水平的1.51倍、1.50倍和1.48倍；北京市秸秆资源分布密度最低，仅为每亩126kg，约为全国平均水平的1/3。分作物来看，玉米、水稻和小麦秸秆产生量分别为3.07亿t、2.22亿t和1.75亿t，分别占秸秆产生总量的35.5%、25.8%和20.2%，合计81.5%（图1-1）；玉米、水稻和小麦秸秆可收集量分别达到2.81亿t、1.73亿t和1.39亿t，分别占农作物秸秆可收集总量的38.6%、23.7%和19.2%（图1-2）。

1.2 农作物秸秆的收储运

1.2.1 秸秆供应模式

目前秸秆供应大体可概况为以下四种模式[6]。

模式一：田间晾晒后收集—农用车装载—能源利用。

此模式收储成本低，适合于单季农作物种植，距离应用点较近地区。秸秆的收集及买售价格取决于农民，应用点很难确保原料的连续供给，工厂连续运

---

* 亩为非法定计量单位，1亩≈666.7m²。——编者注

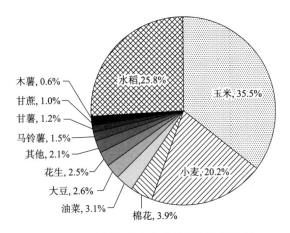

图 1-1 全国各种农作物秸秆产生量比例

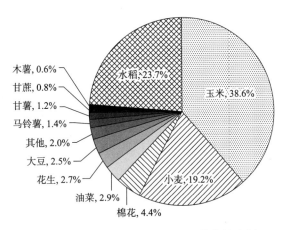

图 1-2 全国各种农作物秸秆可收集量比例

行稳定性无法保障。

模式二：田间收集—收储点晾晒储存—能源利用。

此模式储存成本增加了专用储存点储存管理费用以及二次运输费用，适合于两季或多季农作物种植地区，农民急于整地种植下一轮作物，秸秆无偿或低价卖给秸秆经纪人。为确保秸秆原料的供应链，秸秆经纪人可纳入应用点管理，或秸秆经纪人与应用点签订合约。

模式三：田间移动式打捆—收储点储存—能源利用。

田间打捆可减少人工收集和运输成本，原料收集率高，储运过程损失少，存储空间可减小至原来的1/5，原料质量能够得到有效保障，适应范围广[7]。移动式打捆机可在田间自行捡拾秸秆，经切断后直接打捆，捆重一般小于 50 kg。

模式四：田间收集—收储点固定式打捆储存—能源利用。

固定式打捆适宜秸秆资源较为集中、秸秆废弃量较多且便于收集地区，一般打成 500~800 kg 的方捆，粗粉后打捆，因此固定式打捆密度比移动式打捆高。

四种模式中，前两种模式为秸秆松散收集，后两种模式为秸秆打捆收集[8]。秸秆松散收集存在原料松散、储料占地面积大、储存管理费用高等问题，秸秆含水量不易控制，直接影响其热量，而且一般露天存放，易发霉发热，原料损失大，存在火灾隐患，秸秆田间收集采用人工收集（模式一、模式二）的效率低，秸秆损耗大，不易实现原料的连续供应。打捆收集，堆积密度较高，易堆垛存放，占地面积小，有效保证原料质量，有效提高了秸秆的储存期，降低了储存空间，便于机械作业地区推广，能够在一定程度上保证原料的持续供应[9]。

四种模式秸秆的供应成本比较：模式一，原料费用、收集人工费用和运输费用所占比重较大，其中运输费用随收集半径和与应用点距离的增加而增加，是可变成本中最易变化的因素。模式二，除了原料费用、收集人工费用所占比重较大外，运输费用增加了约 15%，主要增加了收储点到应用点的运输成本。模式三，秸秆原料费用、打捆费用和运输费用所占比重较大，其中原料从田间到储存点运输过程的成本是可变成本中变化敏感因素之一，实际调研该过程一般使用农用车，因此运输距离不宜过长[10]。模式四，除了秸秆原料费用、打捆费用所占比重较大外，原料收集人工费用增加了约 12%，主要增加了原料田间收集费用和堆垛人工费用[11]。

模式一和模式二为松散利用方式，适宜收集距离短、秸秆用量略小的加工厂，如秸秆沼气工程、气化工程以及小型秸秆成型燃料厂等；模式一较模式二的成本优势明显，小型应用点可采用模式一的原料供应方式，但模式一需考虑应用点储料场面积，而且需要考虑应用点原料的储存管理和原料损失成本。

模式三和模式四为打捆利用方式，比松散利用秸秆的储存保管方式更加容易，损失少，应用方便，适宜用量较大的工厂，如秸秆直燃发电厂和大型秸秆成型燃料厂等；模式四较模式三成本高，由于人工收集、二次装卸成本高的问题，因此模式三的成本较模式四有较大优势，对于大型应用点建议采用模式三，即采用移动式打捆方式收集秸秆原料。

四种模式成本由低到高排序为：模式一＞模式三＞模式二＞模式四。收集半径为 15 km 时，模式二、模式三、模式四分别比模式一的秸秆供应成本高 40%、23%、50%。

采用模式一方式一般为近距离收购，秸秆为应季供应，秸秆原料收购价格为 200 元/t。若应用点储存空间有限，无法储存大量秸秆，可采用模式二、模式三和模式四的收购方式，秸秆原料的收购价格为 250 元/t。对四种模式的经济性进行评价，收集半径在 12 km 以内，收益由高到低排序为：模式一＞模式三＞模式二＞模式四，但是需要注意的是模式一秸秆为松散收集方式，秸秆储运过程易损耗，该成本没有计算在内。收集半径介于 12~30 km，收益由高到低排序为：模式三＞模式一＞模式二＞模式四。若秸秆供应收益率按 8% 计，模式一的收集半径应在 22 km 以内，模式二的收集半径应在 15 km 以内，模式三的收集半径应在 26 km 以内，模式四的收集半径应在 11 km 以内。

1.2.2 秸秆收储工艺方案

根据项目工艺确定秸秆需求量。根据秸秆资源评价所得到的可利用秸秆资源量，初步估算原料的收储范围。目前，国内规模化秸秆能源化利用工程农作物秸秆收购方式大多采用"田间移动式打捆—收储站储存—能源利用"方式[12]。由于秸秆存储量较大，需要分站点存储，规划按照乡镇设点，平均每个乡镇设 1~2 个存储点。收储站负责秸秆的打捆、收购、储存、预处理及运输。收储站设立在沿主要公路交通方便的地方。

（1）农户收集，商贩收购。秸秆类原料在收购前，由农民和秸秆专业户来完成收获和收购，然后转卖给原料收储和运输公司，减少各项附属成本因素。

（2）设置中心料场，集中晾晒、堆垛储存。在秸秆收储过程中，由农户或秸秆经纪人负责原料的收集、晾晒、打捆（标准捆）、运输等任务，并按照统一的质量标准，项目实施单位对农户或秸秆经纪人交售的秸秆的含水量、含沙量和霉变程度进行质检，并进行称重、支付货款、堆垛、统一防潮、防火和保存。

主要工艺路线包括秸秆收购、储存、粉碎预处理（根据应用需要可选）、运输至应用点。具体为：①收购。包括收集、打捆、装车、运输、卸车、堆垛至收储站等过程，由农民或经纪人将秸秆翻晒、风干，然后打捆后运至收储站，由收储站工作人员检查，质量合格后再过磅，运至堆场存放。②存储。将加工、打捆的原料存储于各个收储站中，统一防潮、防火和保存。③粉碎预处理。根据工程特点，由收储站工人将存储的秸秆原料切割、粉碎、打包。④运输至应用点。将粉碎的秸秆原料运输至应用点，按照生产厂生产计划供应秸秆原料。

秸秆收储和运输工艺路线见图 1-3。

（3）收储场地和设备。

收储站需建设草料棚、青贮窖、秸秆粉碎间、秸秆检测室以及消防蓄水池和水电等场地。

秸秆收储需配置秸秆收集转运设备，打捆机械，卸包、码垛、运输机械，运输车辆，锤片粉碎机等，主要包括抓草机、打捆机、叉车、粉碎机、运输

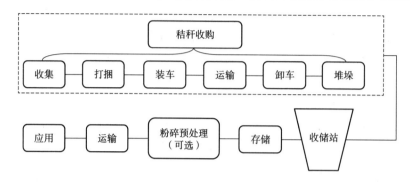

图 1-3 秸秆收储和运输工艺路线

车、地磅等。秸秆检测设备包括氧弹热量计、马弗炉、电子天平、恒温干燥箱、破碎机等。

1.3 农作物秸秆的资源化利用途径

2019年，全国秸秆利用量6.34亿t，资源化利用率86.7%，与全国"十二五"秸秆资源化利用情况评估结果比较（2015年）增长6.6个百分点。

分省份来看，天津市、北京市、上海市、河北省、浙江省、江苏省、山东省秸秆利用水平相对较高，秸秆资源化利用率均达到90%以上；云南省、宁夏回族自治区、重庆市、湖南省、内蒙古自治区、甘肃省、广西壮族自治区、贵州省和海南省秸秆资源化利用率达到80%~84%；吉林省和青海省秸秆利用率较全国其他省份低，分别为79.0%和76.7%。分区来看，华北地区秸秆利用水平最高，秸秆资源化利用率达到89.2%；其次为长江中下游地区和西北地区，秸秆资源化利用率分别达到87.8%和87.3%，均稍高于全国平均水平；西南地区、东北地区和华南地区秸秆资源化利用率稍低于全国平均水平，分别为84.8%、84.1%和83.6%。

在利用途径上，全国农作物秸秆肥料化、饲料化、能源化、基料化、原料化利用量分别占秸秆可收集量的62.0%、14.2%、8.9%、0.7%、1.0%，以肥料化、饲料化利用为主，能源化利用为辅的"农用优先"利用格局得到进一步巩固（图1-4、图1-5）[13]。其中，玉米秸秆肥料化、饲料化、能源化、基料化和原料化利用率分别为51.42%、22.91%、11.38%、0.53%和0.56%。水稻秸秆肥料化、饲料化、能源化、基料化和原料化利用率分别为72.9%、5.3%、6.7%、1.2%和2.2%。小麦秸秆肥料化、饲料化、能源化、基料化和原料化利用率分别为79.9%、6.2%、4.3%、0.8%和1.0%。

第1章 农作物秸秆资源化利用现状

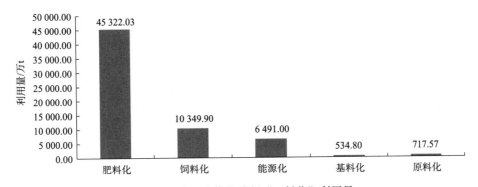

图1-4 全国农作物秸秆"五料化"利用量

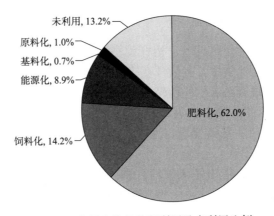

图1-5 全国农作物秸秆利用及未利用比例

在利用结构上,秸秆直接还田利用量占可收集量的比例为56.3%,离田利用量占比为30.5%,其中,农户分散利用量占比24.1%(以饲料化、能源化、肥料化利用为主),市场主体规模化利用量占比6.4%(以能源化、饲料化利用为主)[14]。

在农作物种类上,玉米、水稻、小麦三大粮食作物秸秆的利用率分别达到86.8%、88.4%、92.1%。此外,棉花秸秆资源化利用率超过90%,甘薯、油菜籽、大豆、木薯、甘蔗秸秆资源化利用率均超过80%。花生和马铃薯秸秆利用率分别为72.4%和77.4%(图1-6)。

1.3.1 肥料化利用技术

(1)秸秆犁耕翻埋还田技术。该技术利用拖拉机牵引犁具(铧式犁或翻转犁)将粉碎后抛撒在地表的秸秆翻埋到耕作层以下,使其自行分解。秸秆粉碎抛撒方式主要有两种:一是在农作物机收的同时将秸秆粉碎抛撒在地表;二是

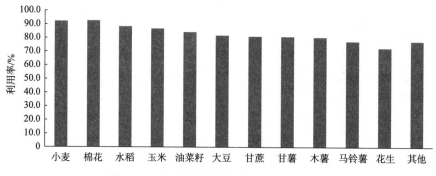

图1-6 全国不同农作物秸秆资源化利用率

在人工收获作物后,利用还田机将秸秆粉碎抛撒在地表。秸秆犁耕翻埋还田深度一般在30cm以上[15]。

(2) 秸秆旋耕混埋还田技术。秸秆旋耕混埋还田技术以秸秆粉碎、破茬、旋耕、耙压等机械作业为主,将秸秆直接混埋在表层和浅层土壤中。秸秆旋耕混埋还田一般需要进行两遍秸秆粉碎,即在农作物收获时将秸秆粉碎一次,然后利用秸秆还田机将抛撒在地表的秸秆再粉碎一次。秸秆粉碎长度不大于10cm。秸秆混埋还田一般需要进行两次旋耕作业。耙耕混埋可视为旋耕混埋的特例。

(3) 秸秆免耕覆盖还田技术。秸秆覆盖是保护性耕作的"三要素"[少(免耕)、秸秆覆盖、深松]之一。秸秆免耕覆盖还田是在少(免)耕、秸秆地表覆盖的情况下,进行农作物直播或移栽。秸秆免耕覆盖还田方式主要包括秸秆条带式覆盖还田、秸秆全田面覆盖还田、根茬覆盖还田、整秆秸秆垄沟覆盖还田。秸秆覆盖条带式耕作已成为国际保护性耕作发展的主导方向。秸秆保护性耕作要求秸秆覆盖率不低于30%,但70%以上的秸秆覆盖率才能更好地发挥保护性耕作的效益。

(4) 秸秆腐熟还田技术。秸秆腐熟还田技术是指在农作物收获后,及时将秸秆均匀地平铺于农田,撒施腐熟菌剂,调节碳氮比,加快还田秸秆腐熟下沉,以利于下茬农作物的播种和定植,实现秸秆还田利用。秸秆腐熟还田技术主要有两大类:一是水稻免耕抛秧时覆盖秸秆的快腐处理;二是小麦、油菜等作物免耕撒播时覆盖秸秆的快腐处理。

(5) 秸秆生物反应堆技术。秸秆生物反应堆技术是一项充分利用秸秆资源、显著改善农产品品质和提高农产品产量的现代农业生物工程技术,其原理是通过加入微生物菌种,在好氧的条件下,秸秆被分解为二氧化碳、有机质、矿物质等,并产生一定的热量。二氧化碳促进作物的光合作用,有机质和矿物质为作物提供养分,产生的热量有利于提高温度。秸秆生物反应堆技术按照利用方式可分为内置式和外置式两种：内置式主要是开沟将秸秆埋入土壤中，适用于大棚种植和露地种植；外置式主要是把反应堆建于地表，适用于大棚种植。

（6）秸秆堆沤还田技术。秸秆堆沤还田是秸秆无害化处理和肥料化利用的重要途径，秸秆与人、畜粪尿等有机物质经过堆沤腐熟，不仅产生大量可构成土壤肥力的重要活性物质——腐殖质，而且可产生多种可供农作物吸收利用的营养物质（如有效态氮、磷、钾等）。

（7）秸秆炭基肥还田技术。利用热解工艺将秸秆转化为富含稳定有机质的生物质炭（俗称秸秆炭），然后将其直接还田或以其为介质生产炭基肥料并还田，以改善土壤结构及性状。生物质炭热解工艺以"炭气联产"工艺为主。将生物质炭与化肥按照一定的比例混合造粒，制成复合炭基肥，或进一步配混成炭基微生物肥，是目前炭基肥生产的主要工艺。

1.3.2 饲料化利用技术

（1）秸秆青（黄）贮技术。秸秆青（黄）贮技术又称自然发酵技术，是把秸秆填入密闭的设施（如青贮窖、青贮塔或裹包等）里，经过微生物发酵作用，达到长期保存其青绿多汁营养成分的一种处理技术。秸秆青（黄）贮的原理是在适宜的条件下，通过给有益菌（乳酸菌等厌氧菌）提供有利的环境，使嗜氧性微生物如腐败菌等在存留氧气被耗尽后，活动减弱直至停止，从而达到抑制和杀死多种微生物、保存饲料的目的，其关键技术包括窖池建设、发酵条件控制等。在秸秆青（黄）贮的过程中，还可添加微生物菌剂进行微生物发酵处理，这种处理技术又称为秸秆微生物发酵贮存技术，简称秸秆微贮技术。

（2）秸秆碱化/氨化技术。秸秆碱化/氨化技术借助碱性物质，使秸秆饲料纤维内部的氢键结合变弱，酯键或醚键被破坏，纤维素分子膨胀，溶解半纤维素和一部分木质素，使反刍动物瘤胃液易于渗入，瘤胃微生物发挥作用，从而改善秸秆饲料适口性，提高秸秆饲料采食量和消化率。秸秆碱化处理应用的碱性物质主要是氧化钙；秸秆氨化处理应用的氨性物质主要是液氨、碳酸氢铵或尿素。目前，我国广泛采用的秸秆碱化/氨化方法主要有堆垛法、窖池法、氨化炉法和氨化袋法。

（3）秸秆压块（颗粒）饲料加工技术。秸秆压块（颗粒）饲料加工技术是指将秸秆经机械铡切或揉搓粉碎，配混以必要的其他营养物质，经过高温高压轧制成高密度块状饲料或颗粒饲料。

（4）秸秆揉搓丝化加工技术。秸秆揉搓丝化加工技术是通过对秸秆进行机械揉搓加工，使之成为柔软的丝状物，有利于反刍动物采食和消化的一种秸秆物理化处理技术。

（5）秸秆膨化技术。秸秆膨化技术是利用热效应和机械效应在高温高压下处理秸秆的一种饲料加工技术。秸秆膨化方式包括秸秆挤压膨化和秸秆汽爆膨化两种。秸秆挤压膨化技术是将秸秆加水调质后，输入挤压腔，依靠秸秆与挤压腔中螺套壁及螺杆之间相互挤压、摩擦作用，产生热量和压力，当秸秆被挤出喷嘴后，压力骤然下降，从而使秸秆体积膨大的工艺技术。秸秆汽爆膨化技术是将秸秆装入耐高温高压的设备中，在高温高压蒸汽处理条件下使物料发生理化变化而改变其结构和化学组分的技术。经过汽爆处理，秸秆中的木质素裂解熔化，半纤维素降解，中性洗涤纤维含量显著减少，粗饲料综合评价指标升高，秸秆变为优良饲料。

1.3.3 燃料化利用技术

（1）秸秆固化成型燃料利用技术。该技术利用秸秆中的木质素充当黏合剂将松散的秸秆等农林剩余物挤压成颗粒、块状和棒状等成型燃料，具有高效、洁净、点火容易、二氧化碳零排放、便于贮运和规模应用等优点。

（2）秸秆湿法厌氧发酵技术。湿法发酵中厌氧消化物料的含固率一般低于10%，在启动发酵反应时，需加入大量的水或新鲜粪污调节料液浓度。秸秆湿法厌氧发酵技术在国内外发展成熟，应用广泛。

（3）秸秆干法厌氧发酵技术。干法发酵是固体含量较高的厌氧发酵反应，反应器内底物含固率为20%~40%，一般在无流动水的前提下分解有机废弃物。秸秆干法厌氧发酵技术具有原料处理量大、容积产气率高等优点。

（4）秸秆干湿耦合厌氧发酵技术。秸秆干湿耦合厌氧发酵将干法厌氧发酵与湿法厌氧发酵相结合，采用湿法发酵畜禽粪便[16]，将湿发酵产生的沼液、沼渣与秸秆混合进行干发酵，利用沼液、沼渣对干发酵进行补水、补氮和接种。

（5）秸秆气炭联产技术。秸秆气炭联产技术是通过热解过程，在隔绝空气或少量空气条件下，利用热能将秸秆内大分子中的化学键切断，转化成固体、液体、气体产物的多联产技术，产物可应用于多领域，有效提高秸秆的资源化利用效率。

（6）秸秆热解气化技术。秸秆粉碎—压缩成型—缺氧状态热解反应—产生燃气是该模式的主要内涵。秸秆热解气化技术基于热解技术，是将秸秆打捆，放在隔绝空气或少量空气条件下，使其发生热解反应，利用热能切断大分子中的化学键，转化成气体产物的技术。

（7）"秸—炭—肥"还田改土技术。"秸—炭—肥"还田改土技术是将农作物秸秆通过低温热裂解工艺转化为富含稳定有机质的生物质炭，然后以生物质炭为介质生产炭基肥料，秸秆热解副产物为可燃气、秸秆醋液等。

(8) 秸秆清洁捆烧技术。该技术将田间松散的秸秆经过捡拾打捆后，在专门的生物质锅炉中进行燃烧用于供暖供热，具有秸秆处理与供暖利用时间吻合性强、运行成本低、操作方便等优点。

(9) 秸秆降解液化技术。该技术是以秸秆等纤维素为原料，经过原料预处理、酸水解或酶水解、微生物发酵等工艺，最终生成燃料乙醇的技术。

(10) 秸秆热裂解液化技术。该技术是以秸秆为原料，在完全无氧或缺氧条件下，控制热解反应条件使秸秆挥发分析出，并最终冷凝成生物质油的技术。

1.3.4 基料化利用技术

(1) "秸—菌—肥"基质利用技术。该技术是以农作物秸秆为主要原料，通过与其他原料混合或经高温发酵，配制成食用菌栽培基质，食用菌栽培采收结束后，菌糠再经高温堆肥处理后归还农田的一种循环利用技术。

(2) 秸秆植物育苗与栽培基质利用技术。该技术以农作物秸秆为主要原料，通过与其他原料混合或经高温发酵，配制成为植物提供良好条件和一定营养的有机固体物料，如育苗钵、水稻育秧盘等。

1.3.5 原料化利用技术

(1) 秸秆人造板材生产技术。秸秆经处理后，在热压条件下形成密实且有一定刚度的板芯，进而在板芯的两面覆以涂有树脂胶的特殊强韧纸板，再经热压而成的轻质板材称为秸秆人造板材。秸秆人造板材的生产过程可以分为三个工段：原料处理工段、成型工段和后处理工段。原料处理工段使用输送机、开捆机、步进机等设备，主要是把农作物打松散，同时除去石子、泥沙及谷粒等杂质，使其成为干净合格的原料。成型工段使用立式喂料器、冲头、挤压成型机和上胶装置等设备，此工段是人造板材生产的关键工段。后处理工段使用推出辊台、自动切割机、封边机、接板辊台及封口打字设备和切断设备等，主要完成封边和切割任务。

(2) 秸秆复合材料生产技术。秸秆复合材料生产技术以秸秆纤维为主原料，添加一定比例的高分子聚合物、无机填料及专用助剂，利用特定的生产工艺制造出的一类负碳型人工合成材料。秸秆复合材料生产过程主要包括高品质秸秆纤维粉体加工、秸秆生物活化功能材料制备、秸秆改性炭基功能材料制备、超临界秸秆纤维塑化材料制备、秸秆/树脂强化型复合型材制备、秸秆/树脂轻质复合型材制备等。通过高科技手段的运用，秸秆复合材料正向高品质、高附加值的功能性新型复合材料的方向发展。

（3）秸秆清洁制浆（造纸）技术。秸秆清洁制浆技术主要是针对传统秸秆制浆效率低、水耗能耗高、污染治理成本高等问题，采用新式备料、高硬度置换蒸煮＋机械疏解＋氧脱木素＋封闭筛选等组合工艺，降低制浆蒸汽用量和黑液黏度，提高制浆得率和黑液提取率的制浆技术。

（4）秸秆木糖醇生产技术。秸秆木糖醇生产技术是指利用含有多缩戊糖的农业植物纤维废料，通过化学法或生物法制取木糖醇的技术。目前，工业化木糖醇生产多采用化学催化加氢的传统工艺，富含戊聚糖的植物纤维原料，经酸水解及分离纯化得到木糖，再经过氢化得到木糖醇。化学法生产木糖醇包括中和脱酸和离子交换脱酸两条基本工艺。

（5）秸秆编织网技术。秸秆编织网又称秸秆草毯。秸秆编织网技术利用专业机械将稻草、麦秸等秸秆编织成草毯，将其主要用于公路和铁路路基护坡、河岸护坡、矿山和城镇建筑场地渣土覆盖、垃圾填埋场覆盖、风沙防治等工程项目中。为了促进草毯快速生草，提高工程防护效果，可在草毯机械生产过程中掺入植物种子、营养材料。

（6）秸秆聚乳酸生产与应用技术。秸秆聚乳酸生产工艺流程：秸秆经粉碎、蒸汽爆破预处理提取出淀粉→淀粉经酸水解、酶解，转化为糖类化合物→糖类化合物添加菌种发酵制成高纯度的乳酸→乳酸通过化学合成，生成具有一定分子质量的聚乳酸。聚乳酸可替代塑料，生产各类可降解的生产生活用品。

（7）秸秆墙技术。秸秆墙技术是以秸秆及其制品为原料进行各类建筑物（构筑物）墙体建造的技术。秸秆墙主要有两类：一类是以秸秆草砖为承重墙或填充料建造的秸秆墙，主要用于农业温室大棚、农产品保温（鲜）库等设施建造；另一类是用秸秆板制成的秸秆墙，主要用于各类房屋的建造。

1.3.6　秸秆资源化利用模式

通过大量调研和文献总结，华北地区秸秆处理利用主要适宜模式有三种，分别为多元循环利用模式、秸秆还田主导模式、产业利用主导模式。

（1）多元循环利用模式。该模式充分考量区域内秸秆利用方式、利用量及剩余量，通过集成多种秸秆利用技术，实现秸秆多元化循环利用，集中配套完善的社会化服务体系和扶持政策，构建政府扶持和市场运作的综合管理机制，实现区域内秸秆全部得到处理利用。该模式具有以下特点：一是利用方式多元，区域内秸秆利用采用多种方式；二是以循环利用为主，采用秸秆—还田、秸秆—养殖—还田、秸秆—沼气—沼渣还田等途径实现循环；三是强化政府调控，政府在产业布局、政策配套、运行管理等方面起明显调控作用，保证秸秆不同利用方式的原料有效持续供给。

北京市顺义区北务镇年产秸秆和蔬菜废弃物总量为6.63万t,其小麦秸秆(0.13万t)通过机械化作业实现直接还田,玉米秸秆(0.4万t)进行青(黄)贮饲料化利用,推广秸秆(蔬菜废弃物)—沼气—农户生活用能—沼渣还田种植模式处理利用1.8万t,利用蔬菜废弃物+秸秆生产有机肥年处理1.3万t,建设农村沼气工程处理利用3万t,同时探索建立秸秆收储和运输加工销售体系、秸秆资源化利用管理体系,实现了镇域秸秆多元循环的全量利用。

(2)秸秆还田主导模式。该模式是以秸秆直接还田肥料化利用为主、其他利用方式为辅的区域性秸秆处理利用模式,具有以下特点:一是秸秆直接还田占绝对主导地位,秸秆机械化还田比例占区域可收集秸秆量的80%以上;二是政府发挥主导作用,政府负责秸秆处理利用的组织、协调、指导和补贴管理,做好相关技术的宣传、推广以及农机手培训和技能提升等;三是农机与农艺深度融合,要求粮食收获、秸秆粉碎、灭茬、翻耕、播种等机械在种类、数量上深度匹配,并配套适宜的农艺种植技术,以减少秸秆还田的负面效应。

天津市蓟州区下仓镇小麦、玉米全年秸秆产生总量约7万t,其中收集1万t用于当地畜禽养殖和生活用能,剩余约86%的秸秆全部进行机械化还田,通过以直接还田为主导达到全镇秸秆的全部处理利用,解决秸秆禁烧问题。

(3)产业利用主导模式。该模式根据区域的自然条件、经济状况及社会需求,通过引进资金、先进技术和设施装备,在区域范围内做大、做强某个或某几个秸秆资源化利用龙头企业,形成秸秆产业,完全消纳区域内全部剩余秸秆,同时实现秸秆从生产、加工到销售的完整链接,使秸秆由资源型的原料转化为增值型的商品[17]。该模式具有以下特点:一是企业主导,按照市场化的运营方式,完成秸秆收集、储存、运输、生产以及转化产品销售的整个过程;二是秸秆产品商品化特征明显,有明确的产品标准和较为稳定的售价,能够在市场上进行公开交易并参与市场竞争;三是综合效益显著,不仅可以获得显著的生态效益和社会效益,还可获得较好的经济效益[18]。

河北省鹿泉区上庄镇年产小麦秸秆、玉米秸秆约5万t,通过饲料化利用和秸秆还田处理利用秸秆1万t,通过引入企业建设秸秆生物质压块燃料加工基地,年处理秸秆4万t,带动秸秆燃料的产业化发展,实现镇域秸秆的全量化、高值化利用。

1.3.7 秸秆资源化利用运营管理模式

应按照"地方政府牵头抓总,相关部门齐抓共管,经营主体有效联动,农民积极参与"运营管理模式。一是政府承担起全域秸秆资源化利用和禁烧工作的监管、指导责任,加强统筹谋划,根据当地农作物秸秆的资源禀赋、经济发展水平、环境治理要求和利用现状,以区域秸秆全量化利用为目标,编制秸秆资源化利用规划或实施方案。因地制宜、分类指导、突出重点,合理、有序地确定不同区域秸秆用作肥料、饲料、栽培基料、燃料和工业原料的发展目标,力争做到"区域摸底精准、方案制订精准、项目安排精准、资金使用精准、发展成效精准"。二是构建部门协同工作机制。农业部门负责农业产业发展、秸秆资源化利用引导和支持工作,环保部门负责秸秆焚烧等环境污染问题的监测和执法,农机、能源、科教等部门负责相关产业发展引导、支持和监管,建立协同工作的机构,定期组织工作推进协调会。三是构建"种植专业合作社(农户)+专业化服务组织+秸秆转化利用企业"体系,合理选择能源化、肥料化、饲料化等利用技术路径,通过政府财政合理支持、签订服务合同等,建立合理利益联结机制,实现秸秆资源化利用合理收益,构建完善的收集、处理、利用三级网络体系。四是通过强化对秸秆资源化利用的引导和秸秆禁烧严控,深化农民对秸秆资源化利用问题的认识,积极引进成熟可行的技术模式,提高农民参与秸秆资源化利用的积极性[19]。

1.3.8 秸秆资源化利用政策激励模式

构建合理的政策激励模式,须从以下两点着手:一是落实好秸秆资源化利用试点项目、耕地质量保护提升、农机购置补贴等政策,切实做到全盘谋划,将资金用到刀刃上,发挥资金最大效力。对秸秆资源化利用项目建设用地优先给予支持,对秸秆收贮临时堆放场地按照设施农用地进行管理。二是创新政策扶持[20]。可根据秸秆资源化利用任务紧迫性,对重点区域关键环节进行支持,例如:对秸秆直接还田按面积进行普惠性补贴;对秸秆收集利用,按利用量进行终端补贴,并制定不同产品类别、不同门槛、不同等级的补助标准,将秸秆资源化利用相关机具纳入农机购置补贴范围,并研究上浮补贴标准。三是积极创新财政资金扶持方式,加大金融机构对秸秆资源化利用项目的信贷支持,研究建立以秸秆资源化利用率等为指标的目标管理、以奖代补机制,对于规模化的秸秆利用企业,探索政府与企业合作的 PPP(public-private-partnership)模式,拉动社会资本形成多元化的筹资机制。

参考文献

[1] 崔明,赵立欣,田宜水,等. 中国主要农作物秸秆资源能源化利用分析评价. 农业工程学报, 2008, 24 (12): 291-296.

[2] 霍丽丽,赵立欣,姚宗路,等. 中国玉米秸秆草谷比及其资源时空分布特征. 农业工程学报, 2020, 36 (21): 227-234.

[3] 王亚静,毕于运,高春雨. 中国秸秆资源理论可收集利用量估算方法简析. 2014中国(国际)生物质能源与生物质利用高峰论坛(BBS 2014)技术文摘集, 2014: 2-8.

[4] 农业农村部规划设计研究院. 农作物秸秆资源调查与评价技术规范: NY/T 1701—2009. 北京: 中国农业出版社, 2022: 3.

[5] 丛宏斌,姚宗路,赵立欣,等. 中国农作物秸秆资源分布及其产业体系与利用路径. 农业工程学报, 2019, 35 (22): 132-140.

[6] 吴娟娟,霍丽丽,赵立欣,等. 国内外农作物秸秆供应模型研究进展. 农机化研究, 2016, 38 (3): 263-268.

[7] 吴娟娟,霍丽丽,赵立欣,等. 玉米秸秆安全存储平衡水分试验研究. 中国农机化学报, 2016, 37 (11): 73-77.

[8] 霍丽丽,赵立欣,姚宗路,等. 秸秆能源化利用的供应模式研究. 可再生能源, 2016, 34 (7): 1072-1078.

[9] 霍丽丽,田宜水,赵立欣,等. 生物质原料持续供应条件下理化特性研究. 农业机械学报, 2012, 43 (12): 107-113.

[10] 霍丽丽,吴娟娟,赵立欣,等. 华北平原地区玉米秸秆连续供应模型的建立及应用. 农业工程学报, 2016, 32 (19): 203-210.

[11] 徐亚云,田宜水,赵立欣,等. 不同农作物秸秆收储运模式成本和能耗比较. 农业工程学报, 2014, 30 (20): 259-267.

[12] 徐亚云,侯书林,赵立欣,等. 国内外秸秆收储运现状分析. 农机化研究, 2014, 36 (9): 60-64.

[13] 霍丽丽,赵立欣,孟海波,等. 中国农作物秸秆综合利用潜力研究. 农业工程学报, 2019, 35 (14), 218-224.

[14] 毕于运,高春雨,王红彦,等. 我国农作物秸秆离田多元化利用现状与策略. 中国农业资源与区划, 2019, 40 (9): 1-11.

[15] 王亚静,王红彦,高春雨,等. 稻麦玉米秸秆残留还田量定量估算方法及应用. 农业工程学报, 2015, 31 (13): 244-250.

[16] 董红敏,朱志平,黄宏坤,等. 畜禽养殖业产污系数和排污系数计算方法. 农业工程学报, 2011, 27 (1): 303-308.

[17] 左旭,王红彦,王亚静,等. 中国玉米秸秆资源量估算及其自然适宜性评价. 中国农业资源与区划, 2015, 36 (6): 5-10.

[18] 刘桐利, 赵立欣, 孟海波, 等. 秸秆能源化利用技术评价方法探究与优化. 环境工程, 2020, 38 (8): 195-200.

[19] 石祖梁, 贾涛, 王亚静, 等. 我国农作物秸秆综合利用现状及焚烧碳排放估算. 中国农业资源与区划, 2017, 38 (9): 32-37.

[20] 王明新, 叶倩, 王迪. 中国秸秆优质化能源开发利用特征及影响因素. 资源科学, 2019, 41 (10): 1791-1800.

第 2 章 秸秆高值利用现状

杨吉睿,郭宏瑞,杨帆,郝珩羽

农业农村部环境保护科研监测所

2020年9月中国明确提出2030年"碳达峰"与2060年"碳中和"的"双碳"目标,这体现了中国对全人类共同利益负责任的大国担当,也为推进国内能源与经济转型升级和高质量发展指明了方向。目前,化石资源(石油、煤炭、天然气)仍是人类社会基本能源和有机工业原料的最主要来源,石油/煤化工是传统的高能耗、高碳排放行业。在"双碳"目标背景下,大力发展可再生能源(太阳能、风能、水能、生物质能等)和新能源(核能、氢能等),研发高效的二氧化碳捕集、封存和利用技术,是实现能源结构优化、较少碳排放的重要举措。生物质广义上是指通过光合作用而形成的各种有机体,据统计每年地球共产生生物质总量约 1 700 亿 t,海洋和陆地各占一半[1]。生物质一般包括农林废弃物、藻类、畜禽粪便、生活污水、市政污水、工业固体废弃物等[2]。

中国是农业大国,每年在农业生产和农产品加工过程中产生大量的固体废弃物(如农作物秸秆、蔗渣、尾菜、木屑、杂草、农膜等)。我国的农作物秸秆量大面广,年产量近 9 亿 t,约占全球秸秆总产量的 17%。实现农业固体废弃物的资源化利用是助力乡村振兴战略、改善农村人居环境、提升农村经济效益的重要途径。2022年农业农村部发布了《农业农村部办公厅关于做好2022年农作物秸秆综合利用工作的通知》,其中指出秸秆综合利用坚持农用优先、多措并举,以肥料化、饲料化、能源化为主攻方向。然而,秸秆的天然属性决定了其养分、营养成分和热值均较低,这也导致了通过上述肥料化、饲料化、能源化三种方式得到的产品附加值较低。因此,开发具有更高附加值和市场竞争力的秸秆工业化产品不仅能提升秸秆综合利用产业的经济效益、激发市场活力,而且对生物质能革新、"双碳"战略实施有积极的推动作用。

2.1 生物质炼制

生物质炼制（biomass refining 或 biorefining）的概念最早在由 Bungay 在 1982 年发表的 Science 论文中提出，生物质炼制以生物质为原料，将其经过预处理、热化学转化或生物化学转化、分离提纯等一系列操作，最终转化为有高附加值的大宗化学品，以达到部分替代传统化石能源的目的[3]。其中最具代表性的是生物乙醇的广泛应用，全球生物乙醇的年生产量从 2000 年的 132 亿 L 激增至 2019 年的 1 098 亿 L[4]。2019 年全球生物乙醇生产份额中，美国占 54%，巴西占 30%，欧洲占 5%，中国占 3%，印度占 2%，加拿大占 2%[5]。第一代生产原料以玉米、木薯、小麦等粮食作物为主，第二代生产原料以木质纤维素农林废弃物为主[6]。

木质纤维素生物质由于具有全球分布广泛、廉价易得、不争粮等优点，被广泛认为是生物质炼制最理想的原料，可用于制备生物基燃料、生物基化学品和生物基材料[7]。秸秆可以通过高温热解（pyrolysis）、高温液化（liquefaction）和气化（gasification）来制备合成气（CH_4、CO、H_2 等）、生物油（bio-oil）和生物质炭（biochar）三类产品[8,9]。也可以结合预处理技术有针对性地将秸秆组分催化转化为多功能平台化合物[10]，如单糖（葡萄糖、果糖、木糖等）、呋喃型化合物（5-羟甲基糠醛、糠醛等）、有机酸（甲酸、乙酰丙酸、乳酸、2,5-呋喃二甲酸等）和酚类化合物等，并进一步提质得到更高值的精细化学品和液体燃料[1,11,12]。目前，美国、巴西、日本、欧盟等国家和地区已经开始大力发展基于第二代原料木质纤维素生物质的炼制技术，相比之下中国起步较晚。近年来，随着国家持续加大投入，我国的生物质炼制技术也取得了一系列重要进展[13]。

2.2 木质纤维素生物质

木质纤维素是植物细胞壁的主要构成成分，包括纤维素、半纤维素、木质素、蛋白质、果胶、色素等。纤维素、半纤维素和木质素俗称"三素"，是木质纤维素生物质炼制的主要原料，纤维素和半纤维素都属于糖类木质纤维素中"三素"分离和高附加值产品，见图 2-1。由于生物质来源不同，三种成分占比存在差异（以干重计），一般纤维素占 35%~50%，半纤维素占 20%~35%，木质素占 15%~20%，其他成分占 15%~20%[14]。天然木质纤维素的复杂结构赋予其极强的刚性、韧性和化学稳定性，导致其很难直接被微生物和酶分解[15]。这种抗性与"三素"各自的组成、结构以及三者之间的相互作用密切相关[16]。

第 2 章 秸秆高值利用现状

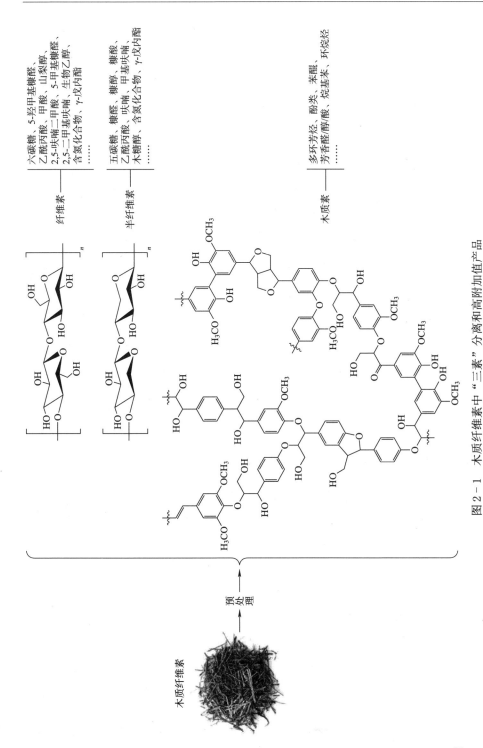

图 2-1 木质纤维素中"三素"分离和高附加值产品

2.2.1 纤维素

纤维素是由β-D-吡喃葡萄糖通过β-（1，4）糖苷键相互连接而成的直链聚合物，纤维二糖是基本重复单元。纤维素微纤维通常由500~14 000个葡萄糖分子构成，微纤维相互堆叠、相互缠绕形成纤维素纤丝，并嵌入到木质纤维素基体内部。纤维素聚合物中葡萄糖的数量称为聚合度（degree of polymerization）。纤维素聚合物中富含羟基官能团，可形成大量的分子内/分子间氢键，因此纤维素水溶解度低，化学性质稳定，不易被微生物、酶和化学试剂水解[17]。聚合度的高低对纤维素的水解性能有显著的影响。Lu等研究认为聚合度越高，底物分子所含氢键含量也越多，越不容易被水解。聚合度低，底物中氢键含量也相对较低，能够增强酶对靶位的可及性，进而促进纤维素水解[18,19]。纤维素包括结晶区和无定型区，二者的比值被定义为结晶度（crystallinity），结晶度的高低如何影响纤维素水解，尚存在争议。Zhao等研究表明，高结晶度纤维素的酶水解速率是无定型纤维素的1/30~1/3，结晶纤维素中存在的大量氢键是限制酶水解的主要因素[20]。但是也有其他研究表明，相比聚合度、比表面积、颗粒尺寸这些物理性质，结晶度对纤维素酶水解的影响要微弱得多[19,21,22]。纤维素依据晶体形态不同，包括$I_α$、$I_β$、II、III_I、III_{II}、IV_I、IV_{II}至少7种晶型[23]。自然界中普遍存在的是$I_α$和$I_β$型，二者的比例因纤维素来源不同而存在差异。$I_α$和$I_β$型纤维素理论上都不是热力学的最稳态，将其置于浓碱NaOH中发生溶胀并清洗去除碱液后，I型纤维素很容易转变为更稳定的II型。氨气爆破处理（ammonia fiber explosion process）能将I型纤维素转变为III型纤维素。在206℃条件下用甘油处理，III型纤维素可以转变为IV型。总而言之，III型和IV型纤维素相对少见，I型和II型纤维素在木质纤维素生物质的催化转化过程中最为普遍。科学研究中最常用到的微晶纤维素是由天然植物（如棉花、木材等）作为原料生产的，一般包括原料预处理（得到高纯度纤维素）、酶水解或酸水解（去除无定型态纤维素、提高结晶度）、洗涤、干燥等步骤[24]。微晶纤维素一般为I型[25,26]，结晶度一般介于70%~90%[24]。

2.2.2 半纤维素

半纤维素是一种含支链的杂多糖，一般随机分布于纤维素和木质素之间，属于无定型态[27]。半纤维素与纤维素之间不含化学键，通过氢键和范德华力相连[28]。与纤维素相比，半纤维素的聚合度较低，一般由500~3 000个糖单元构成，但由于存在支链且所含糖单元种类繁多，半纤维素的结构更复杂。半纤维素中的糖单元主要包括六碳糖（葡萄糖、甘露糖、半乳糖）和五碳糖（木糖、阿拉伯糖）以及少量的鼠李糖、果糖[29]。此外，半纤维素结构中还含有糖醛酸（4-O-甲基-D-葡萄糖醛酸、D-葡萄糖醛酸、D-半乳糖醛酸）和乙酰取代基[28]。半纤维素一般含有3类多聚糖：木聚糖类（xylan）、甘露聚糖（mannan）和聚半乳糖（galactan）[30]。生物质来源不同，所含半纤维素的结构和多聚糖种类存在明显差异。草本植物半纤维素多聚糖以葡糖醛酸-阿拉伯糖基木聚糖（glucurone-arabinoxylan）和木葡聚糖（xyloglucan）为主；硬木半纤维素多聚糖包含葡糖醛酸木聚糖（glucuronoxylan）、木葡聚糖和葡甘露聚糖（glucomannan）；软木半纤维素多聚糖主要包含木葡聚糖、阿拉伯葡糖醛酸木聚糖（arabinoglucuronoxylan）和半乳葡甘露聚糖（galactoglucomannan）[31-33]。半纤维素中存在的乙酰取代基能干扰酶对纤维素的识别，降低纤维素的可及性[34]。乙酰取代基还会增加纤维素链的直径或改变其疏水性，削弱纤维素酶催化域与纤维素的有效结合[35]。由于半纤维素属于无定型结构且聚合度较低，因此与纤维素相比，半纤维素的化学稳定性较差，可以通过多种预处理方法（如水蒸气爆破、有机溶剂萃取、酸处理、碱处理、自发水解等[30]）从木质纤维素基体中分离半纤维素组分。不同方法分离得到的产物存在差异，例如，用酸处理甘蔗渣得到的是单糖和低聚糖，用碱处理甘蔗渣得到是多聚糖[36]。

2.2.3 木质素

木质素是木质纤维素中含量仅次于纤维素的第二大多聚物，也是唯一大量存在的具有天然芳香环结构的可再生资源[37]。木质素将纤维素和半纤维素包裹起来，并将半纤维素黏结在纤维素上，三者共同构成了木质纤维素的基体结构[38]。由于木质素的三维交联结构和高芳香性，木质素具有较强的硬度、疏水性，以及抵抗微生物分解的性质，形成了高度稳定的天然物理屏障[38]。木质素结构中的芳香性单体主要包括香豆醇（p-coumaryl alcohol，H型）、松柏醇（coniferyl alcohol，G型）和芥子醇（sinapyl alcohol，S型）。不同来源的生物质中三种芳香性单体的含量和占比存在差异。草本植物木质素中三种单体都存在，H型、G型、S型三者的比例为（5～33）：（33～80）：（20～54）；硬木木质素中含有G型和S型，二者大约各占一半；软木木质素中以G型为主，占比高达95%～100%[29]。三种芳香性单体间的连接极其复杂，一般划分为三类共价键：醚键、碳-碳键和酯键。其中，醚键在木质素中存在最为普遍（占60%～70%），其次是碳-碳键（占30%～40%），酯键的含量较低，多存在于草本植物中。醚键可存在于苯基丙烷侧链和苯环之间（如β-O-4、α-O-4、γ-O-4），或存在于苯环之间（如4-O-5′），或存在于苯基丙烷侧链之间（如α-O-β′、α-O-γ′）；碳-碳键主要包括5-5′、β-1、β-5以及其他一些键合方式，如β-6、α-6、α-β′等[32,39-41]。醚键β-O-4在木质素中存在最普遍,在软木木质素和硬木木质素中其含量分别占 43%～50% 和 50%～65%,碳-碳键以 5-5′为主要键合方式。一般来说,醚键的反应活性较高,容易断裂生成酚类化合物,α-O-4 和 β-O-4 在所有键合方式中键能最弱,经 200～250℃ 热处理即可断裂[42,43]。木质素的存在能抑制微生物和酶对纤维素及半纤维素的分解,一是因为木质素的物理屏障作用,二是因为木质素能与酶发生不可逆吸附,这些都极大地降低了纤维素和半纤维素的可及性[44,45]。

2.2.4 木质素-糖复合体

木质纤维素主要包含纤维素、半纤维素和木质素三种聚合物,三者之间通过化学的、物理的相互作用力形成独特的三维网状立体结构,称为木质素-糖复合体(lignin-carbohydrate complexes)[46,47]。现有研究结果认为,木质纤维素以纤维素为基本骨架,构成了生物质细胞壁的主体结构,半纤维素和木质素作为细胞间质填充在细胞壁的微细纤维之间,起到加固作用。纤维素具有分子内和分子间的氢键;半纤维素与纤维素之间不存在化学键,而是以氢键的方式连接,但是与木质素存在着共价键(醚键、酯键等);木质素除了内部含有大量的氢键之外,还与纤维素、半纤维素之间以氢键连接[16]。目前,经研究确定的木质素-糖键合方式主要有四类:苄基醚键(benzyl ethers)、苄基酯键(benzyl esters)、苯苷键(phenyl glycoside)、缩醛键(acetal linkage)[48]。值得注意的是木质素与糖之间的键合方式至今仍存在争议,因为对于木质素-糖复合体碎片的提取方法一般都比较剧烈,不可避免会改变生物质中原始的键合方式[48]。苯基丙烷侧链的 α 碳与糖分子中羟基之间容易形成苄基醚键。半纤维素糖单元分子中所有暴露的羟基均参与苄基醚键的形成。如果木聚糖的羟基被乙酰基取代,苄基醚键形成的概率会显著降低。苄基酯键一般存在于芳香性单体与葡糖醛酸木聚糖中 4-O-甲基葡萄糖醛酸的羧基之间[49]。一般认为,木质素聚合过程中形成的亚甲基醌中间体(quinone methide)具有亲电性质,容易受到亲核试剂攻击[46]。糖分子中的脂肪族羟基和羧基作为亲核试剂分别与亚甲基醌中间体发生亲核加成反应形成苄基醚键和酯键。苯苷键存在于木质素的酚羟基与纤维素/半纤维素的异头碳羟基之间,然而关于苯苷键形成机制的研究相对较少。一种推测认为,酚羟基与糖分子的非还原末端发生半缩醛反应。缩醛反应一般在弱酸的催化作用即可发生,而植物细胞壁的 pH 约为 5.0[50]。另一种推测是在植物糖基转移酶催化作用下发生的糖基转移反应[51]。与前三种木质素-糖键合方式相比,缩醛键的研究非常有限,成因也存在较大争议,有待更广泛且充分的研究[16]。

木质素-糖键合方式的鉴定目前主要通过提取技术和结构表征相结合的方式完成。针对提取技术,研究者提倡高选择性提取木质素-糖复合体:一方面富集特定化学键便于仪器分析检测；另一方面尽可能保证生物质中原始键合方式的完整性。常用提取方法包括热水提取法、球磨法、酸处理、碱处理、有机溶剂提取、酶法等，施用方法不同导致提取的木质素-糖复合体碎片也存在差异[52-55]。酶法具有高选择性，而且施用条件相对温和，通过不同酶的混合施用能达到调控选择性的目的，因此酶法被普遍认为是提取木质素-糖复合体的理想方法[16,46]。此外，开发温和且高选择性的化学方法也是一条可选之路。傅里叶变换红外光谱是一种快速、灵敏、无破坏的分析技术，用于鉴别基体中的官能团。木质素和糖中存在的典型官能团如羟基、羰基、甲氧基、羧基、C—H键等均可通过红外光谱进行表征。然而，应用红外光谱也有不确定性，例如1 730cm^{-1}吸收峰对应酯化的羰基官能团，这既可以是来自半纤维素的乙酰取代基，也可以是来自葡萄糖醛酸与木质素之间形成的酯。液相核磁共振技术的发展，尤其是2D heteronuclear single quantum coherence（HSQC）NMR的应用，为精确判定键合方式发挥了至关重要的作用，但仍存在信号重叠的问题[46,56]。

2.3　木质纤维素预处理概述

　　木质素-糖复合体的复杂结构极大程度上限制了木质纤维素的定向催化转化，预处理成为生物质炼制的首要环节，其目的在于破坏"三素"之间的相互作用，改变它们的原始结构，提高特定组分的可及性，以利于进一步转化[14]。生物质炼制概念最初提出的时候，利用对象主要是糖类，当糖类完成转化之后，剩余木质素一般被用作燃料烧掉[57]。从2004年美国能源部筛选出"Top 10"糖基平台化合物开始，围绕糖的催化转化一直是生物质炼制研究的主要内容[58,59]。传统的预处理方法一般归纳为物理法、化学法、物理-化学法、生物法、机械化学法五类（图2-2），在很多综述文章中都有详细的阐述[14,60]。物理法包括常规的研磨破碎处理，目的在于减少颗粒尺寸，增加比表面积。微波辐射作为一种简单的加热方式，不仅可以改变纤维素微结构，还能部分去除半纤维素和木质素。化学法应用最普遍，碱处理主要用于去除木质素和半纤维素，增加孔体积和比表面积[61]，高结晶度纤维素会被相对完好地保留[62]。半纤维素能够被酸水解为单糖，同时去除矿物组分。氧化和高级氧化的主要功能在于去除木质素和半纤维素[14]。离子液体具有阳离子、阴离子可调变的优点，与"三素"存在强烈的氢键作用，可以选择性地溶解或分离纤维素组分[63]。低共熔溶剂也有类似离子液体的作用，但与离子液体相比低共熔溶剂的毒性低，可降解性强，制备成本低[64]。有机溶剂（乙醇、丙酮等）提取法通常在加入酸催化剂（硫酸、盐酸、草酸等）的条件下进行，加入酸催化剂的目的在于破坏半纤维素与木质素的作用力,选择性溶解木质素,这种方法对木质素含量高的生物质处理更有效[65]。球磨法是一种无溶剂、绿色环保的预处理方法,通过球与原料之间摩擦、挤压、剪切等作用传递机械能,引发木质纤维素发生一些结构和性质的变化,包括颗粒尺寸、比表面积、热稳定性、聚合度、纤维素结晶度等[60]。为了提升处理效果,多种化学方法通常联合施用。物理-化学法是传统化学法的进一步强化,如水蒸气爆破、氨气爆破、超临界流体法等,在撕裂纤维、剥离木质素的同时还伴随水解等化学反应,可进一步破坏木质素-糖复合体[66]。生物法主要是在真菌、混合菌群、酶的作用下分解木质素,是一种既经济又环保的方法,但是生物降解速率相比化学催化法要慢,处理时间一般都较长[67]。以上预处理方法主要是为了增加纤维素组分的暴露,通过后续的催化转化过程(如酶水解、发酵、化学催化、光催化、电化学催化等)得到单糖、呋喃类化合物、小分子有机酸/醇等多功能平台分子,或进一步提质得到生物乙醇、生物柴油、生物煤油等液体燃料[59]。

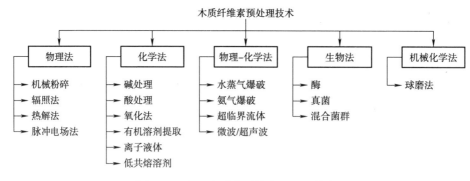

图 2-2　常用木质素纤维素预处理技术

随着木质素在分散剂、吸附与絮凝剂、复合材料、储能、能源等领域展现出的巨大潜力,基于木质素优先利用(lignin-first)的全组分转化策略被广泛认可[57,68]。在以糖为主要原料的生物质炼制中,为了去除木质素,预处理条件一般都比较严苛。在这种严苛条件下提取木质素的过程中,木质素会发生降解、再聚合,并且转化是不可逆的,一些具有反应活性的C—O键(主要是β-O-4醚键)转化为不活泼的C—C键。因此,传统预处理方法提取木质素的反应活性相比原始木质素要低很多,难以被进一步催化转化,只能用作低值燃料而被烧掉[57]。木质素是唯一具有天然芳香环结构的可再生资源,因此,将木质素选择性地解聚为芳香化合物是实现木质素高值利用的重要途径。为了尽可能保持原始木质素结构完成,避免再聚合反应发生,需要开发全新的木质素提取策略。一种策略是采用一些新的溶剂体系在较温和的条件下提取木质素，如采用离子液体[69]、γ-戊内酯[70]辅助水解。尽管能在一定程度上保护β-O-4醚键、抑制聚合反应，然而受施用条件的影响，此类方法提取木质素的量非常有限。另一种策略是对木质素裂解中间产物进行保护，抑制其进一步聚合。一种常见方法是催化氢解，不同的研究中对催化氢解有不同的表述方式，如 reductive catalytic fractionation[71]、early-stage catalytic conversion of lignin[72]、catalytic upstream biorefining[73]等，不同处理过程存在一些差别，但是都基于一个基本思路：在溶剂离解作用下木质素发生解聚，同时通过还原法稳定活性中间产物[74]。还原过程通常在催化剂（Pd/C、RANEY® Ni 等）和还原剂（氢气、异丙醇、甲醇、甲酸等）参与下进行。催化氢解后得到的是高度解聚的木质素油，包括低聚物、二聚体和少量的芳香单体。作为木质素脱除之后的"浆"，糖类被进一步催化转化[74]。另一种方法是在酸催化水解过程中加入甲醛，与β-O-4醚键裂解形成的中间产物芳香单体侧链α-OH和β-OH形成稳定的缩醛[75]。此外，芳香环邻位的活性官能团部分被羟甲基化，能够抑制亚甲基交联。基于这两个反应过程，酸催化水解β-O-4醚键后的聚合反应被有效抑制，得到具有反应活性的高分子质量木质素碎片。值得注意的是，半纤维素的解聚在两种方法中完全不同。在催化氢解中，通过控制反应条件（如处理时间、温度、溶剂等）可以尽可能保留纤维素和半纤维素（综纤维素）。发生解离的半纤维素生成单糖（如木糖），在有机溶剂（如甲醇）和还原剂（如氢气）的作用下，生成甲基木糖苷（methyl xyloside）和木糖醇。在酸催化水解、添加甲醛保护的条件下，半纤维素水解后的单糖（如木糖）与甲醛反应生成二甲酰基木糖（diformyl xylose）。与木糖相比，甲基木糖苷和二甲酰基木糖不易被分解，二者很容易通过水解反应重新得到木糖。

2.4 木质纤维素高值利用

我国拥有丰富的秸秆资源，生物质炼制是实现秸秆高值利用的有效途径。由于纤维素、半纤维素和木质素的结构、性质截然不同，可供选择的催化转化方法多样，这为转化产物提供了无限可能。基于全组分利用策略，多聚糖（包括纤维素和半纤维素）一般首先水解为单糖，单糖可以直接催化转化为糖酸（葡萄糖酸、木糖酸）、糖醇（山梨醇、木糖醇）等。单糖也可以进一步转化为呋喃型多功能平台化合物（5-羟甲基糠醛、糠醛），进而提质转化为更丰富的高附加值产品（乙酰丙酸/酯、甲酸、马来酸、琥珀酸、糠醇、γ-戊内酯、含氮化合物等）。由于木质素结构复杂、键合方式多样、中间产物活性高，在催化氢解后得到的是组分复杂的芳香烃混合物，很难选择性地得到一种或几种化合物。因此，如何实现木质素的高效定向转化，是木质素进行生物质炼制的一个极大挑战。现有研究的一般策略是将得到的芳香烃混合物进行进一步的脱氧加氢得到芳香烃或环烷烃混合物用作航空煤油。

木质纤维素不仅能够通过催化转化制备燃料和精细化学品，还能用以制备多功能炭材料。限氧热解条件下制备的生物质炭历史最为悠久，生物质炭由最初在农业中应用已经拓展至环境修复、催化、能源等领域[76]。水热炭(hydrochar)一般是木质纤维素及其衍生物在亚临界水中发生热化学转化制备的富含含氧官能团的炭材料，制备温度一般介于150～350℃[77]。木质纤维素原料、纤维素、单糖、木质素都可以作为原料制备水热炭，水热炭被广泛用于吸附、生物成像、催化、活性炭制备等领域。糖和木质素还能作为碳源制备更有价值的介孔炭和金属-介孔炭复合材料[78-81]。

总体来看，生物质炼制研究时间尚短，亟须突破的瓶颈较多。现阶段，受限于成本高的劣势，研究多限于实验室规模，能达到工业化规模的案例还较少。生物质炼制是一个涉及多环节的复杂工程，从实验室研究走向工业化生产有赖于理论和技术的创新，需要综合考虑多个方面，如催化剂和溶剂的稳定性和循环利用性、下游产物的分离纯化、能耗、装置的运营成本、原材料收储运成本等。然而，困难与机遇并存，开展生物质炼制是实现"双碳"目标、缓解能源危机、改善生态环境最具潜力的解决方案，未来具有广阔的前景。

参 考 文 献

[1] Mika L T, Cséfalvay E, Németh Á. Catalytic conversion of carbohydrates to initial platform chemicals: chemistry and sustainability. Chemical Reviews, 2018, 118 (2): 505-613.

[2] Poveda-Giraldo J A, Solarte-Toro J C, Cardona Alzate C A. The potential use of lignin as a platform product in biorefineries: a review. Renewable and Sustainable Energy Reviews, 2021, 138: 110688.

[3] Bungay H R. Biomass refining. Science, 1982, 218 (4573): 643-646.

[4] Szulczyk K R, Ziaei S M, Zhang C. Environmental ramifications and economic viability of bioethanol production in Malaysia. Renewable Energy, 2021, 172: 780-788.

[5] Matheus C R V, Sousa-Aguiar E F. Main catalytic challenges in ethanol chemistry: a review. Catalysis Reviews, 2022, DOI: 10.1080/01614940.2022.2054554.

[6] Qiao J, Cui H, Wang M, et al. Integrated biorefinery approaches for the industrialization of cellulosic ethanol fuel. Bioresource Technology, 2022, 360: 127516.

[7] Zhou Z, Liu D, Zhao X. Conversion of lignocellulose to biofuels and chemicals via sugar platform: An updated review on chemistry and mechanisms of acid hydrolysis of lignocellulose. Renewable and Sustainable Energy Reviews, 2021, 146: 111169.

[8] Seo M W, Lee S H, Nam H, et al. Recent advances of thermochemical conversion

processes for biorefinery. Bioresource Technology, 2022, 343: 126109.

[9] Low Y W, Yee K F. A review on lignocellulosic biomass waste into biochar-derived catalyst: current conversion techniques, sustainable applications and challenges. Biomass and Bioenergy, 2021, 154: 106245.

[10] Kalogiannis K G, Stefanidis S, Marianou A, et al. Lignocellulosic biomass fractionation as a pretreatment step for production of fuels and green chemicals. Waste and Biomass Valorization, 2015, 6 (5): 781-790.

[11] Mortensen P M, Grunwaldt J, Jensen P A, et al. A review of catalytic upgrading of bio-oil to engine fuels. Applied Catalysis A-General, 2011, 407: 1-19.

[12] Slak J, Pomeroy B, Kostyniuk A, et al. A review of bio-refining process intensification in catalytic conversion reactions, separations and purifications of hydroxymethylfurfural (HMF) and furfural. Chemical Engineering Journal, 2022, 429: 132325.

[13] Tao W, Jin J, Zheng Y, et al. Current advances of resource utilization of herbal extraction residues in China. Waste and Biomass Valorization, 2021, 12 (11): 5853-5868.

[14] Kumari D, Singh R. Pretreatment of lignocellulosic wastes for biofuel production: a critical review. Renewable & Sustainable Energy Reviews, 2018, 90: 877-891.

[15] Zoghlami A, Paës G. Lignocellulosic biomass: understanding recalcitrance and predicting hydrolysis. Frontiers in Chemistry, 2019, 7 (874): 1-11.

[16] Zhao Y, Shakeel U, Rehman M, et al. Lignin-carbohydrate complexes (LCCs) and its role in biorefinery. Journal of Cleaner Production, 2020, 253: 120076.

[17] Huang Y, Fu Y. Hydrolysis of cellulose to glucose by solid acid catalysts. Green Chemistry, 2013, 15 (5): 1095-1111.

[18] Lu M, Li J, Han L, et al. An aggregated understanding of cellulase adsorption and hydrolysis for ball-milled cellulose. Bioresource Technology, 2019, 273: 1-7.

[19] Meng X, Pu Y, Yoo C G, et al. An in-depth understanding of biomass recalcitrance using natural poplar variants as the feedstock. ChemSusChem, 2017, 10 (1): 139-150.

[20] Zhao X, Zhang L, Liu D. Biomass recalcitrance. Part I: the chemical compositions and physical structures affecting the enzymatic hydrolysis of lignocellulose. Biofuels, Bioproducts and Biorefining, 2012, 6 (4): 465-482.

[21] Zhang H, Li J, Huang G, et al. Understanding the synergistic effect and the main factors influencing the enzymatic hydrolyzability of corn stover at low enzyme loading by hydrothermal and/or ultrafine grinding pretreatment. Bioresource Technology, 2018, 264: 327-334.

[22] Auxenfans T, Crônier D, Chabbert B, et al. Understanding the structural and chemical changes of plant biomass following steam explosion pretreatment. Biotechnology for Biofuels, 2017, 10 (1): 36.

[23] O'Sullivan A C. Cellulose: the structure slowly unravels. Cellulose, 1997, 4 (3): 173-207.

[24] Trache D, Hussin M H, Hui Chuin C T, et al. Microcrystalline cellulose: Iisolation, characterization and bio-composites application-a review. International Journal of Biological Macromolecules, 2016, 93: 789-804.

[25] Qiu M, Bai C, Yan L, et al. Efficient mechanochemical-assisted production of glucose from cellulose in aqueous solutions by carbonaceous solid acid catalysts. ACS Sustainable Chemistry & Engineering, 2018, 6 (11): 13826-13833.

[26] Shen F, Sun S, Zhang X, et al. Mechanochemical-assisted production of 5-hydroxymethylfurfural from high concentration of cellulose. Cellulose, 2020, 27 (6): 3013-3023.

[27] Liu Y, Nie Y, Lu X, et al. Cascade utilization of lignocellulosic biomass to high-value products. Green Chemistry, 2019, 21: 3499-3535.

[28] McKendry P. Energy production from biomass (part 1): overview of biomass. Bioresource Technology, 2002, 83 (1): 37-46.

[29] Wang S, Dai G, Yang H, et al. Lignocellulosic biomass pyrolysis mechanism: a state-of-the-art review. Progress in Energy and Combustion Science, 2017, 62: 33-86.

[30] Dulie N W, Woldeyes B, Demsash H D, et al. An insight into the valorization of hemicellulose fraction of biomass into furfural: catalytic conversion and product separation. Waste and Biomass Valorization, 2021, 12 (2): 531-552.

[31] Gírio F M, Fonseca C, Carvalheiro F, et al. Hemicelluloses for fuel ethanol: a review. Bioresource Technology, 2010, 101 (13): 4775-4800.

[32] Ragauskas A J, Nagy M, Kim D H, et al. From wood to fuels: Integrating biofuels and pulp production. Industrial Biotechnology, 2006, 2 (1): 55-65.

[33] Zhou X, Li W, Mabon R, et al. A critical review on hemicellulose pyrolysis. Energy Technology, 2017, 5 (1): 52-79.

[34] Pan X, Gilkes N, Saddler J N. Effect of acetyl groups on enzymatic hydrolysis of cellulosic substrates. Holzforschung, 2006, 15 (4): 398-401.

[35] Zhao X, Zhang L, Liu D. Biomass recalcitrance. part II: fundamentals of different pre-treatments to increase the enzymatic digestibility of lignocellulose. Biofuels, Bioproducts and Biorefining, 2012, 6 (5): 561-579.

[36] Farhat W, Venditti R A, Hubbe M, et al. A review of water-resistant hemicellulose-basedmaterials: processing and applications. ChemSusChem, 2017, 10 (2): 305-323.

[37] Ji N, Yin J, Rong Y, et al. More than a support: the unique role of Nb_2O_5 in supported metal catalysts for lignin hydrodeoxygenation. Catalysis Science & Technology, 2022.

[38] Paudel S R, Banjara S P, Choi O K, et al. Pretreatment of agricultural biomass for anaerobic digestion: current state and challenges. Bioresource Technology, 2017, 245: 1194-1205.

[39] Brandt A, Gräsvik J, Hallett J P, et al. Deconstruction of lignocellulosic biomass with ionic liquids. Green Chemistry, 2013, 15 (3): 550-583.

[40] Santos R B, Capanema E A, Balakshin M Y, et al. Lignin structural variation in hardwood

species. Journal of Agricultural and Food Chemistry, 2012, 60 (19): 4923-4930.

[41] Amen-Chen C, Pakdel H, Roy C. Production of monomeric phenols by thermochemical conversion of biomass: a review. Bioresource Technology, 2001, 79 (3): 277-299.

[42] Collard F X, Blin J. A review on pyrolysis of biomass constituents: Mechanisms and composition of the products obtained from the conversion of cellulose, hemicelluloses and lignin. Renewable and Sustainable Energy Reviews, 2014, 38: 594-608.

[43] Chu S, Subrahmanyam A V, Huber G W. The pyrolysis chemistry of a β-O-4 type oligomeric lignin model compound. Green Chemistry, 2013, 15 (1): 125-136.

[44] Kumar R, Wyman C E. Cellulase adsorption and relationship to features of corn stover solids produced by leading pretreatments. Biotechnology and Bioengineering, 2009, 103 (2): 252-267.

[45] Zeng Y, Zhao S, Yang S, et al. Lignin plays a negative role in the biochemical process for producing lignocellulosic biofuels. Current Opinion in Biotechnology, 2014, 27: 38-45.

[46] Giummarella N, Pu Y, Ragauskas A J, et al. A critical review on the analysis of lignin carbohydrate bonds. Green Chemistry, 2019, 21 (7): 1573-1595.

[47] Azuma J I, Tetsuo K. Lignin-carbohydrate complexes from various sources. Methods in Enzymology, 1988, 161: 12-18.

[48] Giummarella N, Lawoko M. Structural basis for the formation and regulation of lignin-xylan bonds in birch. ACS Sustainable Chemistry & Engineering, 2016, 4 (10): 5319-5326.

[49] Watanabe T, Koshijima T. Evidence for an ester linkage between lignin and glucuronic acid in lignin-carbohydrate complexes by DDQ-oxidation. Agricultural and Biological Chemistry, 1988, 62 (11): 2953-2955.

[50] Felle H H. pH: sgnal and messenger in plant cells. Plant Biology, 2001, 3 (6): 577-591.

[51] Fry S C. Polysaccharide-modifying enzymes in the plant cell wall. Annual Review of Plant Physiology and Plant Molecular Biology, 1995, 46 (1): 497-520.

[52] Lawoko M, Henriksson G, Gellerstedt G. Structural differences between the lignin-carbohydrate complexes present in wood and in chemical pulps. Biomacromolecules, 2005, 6 (6): 3467-3473.

[53] Wang Z, Yokoyama T, Chang H M, et al. Dissolution of beech and spruce milled woods in LiCl/DMSO. Journal of Agricultural and Food Chemistry, 2009, 57 (14): 6167-6170.

[54] Du X, Gellerstedt G, Li J. Universal fractionation of lignin-carbohydrate complexes (LCCs) from lignocellulosic biomass: an example using spruce wood. The Plant Journal, 2013, 74 (2): 328-338.

[55] Nishimura H, Kamiya A, Nagata T, et al. Direct evidence for α ether linkage between lignin and carbohydrates in wood cell walls. Scientific Reports, 2018, 8 (1): 6538.

[56] Wen J, Xue B, Xu F, et al. Unveiling the structural heterogeneity of bamboo lignin by in situ HSQC NMR technique. Bioenergy Research, 2012, 5 (4): 886-903.

[57] Renders T, Van den Bosch S, Koelewijn S F, et al. Lignin-first biomass fractionation: the advent of active stabilisation strategies. Energy & Environmental Science, 2017, 10 (7): 1551-1557.

[58] Bozell J J, Petersen G R. Technology development for the production of biobased products from biorefinery carbohydrates - the US Department of Energy's "Top 10" revisited. Green Chemistry, 2010, 12 (4): 539-554.

[59] Sheldon R A. The road to biorenewables: carbohydrates to commodity chemicals. ACS Sustainable Chemistry & Engineering, 2018, 6 (4): 4464-4480.

[60] Shen F, Xiong X, Fu J, et al. Recent advances in mechanochemical production of chemicals and carbon materials from sustainable biomass resources. Renewable and Sustainable Energy Reviews, 2020, 130: 109944.

[61] Kim J S, Lee Y Y, Kim T H. A review on alkaline pretreatment technology for bioconversion of lignocellulosic biomass. Bioresource Technology, 2016, 199: 42-48.

[62] Xu H F, Li B, Mu X D. Review of alkali-based pretreatment to enhance enzymatic saccharification for lignocellulosic biomass conversion. Industrial & Engineering Chemistry Research, 2016, 55 (32): 8691-8705.

[63] Amini E, Valls C, Roncero M B. Ionic liquid-assisted bioconversion of lignocellulosic biomass for the development of value-added products. Journal of Cleaner Production, 2021, 326: 129275.

[64] Wang W, Lee D. Lignocellulosic biomass pretreatment by deep eutectic solvents on lignin extraction and saccharification enhancement: a review. Bioresource Technology, 2021, 339: 125587.

[65] Smit A, Huijgen W. Effective fractionation of lignocellulose in herbaceous biomass and hardwood using a mild acetone organosolv process. Green Chemistry, 2017, 19 (22): 5505-5514.

[66] Rabemanolontsoa H, Saka S. Various pretreatments of lignocellulosics. Bioresource Technology, 2016, 199: 83-91.

[67] Sindhu R, Binod P, Pandey A. Biological pretreatment of lignocellulosic biomass - an overview. Bioresource Technology, 2016, 199: 76-82.

[68] Sethupathy S, Murillo Morales G, Gao L, et al. Lignin valorization: status, challenges and opportunities. Bioresource Technology, 2022, 347: 126696.

[69] Kim K H, Simmons B A, Singh S. Catalytic transfer hydrogenolysis of ionic liquid processed biorefinery lignin to phenolic compounds. Green Chemistry, 2017, 19 (1): 215-224.

[70] Luterbacher J S, Rand J M, Alonso D M, et al. Nonenzymatic sugar production from biomass using biomass-derived γ-valerolactone. Science, 2014, 343 (6168): 277-280.

[71] Van Den Bosch S, Schutyser W, Vanholme R, et al. Reductive lignocellulose fractionation into soluble lignin-derived phenolic monomers and dimers and processable carbohydrate

pulps. Energy & Environmental Science, 2015, 8 (6): 1748-1763.

[72] Rinaldi R, Jastrzebski R, Clough M T, et al. Paving the way for lignin valorisation: recent advances in bioengineering, biorefining and catalysis. Angewandte Chemie International Edition, 2016, 55 (29): 8164-8215.

[73] Ferrini P, Rezende C A, Rinaldi R. Catalytic upstream biorefining through hydrogen transfer reactions: understanding the process from the pulp perspective. ChemSusChem, 2016, 9 (22): 3171-3180.

[74] Van Den Bosch S, Renders T, Kennis S, et al. Integrating lignin valorization and bio-ethanolproduction: on the role of Ni-Al_2O_3 catalyst pellets during lignin-first fractionation. Green Chemistry, 2017, 19 (14): 3313-3326.

[75] Shuai L, Amiri M T, Questell-Santiago Y M, et al. Formaldehyde stabilization facilitates lignin monomer production during biomass depolymerization. Science, 2016, 354 (6310): 329-333.

[76] Chen W, Meng J, Han X, et al. Past, present, and future of biochar. Biochar, 2019, 1 (1): 75-87.

[77] Jain A, Balasubramanian R, Srinivasan M P. Hydrothermal conversion of biomass waste to activated carbon with high porosity: a review. Chemical Engineering Journal, 2016, 283: 789-805.

[78] Wang X, Liu X, Smith R L, et al. Direct one-pot synthesis of ordered mesoporous carbons from lignin with metal coordinated self-assembly. Green Chemistry, 2021, 23 (21): 8632-8642.

[79] Herou S, Ribadeneyra M C, Madhu R, et al. Ordered mesoporous carbons from lignin: a new class of biobased electrodes for supercapacitors. Green Chemistry, 2019, 21 (3): 550-559.

[80] Kubo S, White R J, Yoshizawa N, et al. Ordered carbohydrate-derived porous carbons. Chemistry of Materials, 2011, 23 (22): 4882-4885.

[81] Rodriguez A T, Li X, Wang J, et al. Facile synthesis of nanostructured carbon through self-assembly between block copolymers and carbohydrates. Advanced Functional Materials, 2007, 17 (15): 2710-2716.

第3章 秸秆水解制糖和呋喃类化合物

候其东

南开大学环境科学与工程学院，生物质资源化利用国家地方联合工程研究中心

利用木质纤维素类生物质作为原料制备精细化学品、液态燃料和新型材料，替代石化产品，对实现可持续发展具有至关重要的意义[1-4]。在石化资源日趋耗竭的背景下，生物质不仅是一种有潜力的能源和资源，还是支撑碳中和工业体系的战略性碳基资源[5]。得益于催化转化技术的快速发展，国内外学者已经建立起通过生物质炼制获取高价值产品的路线图，其中单糖（以葡萄糖为主的C6糖，以木糖为主的C5糖）、5-羟甲基糠醛（5-HMF）和糠醛是生物质炼制过程的关键平台分子[6]。这些平台分子就像传统工业中的化工基石原料，架构了从生物质原材料和高价值目标产品之间的桥梁[4]。玉米芯中含有丰富的木聚糖，用其作为原料生产糠醛已经实现产业化，糠醛及其衍生产品在现代工业体系中发挥了重要作用。相比之下，生物质中的C6糖含量很高，5-HMF衍生的高价值产品极为丰富，许多产品已经具备替代石化产品的优势和前景，展现了广阔的应用潜力和发展前景。

生物质中糖类物质催化转化为高价值产品的基本过程见图3-1。将生物质经由平台分子定向转化为高价值产品涉及一系列转化过程，主要包括：①通过预处理或组分分离提取部分木质素并降低纤维素结晶度，从而提高纤维素水解产糖的效率；②纤维素/半纤维素水解为C6/C5糖；③C6/C5糖脱水制备5-HMF/糠醛；④5-HMF/糠醛进一步升级为高价值产品。研究这些转化过程的基本目标是建立像石油炼制一样的生物质炼制体系，实现生物质组分的分级利用。相比于构成石油的烃类物质，生物质及其衍生物含有大量含氧官能团，是"高度功能化的"。为了利用生物质生产出接近于甚至优于石化产品的目标产物，需要对生物质组分进行专门的去官能团化。生物质的组成和结构十分复杂，上述转化过程还伴随着复杂多样的副反应，同时需要十分复杂的分离纯化过程。

第3章 秸秆水解制糖和呋喃类化合物

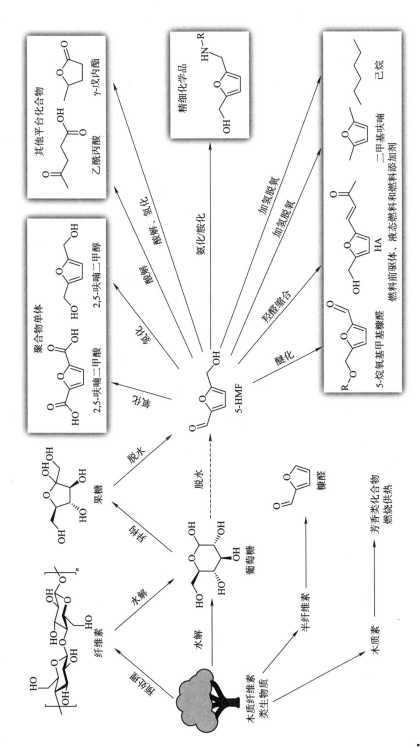

图3-1 生物质中糖类物质催化转化为高价值产品的基本过程

当前，工业上制备的 C5 糖和糠醛主要来自玉米芯等少数几种生物质，C6 糖主要来自富含淀粉的原料，5-HMF 主要是使用果糖（需要采用淀粉类生物质作为起始原料，经过水解和酶催化异构制备）作为原料开展小规模制备，都面临着原料成本高和利用效率低的问题。此外，采用淀粉类生物质制备化学品还面临与人争粮的问题。相比之下，秸秆类生物质主要是由不可食用的木质纤维素组成，来源广泛且价格低廉，采用秸秆类生物质生产糖和呋喃类化合物具有明显的成本优势，但也存在解聚/转化难度更大的问题。本章主要介绍秸秆类生物质制备糖和呋喃类化合物的研究现状以及面临的挑战。

3.1 秸秆水解制 C6/C5 糖

3.1.1 秸秆类生物质预处理

针对秸秆类生物质复杂的组成和结构，国内外研究人员研究了一系列预处理方法，其中包括化学法、物理法、生物法和联合法等，但仍然存在着处理条件苛刻、成本高、效率低和容易造成环境污染等问题[7-10]。近年来研究发现，一些功能化的离子液体可以高效地溶解生物质，在去除木质素和半纤维素的同时在一定程度上破坏纤维素的结晶结构，从而提高纤维素的水解效率[7, 11-15]。采用离子液体和基于离子液体的溶剂体系先对生物质进行溶解，再加入适当的沉淀剂使半纤维素和木质素保持溶解状态，可以分离得到富含纤维素的材料，作为后续转化的原料[15]。不同的预处理手段都可以在一定程度上降低纤维素的结晶度，从而提升纤维素下一步水解的效率，但当前的预处理手段仍然存在效率偏低、成本偏高、有价值组分容易降解等不足。

目标产物的不可控降解是生物质预处理和转化利用过程中面临的普遍问题。从结构和组成上来说，生物质是高度功能化的，因而容易发生多种多样的副反应，而且下游产物发生转化的活化能通常低于上游原料，所以副反应是很难避免的。生物质催化转化主要反应过程的表观活化能见表 3-1。为了解决这些问题，国内外学者发展出了一些对目标产物进行稳定化的方法。

表 3-1 生物质催化转化主要反应过程的表观活化能

反应过程	催化剂	溶剂	反应温度/℃	活化能/(kJ/mol)	参考文献
木糖异构为木酮糖	$CrCl_3$	水	105~145	64.9	[21]
木酮糖脱水为糠醛	HCl	水	105~145	96.7	[21]
木糖脱水为糠醛	HCl	水	105~145	133.9	[21]
葡萄糖异构为果糖	$CrCl_3$	水	130~150	64.4	[22]

(续)

反应过程	催化剂	溶剂	反应温度/℃	活化能/(kJ/mol)	参考文献
葡萄糖异构为果糖	AlCl$_3$	水	100~120	110	[23]
葡萄糖异构为果糖	AlCl$_3$	水/THF	130~160	95	[24]
葡萄糖异构为果糖	Sn-Beta	水	80~120	93	[25]
葡萄糖异构为果糖	三乙胺	水	80~120	61	[25]
葡萄糖异构为果糖	葡甲胺	水	80~110	74	[26]
果糖脱水为5-HMF	5mmol/L H$_2$SO$_4$	水	140~180	123	[27]
果糖脱水为5-HMF	50mmol/L H$_2$SO$_4$	水/γ-戊内酯 (w/w=1/3)	140~180	84	[28]
果糖脱水为5-HMF	50mmol/L H$_2$SO$_4$,KCl	水/γ-戊内酯 (w/w=1/3)	140~180	74	[28]
果糖脱水为5-HMF	50mmol/L H$_2$SO$_4$,KCl	水/γ-戊内酯 (w/w=1/9)	140~180	67	[28]
果糖脱水为5-HMF		EMIMBr	—	57.3	[29]
5-HMF降解	5mmol/L H$_2$SO$_4$	水	140~180	97	[30]
葡萄糖直接脱水为5-HMF	5mmol/L H$_2$SO$_4$	水	140~200	152	[31]
葡萄糖直接脱水为5-HMF	HAP	EMIMBr	110~130	100.5	[32]
葡萄糖直接脱水为5-HMF	Al-HAP	EMIMBr	110~130	80.7	[32]
葡萄糖直接脱水为5-HMF	Sn-HAP	EMIMBr	110~130	79.2	[32]
葡萄糖直接脱水为5-HMF	Sn/Al-HAP	EMIMBr	110~130	68.4	[32]
纤维素水解为葡萄糖	0.1mol/L H$_2$SO$_4$	水	100~200	170	[33]

注：活化能为密度泛函理论计算的结果，不是实验实测值。

通过氢解实现木质素优先解聚，有助于获得更多可利用的纤维素和半纤维素[16]。该策略首先将生物质中的木质素解聚为木质素单体，从而实现木质素和其他组分的分离，分离出的木质素单体可以进一步催化转化为高价值的芳香类化合物[17]。相比于传统的预处理过程，该策略对纤维素和半纤维素的破坏比较小，剩余的纤维素和半纤维素既可以通过传统催化过程转化为高价值化合物，又可以用来制备高强度的材料，有望提升生物质炼制过程的绿色性和经济性。高温氢解是研究最广泛的木质素解聚方法。由于非均相催化剂和固态生物质的传质效率较低，生物质中木质素的选择性解聚同样需要苛刻的反应条件，包括较高的反应温度（通常≥180℃）和高压氢气[18]。这样剧烈的反应条件会引发多种副反应，产物仍然是由低功能化芳香化合物、醇和烃组成的复杂混合物，还需要采用一系列分离纯化和催化升级过程将其转化为高价值产品，导致整个过程的经济性比较低。使用甲醛或乙醛作为稳定化试剂与木质素发生缩醛（或缩酮）化反应，减少预处理过程中木质素的自缩合反应，从而获得更容易进行后续解聚转化的高品质木质素[20]。这些方法都在一定程度上抑制了目标产物降解为副产物，提高了总体效率。

3.1.2 纤维素水解产 C6 糖

纤维素水解产糖的传统方法主要有酶解、稀酸催化水解和浓酸催化水解等[34-37]。纤维素和质量分数为72%左右的浓硫酸都可以在温和条件下选择性地将纤维素水解为葡萄糖[38]。然而，酶解技术成本高且反应周期长，矿物酸容易造成环境污染，这些问题制约了传统水解方法的发展和应用[39-41]。针对传统方法的不足，国内外学者从反应介质和催化剂两方面展开了深入研究。在反应介质方面，离子液体、离子液体-助溶剂体系、水-有机溶剂体系都可以作为纤维素水解的反应介质，这三类溶剂体系替代水作为反应介质能够显著提升反应效率[42-46]。然而，采用离子液体作为反应介质仍然面临着难以攻克的技术瓶颈。水解反应需要体系中有一定量的水，但过多的水会导致纤维素从离子液体中析出，而糖类产物在含水量较低的强酸性体系中容易进一步降解，这是现阶段难以调和的矛盾[45]。在催化剂方面，国内外学者探索了酸性离子液体、碳酸、聚合物、金属有机框架、氧化物、杂多酸以及碳基固体酸等多种催化剂在催化纤维素水解产糖反应中的效果[39, 47-52]。借鉴纤维素酶的作用机理，可以设计酶仿生型固体酸催化剂，即在聚合物和碳基材料表面同时引入酸性位点和吸附位点，其中吸附位点可以吸附固定纤维素分子中的糖苷键，促进酸性基团对糖苷键的破坏，显著降低水解反应的活化能（图 3-2）[53-58]。然而，当前报道的酶仿生型固体酸催化剂仍然远未达到纤维素酶和72%浓硫酸的催化活性[59]。此外，催化剂的稳定性距离理想水平还有较大的差距，有研究证明磺化氯甲基聚苯乙烯在纤维素水解的体系中 C—C 键很容易水解产生盐酸，实际起到催化作用的是 HCl 而不是非均相催化剂[60]。因此，固体酸对纤维素水解的催化效果有待严格研究的评估和验证[61]。

3.1.3 半纤维素水解产 C5 糖

半纤维素是随机的非结晶结构，分子质量也低很多，所以在酸性条件下更容易水解。研究发现，在采用硫酸、盐酸或磷酸等矿物酸作为催化剂的体系中，当 pH 为 2 或更低时，半纤维素水解的反应速率与质子浓度成正比[62]。对于实际的生物质，一般采用稀酸在70～200℃的温度下进行处理，先将半纤维素水解并尽可能地保留纤维素[62]。采用150～220℃的高温水或者蒸汽爆破处理也是优先水解半纤维素的重要途径，该过程会部分脱除木质素，半纤维素水

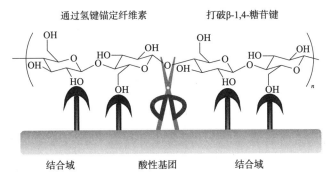

图 3-2 酶仿生型固体酸催化纤维素水解的过程示意

解产生的乙酸会在一定程度上起到加快水解的作用。

纤维素和半纤维素水解过程面临的共性问题是水解反应的活化能高于单糖进一步转化的活化能,这是难以调和的矛盾:加快水解效率要求较强的酸性体系和较高的反应温度,而这会加剧目标产物的不可控降解。针对纤维素/半纤维素水解产生单糖过程的稳定化方法主要有:①设计流通式反应器,利用溶液将水解得到的可溶性单糖和低聚糖快速从高温区域转移到低温区域,从而减少降解;②使用甲醛或乙醛作为稳定化试剂与木糖和葡萄糖发生缩醛(或缩酮)化反应,由于生成的单糖可以被快速转化为缩醛(或缩酮),单糖的脱水反应可以被大幅抑制[63,64]。虽然半纤维素水解产糖相比于纤维素水解产糖较为容易,但是当前报道中缺乏专门针对秸秆类生物质中半纤维素水解制备 C5 糖的研究,大多数研究都是把半纤维素水解作为生物质预处理的一种手段,而没有围绕半纤维素产糖进行条件优化,未来还需要进一步强化这方面的基础研究和应用探索。

3.2 C6 糖制 5-HMF

3.2.1 果糖脱水制备 5-HMF

从化学组成来看,5-HMF($C_6H_6O_3$)是 C6 糖脱去三分子水的产物。从结构上来看,5-HMF 的呋喃环上含有一个羟甲基(CH_2—OH)和一个醛基(CHO)。将糖类物质转化为 5-HMF 不仅能够降低糖类物质的氧含量,而且可以保持适度的化学复杂性,从而有助于后续的升级转化过程[65]。作为生物质炼制过程的中枢性平台化合物,将生物质高效转化为 5-HMF 及其衍生物,是建立完善生物质炼制技术体系的关键[27,66-68]。

从结构上来说,果糖具有与 5-HMF 类似的五元环结构,是最容易脱水转化为5-HMF的六碳糖原料,因此早期的研究都是使用果糖作为原料进行的。催化剂和反应介质对果糖脱水转化为5-HMF都有重要作用,常用的催化剂是矿物酸、磺酸基功能化材料、氧化物、磷酸盐、酸性分子筛,常用的反应介质包括水、水-有机二相体系、极性非质子溶剂和离子液体等[4]。经过充分研究证实有效的催化体系主要包括以下几类。第一类是布朗斯特酸/水体系,水相反应通常需要较高的温度,在这样的条件下布朗斯特酸也会催化5-HMF酸解产生甲酸和乙酰丙酸,同时伴随着5-HMF和糖类物质缩合生成胡敏素的副反应,因而反应效率和选择性都处于较低的水平(生物质催化制备5-HMF的基本过程见图3-3)。第二类是布朗斯特酸/水/有机单相体系。少数水溶性较好的有机溶剂如二甲基亚砜(DMSO)[69,70]、四氢呋喃[71]、丙酮[72]、γ-戊内酯(GVL)[73]可以和水组成单相体系,它们可以通过溶剂效应在一定程度上加快果糖脱水为5-HMF的反应速率。第二类是布朗斯特酸/水/有机二相体系。甲基异丁基酮、丁醇等水溶性较差的有机溶剂可以和水组成二相体系,而向水/THF、水/GVL体系中加入氯化钠也可以将单相体系转变成二相体系[67]。水/有机二相体系主要起到两方面的作用:一是有机溶剂通过溶剂效应加快反应速率;二是通过将5-HMF萃取到有机相减少5-HMF的降解。然而,这类体系通常只能转化低浓度的糖类原料,通常需要使用大量的盐和有机溶剂,才能获得较高的表观产率和选择性,实际的反应效率很低。第三类是布朗斯特酸/二甲基亚砜(DMSO),尽管这类体系可以获得较高的产率,反应所需条件也比水相低很多,但存在着许多难以克服的问题:DMSO分解产物、杂质、气氛和催化剂的作用尚不明确,不同研究的结果分歧很大;DMSO具有较高的沸点,而且在高温下容易分解,很难进行循环利用;类似的高沸点有机溶剂存在同样的问题[74-79]。第四类是布朗斯特酸/氯盐离子液体,氯盐离子液体自身在未加催化剂的条件下即可催化果糖脱水为5-HMF,但5-HMF在氯盐离子液体中的稳定性很差[80,81]。第五类是溴盐离子液体,溴盐离子液体自身就是优良的催化剂,可以将较高浓度果糖高选择性地转化为5-HMF,5-HMF在溴盐离子液体中具有很好的稳定性[29,82-84]。然而,离子液体的成本较高,回收和循环利用也存在较大的问题。

自然界果糖的产量很低,导致果糖的成本很高。菊粉是一种植物性果聚糖,只有菊芋、菊苣的块茎、天竺牡丹的块根、蓟的根等含有丰富的菊粉。采用适合于果糖转化的酸性催化体系来转化菊粉,一般也能获得较高的5-HMF产率。在现有工业体系中主要是采用固定化的异构酶作为催化剂,将葡萄糖催化转化为果糖,用于食品生产领域,该工艺本身的成本比较高。因此,利用果糖来制备5-HMF面临着原料成本过高的问题。

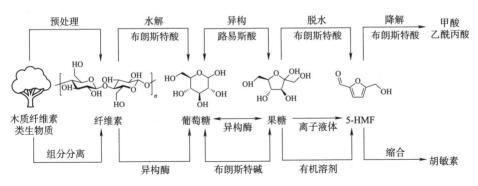

图 3-3 生物质催化制备 5-HMF 的基本过程

3.2.2 葡萄糖异构制备果糖

由于果糖更容易转化为 5-HMF 等产物,将葡萄糖高效异构为果糖是将糖类物质高效转化高价值目标产品的重要先决条件[85,86]。葡萄糖异构为果糖是一个典型的可逆反应,需要使用酶、路易斯酸和布朗斯特碱作为催化剂来驱动反应进行[22]。在使用酶作为催化剂时,大约可以获得 42% 的果糖;在使用路易斯酸或布朗斯特碱作为催化剂时,最高可以获得 35% 的果糖产率。在工业上,利用固定化的异构酶催化葡萄糖异构制备果糖已经实现大规模产业化应用,主要用于生产食品级果糖,取得了很大经济效益[87]。然而,由于异构酶的成本高且稳定性差,果糖的生产成本偏高,发展非均相路易斯酸和布朗斯特碱催化剂替代异构酶一直是该领域的重要研究方向。目前来看,在水相中经过验证具有较高异构活性的非均相路易斯酸催化剂是 Sn-Beta 沸石[88]。一般认为,位于沸石疏水孔道中的四配位锡位点具有较强的路易斯酸性,可以催化葡萄糖分子中 C_2 位的 H 转移到 C_1 位,其催化作用机制与异构酶类似[89]。另外,其他形态或位于其他化学环境的锡物质或者其他的路易斯酸催化剂,在水相中催化葡萄糖活性的都处在比较低的水平[90-93]。Sn-Beta 沸石面临的问题主要是合成过程复杂、催化剂稳定性较差和选择性偏低。碱性催化剂对葡萄糖异构是普遍有效的催化剂,但反应过程中糖类物质会降解为小分子酸性物质和胡敏素,这不仅会破坏碱性位点,还会加快离子淋出,导致催化剂的不可逆失活。不同于异构酶和路易斯酸的催化机制,碱性催化剂主要是将 O_2 位的氢转移到 O_1 位来实现葡萄糖的异构[94]。NaOH[95]、NaH_2PO_4/Na_2HPO_4[95] 和 K_2HPO_4[63]等无机碱以及三乙胺[25,96]、葡甲胺[26]等有机碱在水溶液中都有可观的催化活性,但这些碱性催化剂很难实现回收和循环利用。碱性金属氧化物和氢氧化物包括氧化镁[97-99]和镁铝水滑石[100-102],它们都可以获得 30% 左右的果糖产率。相似地，一些有机-无机复合材料，包括碳-氧化钙复合物（C/CaO）[103]、介孔碳-氧化镁复合物（OMC@MgO）[104]、铝-生物质炭复合物[105]、锡-生物质炭复合物[94]中起到催化作用的主要也是碱性的氢氧化物。采用尿素和金属氯化物共热解法制备了碱金属和碱土金属掺杂的氮化碳[106]，其中 Mg-C_3N_4 催化活性最好，在转化浓度为 10% 的葡萄糖时果糖的产率为 32.5%，选择性超过了 80%。除了催化剂，溶剂在葡萄糖异构中也发挥着非常关键的作用[107-109]。

3.2.3 葡萄糖制备 5-HMF

先将葡萄糖异构为果糖，再以果糖为原料制备 5-HMF 的反应过程，不仅受到两步过程反应效率和选择性的制约，还需要复杂的分离纯化过程。在实际操作中，可以先分离出异构催化剂，再向含有葡萄糖、果糖的混合体系中加入酸性催化剂进行脱水反应，从而在一定程度上减少分离纯化过程[72]。伴随着果糖转化为 5-HMF，体系中的葡萄糖会发生很多副反应，因此两步法的效率和选择性都不高。

采用一步法直接将葡萄糖转化为 5-HMF，要求体系中同时有催化葡萄糖异构为果糖和果糖脱水为 5-HMF 的催化剂。经过充分验证确实有效的催化体系有三类。第一类是采用三氯化铬、二氯化铬等均相铬盐作为催化剂，采用离子液体作为反应介质，其中最具代表性的就是三氯化铬和 1-丁基-3-甲基咪唑氯盐组成的催化体系（BMIMCl/$CrCl_3$）[80]。在 BMIMCl/$CrCl_3$ 体系中，$CrCl_3$ 不仅起到了催化葡萄糖异构的作用，而且对 5-HMF 的稳定化发挥了至关重要的作用，离子液体 BMIMCl 不仅能催化果糖脱水为 5-HMF，而且为 $CrCl_3$ 发挥催化作用提供了独特的无水环境。需要指出的是，在反应条件下，5-HMF 本身在 BMIMCl 中是不稳定的，因而只有 BMIMCl 和 $CrCl_3$ 组成的体系得到了不同研究的充分证实，离子液体和路易斯酸组成结构的变化会对反应过程产生显著影响。

第二类体系是由路易斯酸、布朗斯特酸、水、有机溶剂组成的二相体系，其基本作用原理是路易斯酸催化剂或催化剂上的路易斯酸位点催化葡萄糖异构为果糖，布朗斯特酸催化果糖脱水为 5-HMF，二相体系同样起到提取 5-HMF、减少产物降解的作用。尽管国内外报道了大量的相关催化体系，这类体系中 5-HMF 降解的活化能通常接近于甚至明显低于果糖脱水的活化能，体系中常常发生大量的副反应，导致反应效率和选择性都很低，这是现阶段难以克服的问题[4]。

第三类体系是由溴盐离子液体与路易斯酸组成的催化体系，生物质催化制备 5-HMF 的基本过程[86]见图 3-4。如前所述，溴盐离子液体可以在温和条件下将果糖选择性地脱水为 5-HMF，并对 5-HMF 起到很好的稳定作用，路易斯酸在该体系负责催化葡萄糖异构为果糖，布朗斯特酸会加剧 5-HMF 降解等副反应。采用溴盐离子液体 BMIMBr 作为反应介质，采用大孔磷酸锡[110]、稀碱改性的氧化铝[111]、锡修饰的氧化铝[84]、锡修饰的羟基磷灰石、锡和铝共修饰的羟基磷灰石（Sn/Al-HAP）[86]作为非均相路易斯酸催化剂都可以将高浓度葡萄糖（相对于溶剂的质量分数≥10%）转化为 5-HMF。其中，Sn/Al-HAP 兼具路易斯酸含量高、布朗斯特酸含量低和比表面积高等优势，在转化 10% 葡萄糖时获得了高达 71% 的产率，已经和最先进的均相催化体系达到同一水平[86]。采用锡修饰的氧化铝作为催化剂，可以转化超高浓度的葡萄糖原料，当葡萄糖相对于离子液体的浓度为 40% 时，5-HMF 产率仍然可以达到 50% 以上，该催化体系的生产效率显著高于其他非均相催化体系[84]。上述高效的催化剂都具有路易斯酸含量较高、布朗斯特酸含量较低的特点。其他金属氧化物和磷酸盐都具有一定的活性，但路易斯酸含量偏低或布朗斯特酸含量偏高都会导致 5-HMF 产率的下降。相比于其他催化体系，溴盐离子液体对路易斯酸的要求不高，有适当路易斯酸性的氯化物、氧化物或磷酸盐都具有一定的催化作用。然而，虽然 5-HMF 在 BIMIMBr 中很稳定，但实验也证实 Sn/Al$_2$O$_3$ 催化剂不仅能催化葡萄糖转化为 5-HMF，也能催化 5-HMF 降解为胡敏素，因此 5-HMF 产率随时间都呈现先升高再降低的趋势，体系中的副反应是难以完全避免的[84]。

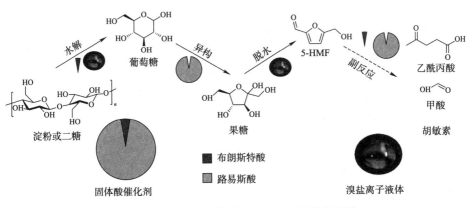

图 3-4 生物质催化制备 5-HMF 的基本过程

3.2.4 纤维素制备 5-HMF

由于二糖和淀粉可以在布朗斯特酸的催化作用下较为容易地水解为单糖，适合于葡萄糖转化为 5-HMF 的路易斯酸/布朗斯特酸/水/有机二相催化体系同样适用于二糖和淀粉的直接转化。类似地,基于溴盐离子液体的催化体系(包括 SnCl$_4$/BMIMBr[82]、Sn/Al$_2$O$_3$ - BMIMBr 体系)和 Sn/Al - HAP - BMIMBr 体系也可以推广到二糖(蔗糖、纤维二糖)和淀粉的转化,获得可观的 5 - HMF 产率,说明在 BMIMBr 中少量的布朗斯特酸位点即可催化二糖和淀粉水解为葡萄糖。

纤维素转化为 5 - HMF,涉及纤维素水解为葡萄糖、葡萄糖异构为果糖、果糖脱水为 5 - HMF 等多个反应过程,同时伴随着反应中间体和 5 - HMF 的降解,导致整体转化效率和选择性偏低[4]。如前所述,纤维素解聚的活化能很高,为了实现纤维素解聚通常需要高温和大量强布朗斯特酸的条件[38]。相比之下,5 - HMF 和其他反应中间体降解的活化能[30]低于纤维素水解的活化能,高温和强酸就会诱导剧烈的副反应,极大地制约了 5 - HMF 生产效率和选择性的进一步提升。基于溴盐离子液体的催化体系转化微晶纤维素时,5 - HMF 的产率极低,这一方面是由于纤维素在溴盐离子液体中的溶解度很低,另一方面可能是由于布朗斯特酸的酸性不足以催化纤维素解聚[84]。采用均相的硫酸氧钛作为催化剂,采用氯化钠水溶液/戊内酯二相体系作为溶剂可以将经过球磨处理的纤维素转化为 5 - HMF,获得中等的 5 - HMF 产率(45.4%)[112]。采用光辅助法对 P25 进行处理制备了磷酸化的二氧化钛(P - TiO$_2$),该材料转化为葡萄糖时获得了 52.2% 的产率,转化球磨纤维素时产率在 20% 左右。从目前的研究结果来看,纤维素直接转化为 5 - HMF 需要强布朗斯特酸和强路易斯酸的共同作用;球磨预处理可以显著提高纤维素的转化效率,但是是有限度的;即便是同时采用球磨处理提高纤维素的可及性,采用二相体系将 5 - HMF 从反应相提取到有机相,5 - HMF 在反应体系中的快速降解仍是不可避免的。直接采用秸秆类生物质制备 5 - HMF 虽然有一些文献报道,但大多数都缺乏后续研究的验证。

3.2.5　5 - HMF 的分离纯化和稳定化

限制 5 - HMF 制备效率和选择性的根本因素是 5 - HMF 的不稳定性:5 - HMF 中的羟基、醛基和呋喃环都具有较强的反应活性,可以发生多种多样的反应。在高温和酸性反应体系中 5 - HMF 分解为甲酸和乙酰丙酸或缩合为胡敏素的活化能显著低于葡萄糖转化为 5 - HMF 和纤维素水解的活化能[30],因此制备过程中 5 - HMF 的降解是很难避免的。利用半纤维素/木糖制备糠醛已经实现产业化,但同样面临副反应严重和选择性低的问题,50% 以上的糖类原料都转化成了废弃物,造成了严重的资源浪费和环境污染。

5 - HMF 的降解和缩合不仅影响制备过程的效率,而且严重制约了 5 - HMF 向高价值产品的转化,催化制备、存储和升级转化过程中 5 - HMF/糠醛的损失见图 3-5。第一，目前研究中 5-HMF 的高值转化都是在低浓度的条件下进行，提高原料浓度会导致 5-HMF 的降解，大幅降低目标产物的产率和选择性。第二，直接制得的 5-HMF 是难以储存的，会发生一系列的老化反应影响后续的升级转化[113]。第三，使用直接制得的 5-HMF 作为原料会显著降低高价值产品的制备效率。例如，使用油状的 5-HMF 产品（纯度 97%～99%）只能获得 16.4% 的氢化产品，而使用高品质 5-HMF（纯度 99.9%，通过重结晶纯化）可以得到 45.6% 的氢化产品[114]。因此，无论是高效制备 5-HMF，还是其存储和高值化利用，都需要发展从源头避免 5-HMF 降解的技术。

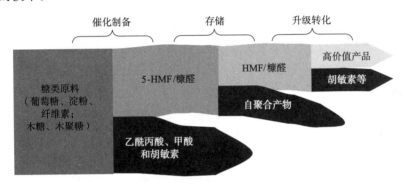

图 3-5　催化制备、存储和升级转化过程中 5-HMF/糠醛的转化和损失

围绕糖类物质催化制备 5-HMF 和糠醛，可以在一定程度上稳定目标产物的方法主要有以下几种：①设计路易斯酸/布朗斯特酸双功能催化剂分别催化异构和脱水反应，降低糖类物质转化为 5-HMF 和糠醛的活化能；②利用有机溶剂的溶剂效应加快果糖脱水速率，通过提高相对速率的方式减少产物分解[28]；③利用离子液体催化脱水反应并抑制 5-HMF 分解；④利用二相体系不断将生成的 5-HMF 转移到有机相，从而减少 5-HMF 分解[115]；⑤利用多孔材料吸附富集 5-HMF，从而抑制催化剂表面的副反应[116]；⑥利用氯化铬等催化剂对 5-HMF 产生稳定化效应[80]；⑦使用 tert-butyl-diphenylsilyl（TBDS）保护葡萄糖的 O（6）-位可以获得高产率的 TBDS 取代 5-HMF[113]，但是复杂的保护和去保护过程会极大地提高成本；⑧盐酸/二氯乙烷体系可以将糖类转化为 5-氯甲基糠醛（CMF），可采用 CMF 作为 5-HMF 的替代品，但该过程会消耗盐酸并造成二次污染。上述方法已经在 5-HMF 和糠醛的制备中进行了系统的研究，但只能在一定程度上减少 5-HMF 的降解，并未从根本上解决问题。

3.2.6 5-HMF 的升级转化

将 5-HMF 升级转化为高品质燃料、精细化学品和新型材料，涉及一系列复杂的反应过程，包括选择性氧化反应、氢化反应、醚化反应、羟醛缩合反应、功能化反应、缩合反应，以及不同反应过程的组合[117-119]。通过热化学、光催化或电催化驱动的选择性氧化过程，5-HMF 可转化为一系列的高价值产品，包括 2,5-呋喃二甲醛（又称为二甲酰呋喃，2,5-diformylfuran，DFF)、2,5-呋喃二甲酸（2,5-furandicarboxylic acid, FDCA)、5-羟甲基-2-呋喃甲酸（5-hydroxymethyl-2-furancarboxylic acid, HMFCA)[4]。5-HMF 的加氢脱氧产物主要包括 2,5-二羟甲基呋喃（2,5-bishydroxymethylfuran，BHMF)[120]、2,5-二羟甲基四氢呋喃（2,5-bishydroxymethyltetrahydrofuran，BHMTHF)[121]、5-甲基糠醛（5-methylfurfural，5-MF)[122]、1,6-己二醇（1,6-hexanediol，1,6-HD)[123]、2,5-二甲基呋喃（2,5-dimethylfuran，DMF) 和烷烃[124]等。

5-HMF 与脂肪醇发生醚化反应生成 5-烷氧基甲基糠醛（5-alkoxymethyl furfurals，AMF)，其中最有代表性的是 5-乙氧基甲基糠醛（5-ethoxymethyl furfural，EMF)[4,125-127]。EMF 的制备过程不消耗外部氢源，热值高达 8.7 kW·h/L（汽油和乙醇的热值分别是 8.8 kW·h/L 和 6.1 kW·h/L)，能够显著降低细颗粒物和 SO_2 的排放，因而具有广阔的应用前景[128]。在布朗斯特酸的催化下，5-HMF 与乙醇发生醚化反应生成 EMF[129,130]，目前报道的最高产率为 98%[131]。布朗斯特酸可以连续催化果糖脱水和 5-HMF 醚化，将果糖一锅转化为 EMF[132-134]，目前报道的最高产率约为 80%[131]。尽管利用 5-HMF 和果糖制备 EMF 已经取得较高产率，但仍面临一些瓶颈问题：一是高纯度 5-HMF 和果糖的成本很高；二是 5-HMF 醚化的反应速率偏低[135,136]，限制了整体反应效率[137-139]。相比于 5-HMF 和果糖，利用葡萄糖制备 EMF 的难度急剧攀升。只用布朗斯特酸转化葡萄糖时 EMF 产率很低[132,140]。利用路易斯酸和布朗斯特酸连续催化异构、脱水和醚化，可以将葡萄糖一锅转化为 EMF[141,142]。采用 H-USY 分子筛和 Amberlyst-15 一锅转化葡萄糖时 EMF 产率只有 17%，而先加入 Sn-Beta 分子筛催化异构、再加入 Amberlyst-15 催化脱水/醚化的一锅两步过程可以把产率提高到 43%[143]。由于葡萄糖异构是可逆反应，第一步果糖产率不超过 40%，剩余葡萄糖仍需要进行一锅转化。无论是一步法还是两步法，当前体系中葡萄糖转化为 EMF 的产率和选择性都低于 50%。

3.3 C5 糖制糠醛

3.3.1 糠醛的性质和应用

糠醛是由 C5 糖脱水环化形成的化合物。一般来说,含有一定量 C5 糖的生物质组分都可以作为生产糠醛的原料,其中玉米芯和甘蔗渣是目前应用最多的原料[144]。糠醛的生产已经产业化,在工业上糠醛产品有多种用途,目前工业生产的糠醛主要是作为化学原料生产五元含氧杂环化合物(如糠醇、呋喃、甲基呋喃、糠胺和糠酸等)[144, 145]。此外,糠醛及其衍生物糠醇还可以单独或与苯酚、丙酮、尿素一起生产固体树脂材料。

3.3.2 糠醛的制备

采用硫酸或盐酸作为催化剂,就能将玉米芯和甘蔗渣中的木聚糖转化为糠醛,这也是当前工业生产糠醛的主流方法。目前,我国的糠醛工业 95% 以上都采用硫酸催化法,少数采用盐酸催化法[146]。硫酸催化法使用 3%~6% 的稀硫酸作为催化剂,在加压条件下反应 3~10h,并持续通入蒸汽分离得到糠醛成品[147, 148]。糠醛的生产工艺还可以分为一步法和两步法[149]。一步法制备糠醛需要较高的反应温度,这会加剧糠醛分解和缩合等副反应,因此糠醛产率和选择性较低(45%~55%)。两步法是将戊聚糖水解和戊糖脱水环化在各自的最适条件下分开进行,有助于抑制副反应,从而提高原料利用率和糠醛产率[150-153]。目前糠醛的生产工艺还存在产率低、能耗高、设备腐蚀和环境污染等问题[154]。

采用 DMSO、GVL、DMA 等有机溶剂替代水作为反应机制,能够在一定程度上控制副反应的发生,提高糠醛产率。然而,这些有机溶剂的沸点很高,给糠醛的分离纯化带来了很大的难度[155]。水/有机二相体系也是广泛研究的反应介质,其中常见的有机相包括正丁醇[30]、甲苯[156, 157]、甲基异丁基酮(MIBK)[158, 159]、四氢呋喃(THF)[160]、环戊基甲醚(CPME)[161, 162]、2-甲基四氢呋喃(2-MTHF)[163]等。反应相中生成的糠醛可以被转移到有机相中,抑制了糠醛的降解,从而显著提高糠醛产率。在反应体系中加入盐(如 NaCl)作为添加剂可进一步提升糠醛从水相转移到有机相的效率,从而增加糠醛产率[164]。

糠醛制备的催化剂包括均相催化剂、非均相催化剂两类。均相催化剂包括 H_2SO_4、HCl、H_3PO_4、CH_3COOH、金属氯化物和酸性离子液体等。常用的金属氯化物催化剂主要是 $CrCl_3$、$FeCl_3$、$AlCl_3$ 和 $SnCl_4$[30, 157, 165-167]。研究发现，某些金属氯化物组合使用时的催化效果要好于单独使用一种金属氯化物的催化效果[30, 167, 168]。具有布朗斯特酸或路易斯酸位点的离子液体不仅可以作为反应介质，还可以起到催化作用[144]。应用于糠醛生产的非均相催化剂主要有碳基固体酸、分子筛、酸性树脂、过渡金属氧化物、磷酸盐和杂多酸等[159, 169]。

催化体系中生成的糠醛会发生一系列副反应，包括糠醛自身的树脂化反应、糠醛与戊糖或反应中间产物的缩合反应，生成树脂状不溶物质胡敏素和可溶性聚合物[170]。与此同时，糠醛还会分解成甲酸、甲醛、乙醛、丙酮醛、甘油、乙醇醛和乳酸等小分子。将催化体系中形成的糠醛快速转移，是提高糠醛产率的关键。工业上主要采用蒸馏、汽提或绝热闪蒸等方法控制糠醛的分解[171-173]。

C5糖转化为糠醛是单一的脱水反应，而将半纤维素转化为糠醛包括水解和脱水两个反应过程，因此利用半纤维素制备糠醛的反应过程较为复杂。半纤维素自身的性质对糠醛产率有较大影响[148]，其中木糖含量是决定糠醛产率的一个重要因素[174]。木糖脱水生成糠醛的反应速率远慢于木聚糖水解的反应速率，因此木糖脱水反应是决速步骤。与木聚糖不同的是，木质纤维素类生物质中存在着复杂的木质素-纤维素-半纤维素复合网络结构[175]，这种网络结构使木质纤维素类生物质的水解比木聚糖更难。因此，直接采用木质纤维素类生物质作为原料生产糠醛时的效率一般低于木聚糖，而且需要更高的温度[175]。

总体来说，利用秸秆类生物质制备C6糖、C5糖、5-HMF和糠醛已经得到深入且广泛的研究，其可行性和发展前景已经得到充分的论证。然而，当前报道的催化体系和反应工艺都面临着反应效率偏低、选择性差、生产成本高和容易造成二次污染等问题，进一步提高反应效率和选择性面临着巨大的挑战。未来的研究中，需要加强以下几个方面：一是通过严格的实验筛选出真正有效的催化体系和工艺；二是针对秸秆类生物质的组成、结构和性质，开展催化剂的理性设计和溶剂的筛选优化，通过发展新的反应路径来提高转化效率和选择性；三是针对实际反应过程，开展经济技术分析和环境影响评价，从而在降低成本的同时提高经济效益、社会效益和生态效益。

参 考 文 献

[1] Mika L T, Csefalvay E, Nemeth Á. Catalytic conversion of carbohydrates to initial platform chemicals: chemistry and sustainability. Chemical Reviews, 2018, 118 (2): 505 - 613.

[2] Chheda J N, Huber G W, Dumesic J A. Liquid - phase catalytic processing of biomass - derived oxygenated hydrocarbons to fuels and chemicals. Angewandte Chemie - International Edition, 2007, 46 (38): 7164 - 7183.

[3] Bai X, Hou Q, Qian H, et al. Selective oxidation of glucose to gluconic acid and glucaric acid with chlorin e6modified carbon nitride as metal-free photocatalyst. Applied Catalysis B: Environmental, 2022, 303: 120895.

[4] Hou Q, Qi X, Zhen M, et al. Biorefinery roadmap based on catalytic production and upgrading 5-hydroxymethylfurfural. Green Chemistry, 2021, 23 (1): 119-231.

[5] Chen J M. Carbon neutrality: toward a sustainable future. The Innovation, 2021, 2 (3): 100127.

[6] Kashparova V P, Chernysheva D V, Klushin V A, et al. Furan monomers and polymers from renewable plant biomass. Russian Chemical Reviews, 2021, 90 (6): 750-784.

[7] 安艳霞. 基于胆碱离子液体的木质纤维素预处理、酶解及其机制的研究. 广州: 华南理工大学, 2016.

[8] 刘晓英. 小麦秸秆的预处理及高效能源转化利用研究. 北京: 北京化工大学, 2015.

[9] 徐俊丽. 离子液体预处理秸秆生物质及其机理研究. 北京: 中国科学院研究生院（过程工程研究所），2015.

[10] Gong D, Holtman K M, Franqui-Espiet D, et al. Development of an integrated pretreatment fractionation process for fermentable sugars and lignin: application to almond (Prunus dulcis) shell. Biomass and Bioenergy, 2011, 35 (10): 4435-4441.

[11] Xu F, Sun J, Konda N V S N M, et al. Transforming biomass conversion with ionic liquids: process intensification and the development of a high-gravity, one-pot process for the production of cellulosic ethanol. Energy and Environmental Science, 2016, 9 (3): 1042-1049.

[12] Sun J, Konda N V S N M, Shi J, et al. CO_2 enabled process integration for the production of cellulosic ethanol using bionic liquids. Energy and Environmental Science, 2016, 9 (9): 2822-2834.

[13] 王键吉, 许爱荣, 赵玉灵, 等. 离子液体对纤维素的溶解性能研究. 中国化学会第29届学术年会 (2014-08-04) [2022-05-11]. https://www.doc88.com/p-8052332192175.html.

[14] De S, Dutta S, Saha B. Microwave assisted conversion of carbohydrates and biopolymers to 5-hydroxymethylfurfural with aluminium chloride catalyst in water. Green Chemistry, 2011, 13 (10): 2859-2868.

[15] Hou Q, Ju M, Li W, et al. Pretreatment of lignocellulosic biomass with ionic liquids and ionic liquid-based solvent systems. Molecules, 2017, 22 (3): 490.

[16] Liao Y, Koelewijn S F, Van Den Bossche G, et al. A sustainable wood biorefinery for low-carbon footprint chemicals production. Science, 2020, 367 (6484): 1385-1390.

[17] Renders T, Van Den Bosch S, Koelewijn S F, et al. Lignin-first biomass fractionation: the advent of active stabilisation strategies. Energy & Environmental Science, 2017, 10 (7): 1551-1557.

[18] Shuai L, Amiri M T, Questell-Santiago Y M, et al. Formaldehyde stabilization facilitates lignin monomer production during biomass depolymerization. Science, 2016,

354 (6310): 329-333.

[19] Rahimi A, Ulbrich A, Coon J J, et al. Formic-acid-induced depolymerization of oxidized lignin to aromatics. Nature, 2014, 515 (7526): 249-252.

[20] Questell-Santiago Y M, Galkin M V, Barta K, et al. Stabilization strategies in biomass depolymerization using chemical functionalization. Nature Reviews Chemistry, 2020, 4 (6): 311-330.

[21] Choudhary V, Sandler S I, Vlachos D G. Conversion of xylose to furfural using Lewis and Brønsted acid catalysts in aqueous media. ACS Catalysis, 2012, 2 (9): 2022-2028.

[22] Choudhary V, Mushrif S H, Ho C, et al. Insights into the interplay of Lewis and Brønsted acid catalysts in glucose and fructose conversion to 5-(hydroxymethyl) furfural and levulinic acid in aqueous media. Journal of the American Chemical Society, 2013, 135 (10): 3997-4006.

[23] Tang J, Zhu L, Fu X, et al. Insights into the kinetics and reaction network of aluminum chloride-catalyzed conversion of glucose in $NaCl-H_2O/THF$ biphasic system. ACS Catalysis, 2017, 7 (1): 256-266.

[24] Tang J, Guo X, Zhu L, et al. Mechanistic study of glucose-to-fructose isomerization in water catalyzed by $[Al(OH)_2 (aq)]^+$. ACS Catalysis, 2015, 5 (9): 5097-5103.

[25] Carraher J M, Fleitman C N, Tessonnier J P. Kinetic and mechanistic study of glucose isomerization using homogeneous organic Brønsted base catalysts in water. ACS Catalysis, 2015, 5 (6): 3162-3173.

[26] Chen S S, Tsang D C W, Tessonnier J P. Comparative investigation of homogeneous and heterogeneous Brønsted base catalysts for the isomerization of glucose to fructose in aqueous media. Applied Catalysis B: Environmental, 2020, 261: 118126.

[27] Van Putten R J, Van Der Waal J C, De Jong E, et al. Hydroxymethylfurfural, a versatile platform chemical made from renewable resources. Chemical Reviews, 2013, 113 (3): 1499-1597.

[28] Mellmer M A, Sanpitakseree C, Demir B, et al. Effects of chloride ions in acid-catalyzed biomass dehydration reactions in polar aprotic solvents. Nature Communications, 2019, 10 (1): 1132.

[29] Li Y N, Wang J Q, He L N, et al. Experimental and theoretical studies on imidazolium ionic liquid-promoted conversion of fructose to 5-hydroxymethylfurfural. Green Chemistry, 2012, 14 (10): 2752-2758.

[30] Enslow K R, Bell A T. $SnCl_4$-catalyzed isomerization/dehydration of xylose and glucose to furanics in water. Catalysis Science & Technology, 2015, 5 (5): 2839-2847.

[31] Girisuta B, Janssen L P B M, Heeres H J. Green chemicals: a kinetic study on the conversion of glucose to levulinic acid. Chemical Engineering Research and Design,

[32] Nie Y, Hou Q, Bai C, et al. Transformation of carbohydrates to 5-hydroxymethylfurfural with high efficiency by tandem catalysis. Journal of Cleaner Production, 2020, 274: 123023.

[33] Girisuta B, Janssen L P B M, Heeres H J. Kinetic study on the acid-catalyzed hydrolysis of cellulose to levulinic acid. Industrial & Engineering Chemistry Research, 2007, 46 (6): 1696-1708.

[34] 赵博, 胡尚连, 龚道勇, 等. 固体酸催化纤维素水解转化葡萄糖的研究进展. 化工进展, 2017, 36 (2): 555-567.

[35] 王凤芹, 汪媛媛, 谢慧, 等. 木质纤维素水解糖制取的研究进展. 纤维素科学与技术, 2013, 21 (1): 62-69.

[36] 王树荣, 庄新姝, 骆仲泱, 等. 农林废弃物超低酸水解装置及试验研究. 农业机械学报, 2006, 37 (6): 27-31.

[37] 姜锋, 马丁, 包信和. 酸性离子液中纤维素的水解. 催化学报, 2009, 30 (4): 279-283.

[38] Zhu J Y, Pan X. Efficient sugar production from plant biomass: current status, challenges, and future directions. Renewable and Sustainable Energy Reviews, 2022, 164: 112583.

[39] Hu L, Lin L, Wu Z, et al. Chemocatalytic hydrolysis of cellulose into glucose over solid acid catalysts. Applied Catalysis B: Environmental, 2015, 174: 225-243.

[40] Kaeldstroem M, Meine N, Far S C, et al. Deciphering 'water-soluble lignocellulose' obtained by mechanocatalysis: new insights into the chemical processes leading to deep depolymerization. Green Chemistry, 2014, 16 (7): 3528-3538.

[41] Wu Q Q, Ma Y L, Chang X, et al. Optimization and kinetic analysis on the sulfuric acid-catalyzed depolymerization of wheat straw. Carbohydrate Polymers, 2015, 129: 79-86.

[42] Luterbacher J S, Rand J M, Alonso D M, et al. Nonenzymatic sugar production from biomass using biomass-derived γ-valerolactone. Science, 2014, 343 (6168): 277-280.

[43] Sun N, Liu H, Sathitsuksanoh N, et al. Production and extraction of sugars from switchgrass hydrolyzed in ionic liquids. Biotechnology for Biofuels, 2013, 6: 39.

[44] Rinaldi R, Palkovits R, Schueth F. Depolymerization of cellulose using solid catalysts in ionic liquids. Angewandte Chemie-International Edition, 2008, 47 (42): 8047-8050.

[45] Binder J B, Raines R T. Fermentable sugars by chemical hydrolysis of biomass. Proceedings of the National Academy of Sciences, 2010, 107 (10): 4516-4521.

[46] Caes B R, Vanoosbree T R, Lu F, et al. Simulated moving bed chromatography: separation and recovery of sugars and ionic liquid from biomass hydrolysates. ChemSusChem, 2013, 6 (11): 2083-2089.

[47] 芦天亮，秦志芳，唐思，等. 酸性离子液体［bmim］HSO$_4$催化纤维素水解的研究. 郑州大学学报（理学版），2012，44（2）：89-92.

[48] 刘婉玉，亓伟，周劲松，等. 生物质碳基固体酸催化剂在纤维素水解中的研究进展. 林产化学与工业，2015，35（1）：138-144.

[49] Fang Z, Zhang F, Zeng H Y, et al. Production of glucose by hydrolysis of cellulose at 423 K in the presence of activated hydrotalcite nanoparticles. Bioresource Technology, 2011, 102（17）：8017-8021.

[50] 冯菊红，熊蕾，任小菲，等. 硅基负载全氟丁基磺酰亚胺催化纤维素的水解. 武汉工程大学学报，2014，36（5）：9-14.

[51] Li X, Jiang Y, Wang L, et al. Effective low-temperature hydrolysis of cellulose catalyzed by concentrated $H_3PW_{12}O_{40}$ under microwave irradiation. RSC Advances, 2012, 2（17）：6921-6925.

[52] Deng W, Zhang Q, Wang Y. Polyoxometalates as efficient catalysts for transformations of cellulose into platform chemicals. Dalton Transactions, 2012, 41（33）：9817-9831.

[53] Shuai L, Pan X. Hydrolysis of cellulose by cellulase-mimetic solid catalyst. Energy & Environmental Science, 2012, 5（5）：6889-6894.

[54] Suganuma S, Nakajima K, Kitano M, et al. Hydrolysis of cellulose by amorphous carbon bearing SO_3H, COOH, and OH groups. Journal of the American Chemical Society, 2008, 130（38）：12787-12793.

[55] Charmot A, Chung P W, Katz A. Catalytic hydrolysis of cellulose to glucose using weak-acid surface sites on postsynthetically modified carbon. ACS Sustainable Chemistry & Engineering, 2014, 2（12）：2866-2872.

[56] Chung P W, Charmot A, Gazit O M, et al. Glucan adsorption on mesoporous carbon nanoparticles: effect of chain length and internal surface. Langmuir, 2012, 28（43）：15222-15232.

[57] Bai C, Zhu L, Shen F, et al. Black liquor-derived carbonaceous solid acid catalyst for the hydrolysis of pretreated rice straw in ionic liquid. Bioresource Technology, 2016, 220：656-660.

[58] Liao X H, Liu Y, Peng X, et al. Effective cleavage of β-1, 4-glycosidic bond by functional micelle with L-histidine residue. Catalysis Letters, 2016, 146（7）：1249-1255.

[59] Yang Y, Hu C W, Abu-Omar M M. Conversion of carbohydrates and lignocellulosic biomass into 5-hydroxymethylfurfural using $AlCl_3 \cdot 6H_2O$ catalyst in a biphasic solvent system. Green Chemistry, 2012, 14（2）：509-513.

[60] Tyufekchiev M, Duan P, Schmidt-Rohr K, et al. Cellulase-inspired solid acids for cellulose hydrolysis: structural explanations for high catalytic activity. ACS Catalysis, 2018, 8（2）：1464-1468.

[61] Tyufekchiev M, Finzel J, Zhang Z, et al. A new method for solid acid catalyst evaluation

[62] Negahdar L, Delidovich I, Palkovits R. Aqueous-phase hydrolysis of cellulose and hemicelluloses over molecular acidic catalysts: insights into the kinetics and reaction mechanism. Applied Catalysis B: Environmental, 2016, 184: 285-298.

[63] Questell-Santiago Y M, Zambrano-Varela R, Amiri M T, et al. Carbohydrate stabilization extends the kinetic limits of chemical polysaccharide depolymerization. Nature Chemistry, 2018, 10 (12): 1222-1228.

[64] Shuai L, Amiri M T, Questell-Santiago Y M, et al. Formaldehyde stabilization facilitates lignin monomer production during biomass depolymerization. Science, 2016, 354 (6310): 329-333.

[65] Tuck C O, Pérez E, Horváth I T, et al. Valorization of biomass: deriving more value from waste. Science, 2012, 337 (6095): 695-699.

[66] Zakrzewska M E, Bogel-Łukasik E, Bogel-Łukasik R. Ionic liquid-mediated formation of 5-hydroxymethylfurfural-a promising biomass-derived building block. Chemical Reviews, 2011, 111 (2): 397-417.

[67] Saha B, Abu-Omar M M. Advances in 5-hydroxymethylfurfural production from biomass in biphasic solvents. Green Chemistry, 2014, 16 (1): 24-38.

[68] Thoma C, Konnerth J, Sailer-Kronlachner W, et al. Current situation of the challenging scale-up development of hydroxymethylfurfural production. ChemSusChem, 2020, 13 (14): 3544-3564.

[69] Amarasekara A S, Williams L D, Ebede C C. Mechanism of the dehydration of D-fructose to 5-hydroxymethylfurfural in dimethyl sulfoxide at 150℃: an NMR study. Carbohydrate Research, 2008, 343 (18): 3021-3024.

[70] Kimura H, Nakahara M, Matubayasi N. Solvent effect on pathways and mechanisms for D-fructose conversion to 5-hydroxymethyl-2-furaldehyde: in situ ^{13}C NMR study. The Journal of Physical Chemistry A, 2013, 117 (10): 2102-2113.

[71] Walker T W, Chew A K, Van Lehn R C, et al. Rational design of mixed solvent systems for acid-catalyzed biomass conversion processes using a combined experimental, molecular dynamics and machine learning approach. Topics in Catalysis, 2020, 63 (7-8): 649-663.

[72] Motagamwala A H, Huang K, Maravelias C T, et al. Solvent system for effective near-term production of hydroxymethylfurfural (HMF) with potential for long-term process improvement. Energy & Environmental Science, 2019, 12 (7): 2212-2222.

[73] Mellmer M A, Sanpitakseree C, Demir B, et al. Solvent-enabled control of reactivity for liquid-phase reactions of biomass-derived compounds. Nature Catalysis, 2018, 1 (3): 199-207.

[74] Guo X, Tang J, Xiang B, et al. Catalytic dehydration of fructose into 5-hydroxymethylfurfural by a DMSO-like polymeric solid organocatalyst. ChemCatChem, 2017, 9 (16): 3218-

3225.

[75] Whitaker M R, Parulkar A, Ranadive P, et al. Examining acid formation during the selective dehydration of fructose to 5 - hydroxymethylfurfural in dimethyl sulfoxide and water [J]. ChemSusChem, 2019, 12 (10): 2211 - 2219.

[76] Ren L K, Zhu L F, Qi T, et al. Performance of dimethyl sulfoxide and Brønsted Acid catalysts in fructose conversion to 5 - hydroxymethylfurfural. ACS Catalysis, 2017, 7 (3): 2199 - 2212.

[77] Zhang J, Das A, Assary R S, et al. A combined experimental and computational study of the mechanism of fructose dehydration to 5 - hydroxymethylfurfural in dimethylsulfoxide using Amberlyst 70, PO_4^{3-}/niobic acid, or sulfuric acid catalysts. Applied Catalysis B: Environmental, 2016, 181: 874 - 887.

[78] Svenningsen G S, Kumar R, Wyman C E, et al. Unifying mechanistic analysis of factors controlling selectivity in fructose dehydration to 5 - hydroxymethylfurfural by homogeneous acid catalysts in aprotic solvents. ACS Catalysis, 2018, 8 (6): 5591 - 5600.

[79] Akien G R, Qi L, Horváth I T. Molecular mapping of the acid catalysed dehydration of fructose. Chemical Communications, 2012, 48 (47): 5850 - 5852.

[80] Zhao H, Holladay J E, Brown H, et al. Metal chlorides in ionic liquid solvents convert sugars to 5 - hydroxymethylfurfural. Science, 2007, 316 (5831): 1597 - 1600.

[81] Li H, Xu W, Huang T, et al. Distinctive aldose isomerization characteristics and the coordination chemistry of metal chlorides in 1 - butyl - 3 - methylimidazolium chloride. ACS Catalysis, 2014, 4 (12): 4446 - 4454.

[82] Hou Q, Li W, Zhen M, et al. An ionic liquid - organic solvent biphasic system for efficient production of 5 - hydroxymethylfurfural from carbohydrates at high concentrations. RSC Advances, 2017, 7 (75): 47288 - 47296.

[83] Wang Q, Su K, Li Z. Performance of [Emim]Br, [Bmim]Br and 2, 5 - furandicarboxylic acid in fructose conversion to 5 - hydroxymethyfurfural. Molecular Catalysis, 2017, 438: 197 - 203.

[84] Bai C, Hou Q, Bai X, et al. Conversion of glucose to 5 - hydroxymethylfurfural at high substrate loading: effect of catalyst and solvent on the stability of 5 - hydroxymethylfurfural. Energy & Fuels, 2020, 34 (12): 16240 - 16249.

[85] Li H, Yang S, Saravanamurugan S, et al. Glucose isomerization by enzymes and chemo - catalysts: status and current advances. ACS Catalysis, 2017, 7 (4): 3010 - 3029.

[86] Nie Y, Hou Q, Bai C, et al. Transformation of carbohydrates to 5 - hydroxymethylfurfural with high efficiency by tandem catalysis. Journal of Cleaner Production, 2020, 274: 123023.

[87] Bhosale S H, Rao M B, Deshpande V V. Molecular and industrial aspects of glucose isomerase. Microbiological Reviews, 1996, 60 (2): 280 - 300.

[88] Ren L, Guo Q, Kumar P, et al. Self-pillared, single-unit-cell sn-mfi zeolite nanosheets and their use for glucose and lactose isomerization. Angewandte Chemie-International Edition, 2015, 54 (37): 10848-10851.

[89] Moliner M, Román-Leshkov Y, Davis M E. Tin-containing zeolites are highly active catalysts for the isomerization of glucose in water. Proceedings of the National Academy of Sciences of the United States of America, 2010, 107 (14): 6164-6168.

[90] Bermejo-Deval R, Orazov M, Gounder R, et al. Active sites in Sn-Beta for glucose isomerization to fructose and epimerization to mannose. ACS Catalysis, 2014, 4 (7): 2288-2297.

[91] Brand S K, Josephson T R, Labinger J A, et al. Methyl-ligated tin silsesquioxane catalyzed reactions of glucose. Journal of Catalysis, 2016, 341: 62-71.

[92] Dijkmans J, Demol J, Houthoofd K, et al. Post-synthesis Snβ: an exploration of synthesis parameters and catalysis. Journal of Catalysis, 2015, 330: 545-557.

[93] Harris J W, Cordon M J, Di Iorio J R, et al. Titration and quantification of open and closed Lewis acid sites in Sn-Beta zeolites that catalyze glucose isomerization. Journal of Catalysis, 2016, 335: 141-154.

[94] Yang X, Yu I K M, Cho D W, et al. Tin-functionalized wood biochar as a sustainable solid catalyst for glucose isomerization in biorefinery. ACS Sustainable Chemistry & Engineering, 2019, 7 (5): 4851-4860.

[95] Delidovich I, Palkovits R. Fructose production via extraction-assisted isomerization of glucose catalyzed by phosphates. Green Chemistry, 2016, 18 (21): 5822-5830.

[96] Liu C, Carraher J M, Swedberg J L, et al. Selective base-catalyzed isomerization of glucose to fructose. ACS Catalysis, 2014, 4 (12): 4295-4298.

[97] Marianou A A, Michailof C M, Pineda A, et al. Glucose to fructose isomerization in aqueous media over homogeneous and heterogeneous catalysts. ChemCatChem, 2016, 8 (6): 1100-1110.

[98] Marianou A A, Michailof C M, Ipsakis D K, et al. Isomerization of glucose into fructose over natural and synthetic MgO catalysts. ACS Sustainable Chemistry & Engineering, 2018, 6 (12): 16459-16470.

[99] Gao D M, Shen Y B, Zhao B, et al. Macroporous niobium phosphate-supported magnesia catalysts for isomerization of glucose-to-fructose. ACS Sustainable Chemistry & Engineering, 2019, 7 (9): 8512-8521.

[100] Delidovich I, Palkovits R. Catalytic activity and stability of hydrophobic Mg-Al hydrotalcites in the continuous aqueous-phase isomerization of glucose into fructose. Catalysis Science & Technology, 2014, 4 (12): 4322-4329.

[101] Yabushita M, Shibayama N, Nakajima K, et al. Selective glucose-to-fructose isomerization in ethanol catalyzed by hydrotalcites. ACS Catalysis, 2019, 9 (3): 2101-2109.

[102] Upare P P, Chamas A, Lee J H, et al. Highly efficient hydrotalcite/1-butanol

[103] Shen F, Fu J, Zhang X, et al. Crab Shell-derived lotus rootlike porous carbon for high efficiency isomerization of glucose to fructose under mild conditions. ACS Sustainable Chemistry & Engineering, 2019, 7 (4): 4466-4472.

[104] Fu J, Shen F, Liu X, et al. Synthesis of MgO-doped ordered mesoporous carbons by Mg^{2+}-tannin coordination for efficient isomerization of glucose to fructose. Green Energy & Environment, 2021, https://doi.org/10.1016/j.gee.2021.11.010.

[105] Yu I K M, Xiong X, Tsang D C W, et al. Aluminium-biochar composites as sustainable heterogeneous catalysts for glucose isomerisation in a biorefinery. Green Chemistry, 2019, 21 (6): 1267-1281.

[106] Laiq Ur Rehman M, Hou Q, Bai X, et al. Regulating the alkalinity of carbon nitride by magnesium doping to boost the selective isomerization of glucose to fructose. ACS Sustainable Chemistry & Engineering, 2022, 10 (6): 1986-1993.

[107] Zhao X, Zhou Z, Luo H, et al. γ-valerolactone-introduced controlled-isomerization of glucose for lactic acid production over an Sn-Beta catalyst. Green Chemistry, 2021, 23 (7): 2634-2639.

[108] Dutta S, Yu I K M, Fan J, et al. Critical factors for levulinic acid production from starch-rich food waste: solvent effects, reaction pressure, and phase separation. Green Chemistry, 2021, 24: 163-175.

[109] Shuai L, Luterbacher J. Organic solvent effects in biomass conversion reactions. ChemSusChem, 2016, 9 (2): 133-155.

[110] Hou Q, Zhen M, Liu L, et al. Tin phosphate as a heterogeneous catalyst for efficient dehydration of glucose into 5-hydroxymethylfurfural in ionic liquid. Applied Catalysis B: Environmental, 2018, 224: 183-193.

[111] Hou Q D, Zhen M N, Li W Z, et al. Efficient catalytic conversion of glucose into 5-hydroxymethylfurfural by aluminum oxide in ionic liquid. Applied Catalysis B: Environmental, 2019, 253: 1-10.

[112] Hou Q, Bai C, Bai X, et al. Roles of ball milling pretreatment and titanyl sulfate in the synthesis of 5-hydroxymethylfurfural from cellulose. ACS Sustainable Chemistry & Engineering, 2022, 10 (3): 1205-1213.

[113] Galkin K I, Krivodaeva E A, Romashov L V, et al. Critical influence of 5-hydroxymethylfurfural aging and decomposition on the utility of biomass conversion in organic synthesis. Angewandte Chemie-International Edition, 2016, 55 (29): 8338-8342.

[114] Requies J M, Frias M, Cuezva M, et al. Hydrogenolysis of 5-hydroxymethylfurfural to produce 2,5-dimethylfuran over ZrO_2 supported Cu and RuCu catalysts. Industrial & Engineering Chemistry Research, 2018, 57 (34): 11535-11546.

[115] Yan P, Xia M, Chen S, et al. Unlocking biomass energy: continuous high-yield

production of 5-hydroxymethylfurfural in water. Green Chemistry, 2020, 22: 5274-5284.

[116] Luo X, Li Y, Gupta N K, et al. Protection strategies enable selective conversion of biomass. Angewandte Chemie-International Edition, 2020, 59 (29): 11704-11716.

[117] Zhang X, Wilson K, Lee A F. Heterogeneously catalyzed hydrothermal processing of C_5-C_6 sugars. Chemical Reviews, 2016, 116 (19): 12328-12368.

[118] Gupta K, Rai R K, Singh S K. Metal catalysts for the efficient transformation of biomass-derived HMF and furfural to value added chemicals. ChemCatChem, 2018, 10 (11): 2326-2349.

[119] Kucherov F A, Romashov L V, Galkin K I, et al. Chemical transformations of biomass-derived C_6-furanic platform chemicals for sustainable energy research, materials science, and synthetic building blocks. ACS Sustainable Chemistry & Engineering, 2018, 6 (7): 8064-8092.

[120] Hu L, Xu J, Zhou S, et al. Catalytic advances in the production and application of biomass-derived 2, 5-dihydroxymethylfuran. ACS Catalysis, 2018, 8 (4): 2959-2980.

[121] Fulignati S, Antonetti C, Licursi D, et al. Insight into the hydrogenation of pure and crude HMF to furan diols using Ru/C as catalyst. Applied Catalysis A: General, 2019, 578: 122-133.

[122] Sun G, An J, Hu H, et al. Green catalytic synthesis of 5-methylfurfural by selective hydrogenolysis of 5-hydroxymethylfurfural over size-controlled Pd nanoparticle catalysts. Catalysis Science & Technology, 2019, 9 (5): 1238-1244.

[123] Tang X, Wei J, Ding N, et al. Chemoselective hydrogenation of biomass derived 5-hydroxymethylfurfural to diols: key intermediates for sustainable chemicals, materials and fuels. Renewable and Sustainable Energy Reviews, 2017, 77: 287-296.

[124] Luo N, Montini T, Zhang J, et al. Visible-light-driven coproduction of diesel precursors and hydrogen from lignocellulose-derived methylfurans. Nature Energy, 2019, 4 (7): 575-584.

[125] Alipour S, Omidvarborna H, Kim D S. A review on synthesis of alkoxymethyl furfural, a biofuel candidate. Renewable and Sustainable Energy Reviews, 2017, 71: 908-926.

[126] Farr N A, Cai C, Sandoval M, et al. Green solvents in carbohydrate chemistry: from raw materials to fine chemicals. Chemical Reviews, 2015, 115 (14): 6811-6853.

[127] Hu L, Lin L, Wu Z, et al. Recent advances in catalytic transformation of biomass-derived 5-hydroxymethylfurfural into the innovative fuels and chemicals. Renewable and Sustainable Energy Reviews, 2017, 74: 230-257.

[128] 徐桂转, 郑张斌, 王世杰, 等. 生物质催化制备5-乙氧基甲基糠醛研究进展. 华中农业大学学报, 2020, 39 (5): 176-184.

[129] Climent M J, Corma A, Iborra S. Conversion of biomass platform molecules into fuel

[130] Lanzafame P, Papanikolaou G, Perathoner S, et al. Direct versus acetalization routes in the reaction network of catalytic HMF etherification. Catalysis Science & Technology, 2018, 8 (5): 1304-1313.

[131] Zhang J, Dong K, Luo W, et al. Catalytic upgrading of carbohydrates into 5-ethoxymethylfurfural using SO_3H functionalized hyper-cross-linked polymer based carbonaceous materials. Fuel, 2018, 234: 664-673.

[132] Zhong R, Yu F, Schutyser W, et al. Acidic mesostructured silica-carbon nanocomposite catalysts for biofuels and chemicals synthesis from sugars in alcoholic solutions. Applied Catalysis B: Environmental, 2017, 206: 74-88.

[133] Wang H, Deng T, Wang Y, et al. Efficient catalytic system for the conversion of fructose into 5-ethoxymethylfurfural. Bioresource Technology, 2013, 136: 394-400.

[134] Guo H, Duereh A, Hiraga Y, et al. Perfect recycle and mechanistic role of hydrogen sulfate ionic liquids as additive in ethanol for efficient conversion of carbohydrates into 5-ethoxymethylfurfural. Chemical Engineering Journal, 2017, 323: 287-294.

[135] Xiang B, Wang Y, Qi T, et al. Promotion catalytic role of ethanol on Brønsted acid for the sequential dehydration-etherification of fructose to 5-ethoxymethylfurfural. Journal of Catalysis, 2017, 352: 586-598.

[136] Wang J, Zhang Z, Jin S, et al. Efficient conversion of carbohydrates into 5-hydroxylmethylfurfan and 5-ethoxymethylfurfural over sufonic acid-functionalized mesoporous carbon catalyst. Fuel, 2017, 192: 102-107.

[137] Zuo M, Le K, Feng Y, et al. An effective pathway for converting carbohydrates to biofuel 5-ethoxymethylfurfural via 5-hydroxymethylfurfural with deep eutectic solvents (DESs). Industrial Crops and Products, 2018, 112: 18-23.

[138] Wang Z, Chen Q. Conversion of 5-hydroxymethylfurfural into 5-ethoxymethylfurfural and ethyl levulinate catalyzed by MOF-based heteropolyacid materials. Green Chemistry, 2016, 18 (21): 5884-5889.

[139] Wang H, Deng T, Wang Y, et al. Graphene oxide as a facile acid catalyst for the one-pot conversion of carbohydrates into 5-ethoxymethylfurfural. Green Chemistry, 2013, 15 (9): 2379-2383.

[140] Liu X, Li H, Pan H, et al. Efficient catalytic conversion of carbohydrates into 5-ethoxymethylfurfural over MIL-101-based sulfated porous coordination polymers. Journal of Energy Chemistry, 2016, 25 (3): 523-530.

[141] Yu X, Gao X, Tao R, et al. Insights into the metal salt catalyzed 5-ethoxymethylfurfural synthesis from carbohydrates. Catalysts, 2017, 7 (6): 182.

[142] Xin H, Zhang T, Li W, et al. Dehydration of glucose to 5-hydroxymethylfurfural and 5-ethoxymethylfurfural by combining Lewis and Brønsted acid. RSC Advances, 2017,

7 (66): 41546-41551.

[143] Li H, Saravanamurugan S, Yang S, et al. Direct transformation of carbohydrates to the biofuel 5-ethoxymethylfurfural by solid acid catalysts. Green Chemistry, 2016, 18 (3): 726-734.

[144] Peleteiro S, Rivas S, Alonso J L, et al. Furfural production using ionic liquids: a review. Bioresource Technology, 2016, 202: 181-191.

[145] Mariscal R, Mairelestorres P, Ojeda M, et al. Furfural: a renewable and versatile platform molecule for the synthesis of chemicals and fuels. Energy & Environmental Science, 2016, 9 (4): 1144-1189.

[146] 徐燏, 肖传豪, 于英慧. 糠醛生产工艺技术及展望. 濮阳职业技术学院学报, 2010, 23 (4): 150-152.

[147] 王瑞芳, 石蒋云. 糠醛的生产及应用. 牙膏工业, 2008, 18 (3): 39-40.

[148] 王文菊. 氯化物催化木糖、半纤维素及木质纤维制备糠醛的研究. 广州: 华南理工大学, 2015.

[149] 殷艳飞, 房桂干, 施英乔, 等. 生物质转化制糠醛及其应用. 生物质化学工程, 2011, 45 (1): 53-56.

[150] Dunning j W, Lathrop E C. The saccharification of agricultural residues-a continuous process. Industrial and Engineering Chemistry, 1945, 37: 24-29.

[151] Moreau C, Durand R, Peyron D, et al. Selective preparation of furfural from xylose over microporous solid acid catalysts. Industrial Crops & Products, 1998, 7 (2-3): 95-99.

[152] Singh A, Das K, Sharma D K. Integrated process for production of xylose, furfural, and glucose from bagasse by two-step acid hydrolysis. Cheminform, 1984, 15 (45): 257-262.

[153] Sproull R D, Bienkowski P R, Tsao G T. Production of furfural from corn stover hemicellulose. Biotechnology and bioengineering symposium, 1986, 15: 561-577.

[154] 陈文明. 生物质基木糖制备糠醛的研究. 淮南: 安徽理工大学, 2007.

[155] 张晔. 无机盐催化半纤维素水解制备糠醛的研究. 淮南: 安徽理工大学, 2014.

[156] Peleteiro S, Lopes A M D C, Garrote G, et al. Simple and efficient furfural production from xylose in media containing 1-butyl-3-methylimidazolium hydrogen sulfate. Industrial & Engineering Chemistry Research, 2015, 54: 8368-8373.

[157] Gupta N K, Fukuoka A, Nakajima K. Amorphous Nb_2O_5 as a selective and reusable catalyst for furfural production from xylose in biphasic water and toluene. ACS Catalysis, 2017, 7 (4): 2430-2436.

[158] Tao F T, Song H S, Chou L C. Efficient process for the conversion of xylose to furfural with acidic. Canadian Journal of Chemistry, 2011, 89 (1): 83-87.

[159] 李相呈, 张宇, 夏银江, 等. 介孔磷酸铌一锅法高效催化木糖制备糠醛. 物理化学学报, 2012, 28 (10): 2349-2354.

[160] Serranoruiz J C, Campelo J M, Francavilla M, et al. Efficient microwave-assisted production of furfural from C_5 sugars in aqueous media catalysed by Brønsted acidic ionic liquids. Catalysis Science & Technology, 2012, 2 (9): 1828-1832.

[161] Le G S, Gergela D, Ceballos C, et al. Furfural production from D-xylose and xylan by using stable nafion NR50 and NaCl in a microwave-assisted biphasic reaction. Molecules, 2016, 21 (8): 1102.

[162] Delbecq F, Wang Y, Len C. Conversion of xylose, xylan and rice husk into furfural via betaine and formic acid mixture as novel homogeneous catalyst in biphasic system by microwave-assisted dehydration. Journal of Molecular Catalysis A Chemical, 2016, 423: 520-525.

[163] Lin Q, Li H, Wang X, et al. SO_4^{2-}/Sn-MMT solid acid catalyst for xylose and xylan conversion into furfural in the biphasic system. Catalysts, 2017, 7 (4): 118.

[164] 张璐鑫, 于宏兵. 糠醛生产工艺及制备方法研究进展. 化工进展, 2013, 32 (2): 425-432.

[165] Guenic S L, Delbecq F, Ceballos C, et al. Microwave-assisted dehydration of D-xylose into furfural by diluted inexpensive inorganic salts solution in a biphasic system. Journal of Molecular Catalysis A Chemical, 2015, 410: 1-7.

[166] Peleteiro S, Velasco G G, Santos V, et al. Conversion of hexoses and pentoses into furans in an ionic liquid. Afinidad: Revista de Quimica Teorica y Aplicada, 2014, 71 (567): 202-206.

[167] Zhang L, Yu H, Wang P, et al. Conversion of xylan, D-xylose and lignocellulosic biomass into furfural using $AlCl_3$ as catalyst in ionic liquid. Bioresource Technology, 2013, 130 (2): 110-116.

[168] Wang W, Li H, Ren J, et al. An efficient process for dehydration of xylose to furfural catalyzed by inorganic salts in water/dimethyl sulfoxide system. Chinese Journal of Catalysis, 2014, 35 (5): 741-747.

[169] 杨凤丽, 刘启顺, 白雪芳, 等. 由生物质制备5-羟甲基糠醛的研究进展. 现代化工, 2009, 29 (5): 18-22.

[170] Cai C M, Zhang T Y, Kumar R, et al. Integrated furfural production as a renewable fuel and chemical platform from lignocellulosic biomass. Journal of Chemical Technology & Biotechnology, 2013, 89 (1): 2-10.

[171] Kamm B, Gruber P R, Kamm M. The biofine process-production of levulinic acid, furfural, and formic acid from lignocellulosic feedstocks. John Wiley & Sons. Ltd, 2008.

[172] Mandalika A, Runge T. Enabling integrated biorefineries through high-yield conversion of fractionated pentosans into furfural. Green Chemistry, 2012, 14 (11): 3175-3184.

[173] Marcotullio G, Jong W D. Furfural formation from D-xylose: the use of different

halides in dilute aqueous acidic solutions allows for exceptionally high yields. Carbohydrate Research, 2011, 346 (11): 1291-1293.

[174] Wang W, Ren J, Li H, et al. Direct transformation of xylan - type hemicelluloses to furfural via SnCl$_4$ catalysts in aqueous and biphasic systems. Bioresource Technology, 2015, 183: 188-194.

[175] Rubin E M. Genomics of cellulosic biofuels. Nature, 2008, 454 (7206): 841-845.

第4章 秸秆纤维素催化转化制甲酸技术

申锋[a]，徐思瑜[a]，张笑[b]，武荷涓[b]

[a]农业农村部环境保护科研监测所，[b]河北工业大学

甲酸（FA），又称蚁酸，分子式为HCOOH，在常温下是一种无色有腐蚀性的液体，且伴有刺激性气味。在标准大气压下，甲酸的熔点为8.3℃，沸点为100.8℃，可与水等多种极性溶剂互溶，并在烃类中有一定的可溶性。甲酸能与醇发生酯化反应，也是唯一能参与烯烃加成反应的羧酸，并生成甲酸酯。甲酸由氢原子和羧基组成，这决定了它既有酸的性质，又有醛的性质。例如，甲酸可以发生银镜反应，把银氨中的银离子还原成单质银。综上所述，甲酸具有较活泼的反应活性，这为甲酸的生产和应用奠定了基础。

作为一种重要的化学原料，甲酸广泛应用于能源及化工等领域。甲酸的合成原料及能源和化学相关的应用见图4-1。甲酸中含有4.4%的氢，接近美国能源部（DOE）高效储氢材料5.5%的目标。在一定条件下，甲酸经催化分解产生氢气，且甲酸在常温下不易燃、易储存运输，有望成为一种有效的储氢载体，这些都决定了甲酸在化工生产中的重要地位。

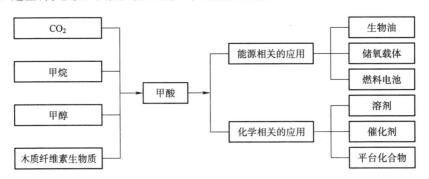

图4-1 甲酸的合成原料及能源和化学相关的应用

目前，甲酸的生产原料主要有CO_2、甲烷、甲醇、木质纤维素生物质等。工业生产主要以甲醇为原料，通过连续的羧基化反应和水解反应生成甲酸。其中原料甲醇主要来源于煤等不可再生资源，但是该路线不可持续。近年来，利

第4章 秸秆纤维素催化转化制甲酸技术

用 CO_2 还原生产甲酸成为新兴的生产工艺,锂-二氧化碳电池(LCOB)被认为是实现高效碳封存和能源储存的重要材料。最新的研究发现了一种新型锂-二氧化碳电池,可以将 CO_2 高效地还原为甲酸,反应溶液中的甲酸直接用于充电过程,极大地提高了能量效率[1]。然而,目前关于 CO_2 还原生产甲酸的研究还处于探索阶段,仍需进一步的研究。

木质纤维素类生物质是唯一富含碳的可再生资源,有望经过加工与再生产环节,成为化石燃料等不可再生资源的替代品,该类生物质的应用还可以解决当下的环境污染和能源危机问题。因此,以富含木质纤维素的生物质为原料合成化学品成为研究的热点,大部分废弃生物质均可以在多金属氧酸盐的催化作用下被选择性氧化为甲酸[2]。秸秆是生物质的重要来源之一,纤维素是秸秆的主要组成成分,以秸秆纤维素及其糖类为原料并将其转化为甲酸是一种重要的转化方式。目前最主要的方法有湿氧化法和催化氧化法两种。此外,电化学催化、光催化、快速热解等方法也可以转化秸秆和糖类产生甲酸。

4.1 湿氧化法转化秸秆等糖类制甲酸

湿氧化法是一种水热处理过程,有机反应物和无机反应物在高温和高压下与氧化剂结合并发生氧化反应[3]。通常,该工艺需要在 $100 \sim 320 ℃$ 的温度和 $0.5 \sim 20 MPa$ 的压力条件下进行,并且需要在体系中添加氧化剂(如氧气或过氧化氢)[4]。湿氧化法可以将农业废弃物生物质的全部成分(包括纤维素[5]、半纤维素[6]和木质素[7])转化为甲酸。与快速热解法和酸水解法相比,湿氧化法能够更高效地将秸秆类生物质选择性地氧化为小分子有机酸(甲酸和乙酸)。湿氧化法转化农业废弃物及其糖类为甲酸(FA)的研究案例见表4-1。直接湿氧化秸秆类农业废弃物生物质可获得 14%~18% 的甲酸产量(表4-1,编号1~3)。

表4-1 湿氧化法转化农业废弃物及其糖类为甲酸(FA)的研究案例

编号	类型	底物	添加剂	关键反应条件			产率/%	参考文献
				氧化剂	时间/min	温度/℃		
1	秸秆	玉米秸秆	NaOH	—	1 800	200	16	[8]
2	秸秆	水稻秸秆	NaOH	—	1 800	200	18	[8]
3	秸秆	小麦秸秆	NaOH	—	1 800	200	14	[8]
4	糖类	纤维素	NaOH	H_2O_2	90	200	27	[5]
5	糖类	纤维素	NaOH-ZnO	O_2	120	150	80	[9]
6	糖类	纤维二糖	NaOH	H_2O_2	15	150	80	[10]

(续)

编号	类型	底物	添加剂	关键反应条件			产率/%	参考文献
				氧化剂	时间/min	温度/℃		
7	糖类	葡萄糖	LiOH	H_2O_2	480	35	91	[11]
8	糖类	纤维二糖	LiOH	H_2O_2	480	35	74	[11]
9	糖类	葡萄糖	—	H_2O_2	1	250	18	[12]
10	糖类	葡萄糖	KOH	H_2O_2	1	250	75	[12]

表4-1还总结了一些使用秸秆衍生糖类作为底物生产甲酸的研究成果。如以葡萄糖为反应底物时，加入氧化剂H_2O_2、添加剂LiOH，甲酸产率高达91.3%[11]。值得注意的是，一些糖类（如葡萄糖）可以在没有任何添加剂的情况下通过湿氧化法直接转化为甲酸（表4-1，编号9），但是产率相对较低（18%），这可能是因为甲酸在H_2O_2溶液中不稳定[12]。一些研究已经报道NaOH等碱类物质在湿式氧化过程中可以加速有机化合物的分解[13]，然而，对于秸秆类农业废弃物及其衍生糖类而言，在湿式氧化过程中加入碱可以使甲酸在体系中更加稳定。比如，在没有碱存在的情况下，葡萄糖通过湿氧化法得到的甲酸产率约为18%（表4-1，编号9），但在1.25mol/L KOH存在的条件下，相同反应条件下的甲酸产率增加到75%（表4-1，编号10)[10]。因此，碱可能既起到均相催化的作用，又起到稳定甲酸的作用[10]。

如表4-1中编号10所示，在糖类的湿氧化过程中，氧化剂和碱添加剂的使用通常会促进甲酸的形成，这是因为糖类被更加高效地氧化，同时碱能够抑制产物甲酸的分解[10]。用碱和H_2O_2将单糖湿氧化成甲酸（FA）的机制见图4-2[10]，首先OH^-与反应（1）中的H_2O_2反应生成高活性HOO^-基团来攻击反应（2）中醛糖上的碳，通过C1—C2键断裂形成甲酸。由于HOO^-攻击C2—C3键，酮糖、乙醇酸和H—CO—R′在反应（3）中形成。醛糖产生的H—CO—R和酮糖产生的H—CO—R′进一步与HOO^-发生反应（2）～反应（4），直到所有碳都转化为甲酸。

一般来说，糖类在相对较高的温度（≥150℃）下被湿氧化为甲酸，其中不可避免地会生成一些副产物，如乙酸、乳酸等。Li等[14]发现，在接近室温（25℃）的条件下就可以发生葡萄糖的湿氧化反应，并且使用$Ba(OH)_2$（0.25mol/L）作为碱催化剂，可以获得高产率（95.4%）的乳酸。Wang等[11]受此启发，发现在35℃的LiOH水溶液（0.6mol/L）中，以H_2O_2为氧化剂，从葡萄糖中可以获得产率高达91%的甲酸（表4-1，编号7）。然而，在这些温和的反应条件下只有葡萄糖才能获得如此高的甲酸产率，当反应物为纤维二糖时，在相同的反应条件下甲酸的产率有所下降（73.7%），这可能是

$$H_2O_2 + OH^- \longrightarrow HOO^- + H_2O \tag{1}$$

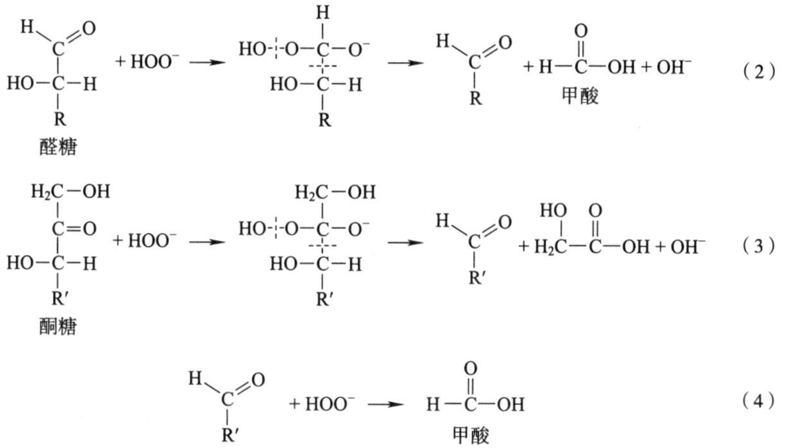

图4-2 用碱和 H_2O_2 将单糖湿氧化成甲酸（FA）的机制

因为 LiOH 缺乏水解能力来裂解糖苷键。

一般而言，秸秆等实际农业废弃物通过湿氧化产生的甲酸产率远低于水溶性糖类得到的甲酸产率。这可以从以下两个方面解释：一是农业废弃物生物质转化为甲酸的主要问题是底物不溶于常规溶剂；二是农业废弃物生物质转化为化学产品是一个复杂的化学反应过程，该过程中包含许多平行反应和连续反应，生成许多副产物，降低甲酸的产率[15]。

应用湿氧化法将秸秆类木质纤维素转化为甲酸时，首先需要将农业废弃物生物质进行预处理和分馏，分离得到富含纤维素、半纤维素或木质素的组分。目前木质纤维素的分离方案有很多[16]，如使用 N-甲基-N-（2-甲氧基乙基）-吡啶-1-2,6-二氨基己酸盐离子液体（木质素的提取）和 NaOH（半纤维素的提取）体系从废木材中分离出纤维素、半纤维素和木质素[17]。考虑到 Hamada 等[17]提出的初始分馏分离方案，可以制定从农业废弃物生物质中生产甲酸的策略，秸秆类农业废弃物湿法氧化合成甲酸的整体策略如图4-3所示。从秸秆中进行不同组分的分离后，半纤维素可以水解为木糖（产率可达95%）[18]，使用 LiOH 和 H_2O_2 在35℃条件下湿式氧化可高效转化为89%的 HCOOLi[11]。使用 NaOH/ZnO 在150℃和 O_2 氛围下，纤维素部分可以直接氧化成 HCOONa（高达80%的产率）[9]。木质素在 NaOH 溶液中通过湿氧化法可转化为 HCOONa，产率为6%[7]，在该甲酸盐水溶液中添加 H^+ 后便获得了甲酸。通过这种策略，秸秆类农业废弃物生物质的甲酸产率为41.8%～59.1%，而剩余未转化的木质素馏分可以作为生产芳香族化学品[19]或功能性碳材料的理想原料[20]。

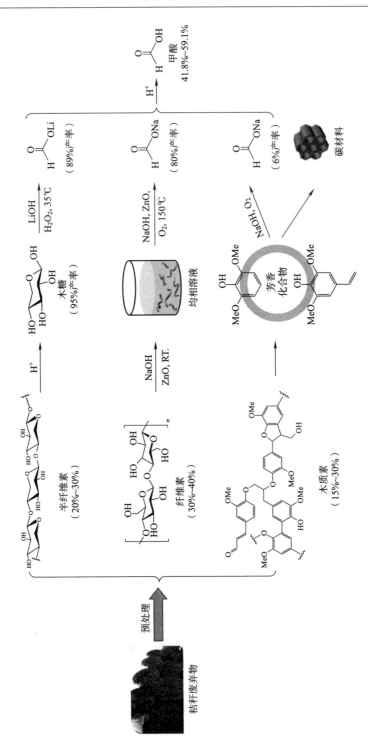

图 4-3 秸秆类农业废弃物湿法氧化合成甲酸的整体策略

4.2 催化氧化法转化秸秆等糖类制甲酸

与湿法氧化相比,通过催化氧化法转化秸秆类农业废物生物质合成甲酸需使用特定的催化剂,该催化剂一般包含酸位点(H^+)和氧化位点(如V^{5+}和Fe^{3+})。图4-4给出了催化氧化法制备甲酸的典型反应途径。首先,农业废弃物生物质的主要成分(纤维素和半纤维素)通过催化剂的酸性位点水解成水溶性糖类(如葡萄糖、木糖),进一步转化为小分子中间体,如乙二醛、2-羟基乙醛和2-羟基乙酸,然后氧化成最终产物甲酸和CO_2。需要注意的是,以阿拉伯糖为中间体,通过连续的C1—C2键断裂可从糖中获得甲酸。其中,糖首先通过C1—C2键断裂转化为甲酸和阿拉伯糖,然后阿拉伯糖经过类似的C1—C2键连续断裂,并通过氧化位点继续生成甲酸[21]。在反应过程中,催化剂的氧化位点被还原,需要通过O_2源对氧化位点进行再生,因此催化氧化工艺中氧源是必不可少的。

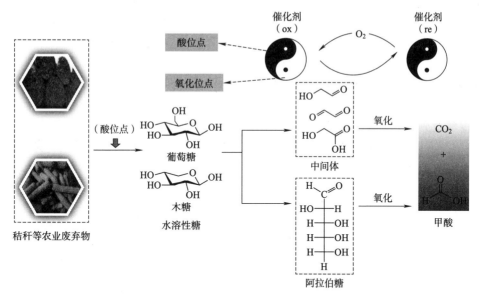

图4-4 通过催化剂的酸和氧化(ox)位点以及O_2再生催化剂的还原(re)位点将农业废弃物生物质催化氧化成甲酸的反应途径

用于氧化秸秆类生物质制甲酸的催化剂可以是两种单独催化剂的组合,如H_2SO_4-$NaVO_3$混合物[22],或者是含有两个活性位点的单一催化剂,如含钒杂多酸($H_{n+3}PV_nMo_{12-n}O_{40}$),其中$H^+$作为酸位点、$V^{5+}$作为氧化位点[23]。农业废弃物生物质及其衍生物经催化氧化后可以高选择性地转化为甲酸。例如，使用含钒杂多酸 $H_5PV_2Mo_{10}O_{40}$ 作为催化剂时，甲酸产率为47%~55%，并且甲酸是液相中观察到的唯一产物[24]，CO_2 是在气相中观察到的唯一副产物，研究证实 CO_2 来源于底物中的碳而并非甲酸[25]。为了阐明氧化机理以及自由基氧化在反应体系中的作用，Albert 等[23]加入自由基清除剂 BHT[2,6-二(1,1-二甲基乙基)-4-甲基苯酚]，并使用 $H_8PV_5Mo_7O_{40}$ 作为催化剂，结果显示 BHT 清除剂对葡萄糖转化率和甲酸产率没有影响，这表明氧化不是通过自由基机制进行的。Fu 等[26]使用几种可能的中间体（甲醇、甲醛、乙二醇、2,5-二羟基-1,4-二氧六环和甘油醛）作为底物合成甲酸，以探究 $H_5PV_2Mo_{10}O_{40}$ 催化氧化生成甲酸的机理，研究表明原料中的四甲基乙二醇结构对合成步骤至关重要，同时醛基是氧化过程中的活性中心。

表 4-2 显示了一系列均相催化剂，这些催化剂已被研究用于催化氧化农业废弃物生物质或糖类以形成甲酸。可以把催化氧化生物质转化为甲酸分为两个步骤：将废弃生物质酸水解为中间体（糖、甘油醛）和将中间体氧化为甲酸。进行这两个步骤的直接方法是使用两种单独的催化剂，一种催化剂具有酸位点，另一种催化剂具有氧化位点，如 $FeCl_3$-H_2SO_4、$Fe_2(SO_4)_3$-H_2SO_4、$CuCl_2$-H_2SO_4 或 $NaVO_3$-H_2SO_4[22,27]。具有两个催化位点的催化剂或双功能催化剂可用于提高农业废物生物质转化为甲酸的反应效率。典型的催化剂是 V-取代杂多酸（$H_{n+3}PV_nMo_{12-n}O_{40}$，HPA-$n$），其包含酸位点（$H^+$）和氧化位点（$V^{5+}$）[23,28]。通过催化氧化直接从不溶于水的秸秆类农业废弃物合成甲酸受到纤维素及其组分的刚性结构的限制。含钒杂多酸钒磷氧（VPO）型催化剂的酸度不足以直接水解纤维素生物质[29]，因此，为了克服这一限制，可在催化体系中添加酸性物质（HCl、H_2SO_4、H_3PO_4），并将其作为均相解聚催化剂、增溶剂和促进剂。

表 4-2 用于将农业废弃物生物质或糖类氧化为甲酸的均相催化剂

编号	类型	催化剂	原料	氧化剂及压力/MPa	温度/℃	时间	产率/%	参考文献
1	复合催化剂	$FeCl_3$-H_2SO_4	纤维素	O_2,3	160	80min	48.3	[27]
2	复合催化剂	$Fe_2(SO_4)_3$-H_2SO_4	纤维素	O_2,3	160	80min	47.8	[27]
3	复合催化剂	$CuCl_2$-H_2SO_4	纤维素	O_2,3	160	80min	40.8	[27]
4	复合催化剂	$NaVO_3$-H_2SO_4	小麦秸秆	O_2,3	160	5min	47.0	[22]
5	双功能催化剂	$H_4PVMo_{11}O_{40}$	纤维素	O_2,0.6	180	3h	67.8	[30]
6	双功能催化剂	$H_6PV_3Mo_9O_{40}$	葡萄糖	O_2,3	90	8h	56.0	[23]
7	双功能催化剂	$H_7PV_4Mo_8O_{40}$	葡萄糖	O_2,3	90	8h	52.0	[23]

作为秸秆及其衍生糖类组分制备甲酸的主要技术，湿氧化法及催化氧化法各有特长。湿氧化法不需要特定催化剂，对秸秆等实际废弃物转化效果较好，但所需反应温度较高，过程需用到高浓度的碱及双氧水，对设备要求较高。催化氧化法须合成特定催化剂，但得到的甲酸产物选择性高、副产物少，所需反应条件也更温和。

4.3 其他转化技术

4.3.1 快速热解法

快速热解法是农业废弃物等生物质在极快的升温速率（10～200℃/s）、极短的热解时间（<5s）下进行热解转化为生物油（bio-oil）的技术。甲酸是所得生物油的组分之一。Patwardhan等[31]以半纤维素为原料，在500℃的快速热解条件下得到的生物油所含甲酸比例为11%，其他产物（如丙酮醇、乙酸等）的比例均低于5%。当以纤维素为原料时，在500℃的快速热解条件下生物油的主要组分为左旋葡萄糖（23%～63%），甲酸次之，产率为6.5%～10%。温度对于快速热解生物质制备甲酸十分关键。当热解温度为500℃时，纤维素转化为甲酸的产率低于10%，而温度升高到650℃时，甲酸的产率高达40%，这可能是因为反应中间体在高温下发生二次反应，进一步转化为甲酸。有研究表明，在快速热解纤维素的反应过程中，甲酸主要来源于葡萄糖单元的C1—C2键断裂。

秸秆纤维素快速热解生产甲酸的反应路径如图4-5所示：秸秆纤维素在热解过程中先分解成葡萄糖，分别以$^4C_1$和$^1C_4$椅式构象存在，随后在高温下通过C1—C2位置开环脱水形成甲酸甲酯，最后通过诺里什Ⅱ型消除反应生成甲酸。

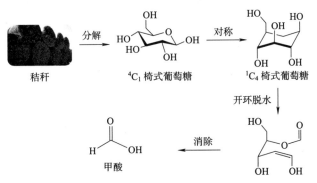

图4-5 秸秆纤维素快速热解生产甲酸的反应路径

4.3.2 光催化反应法

自从发现半导体材料能将太阳能转化为化学能或电能以来,光催化技术迅速成为国际研究热点。大量的研究证实,通过光催化氧化从农业废弃生物质及其衍生物中生产高附加值化学品是可行的。光催化氧化产甲酸机理或过程与传统的热化学催化方法相比,光催化反应通常在环境气压和室温条件下进行,因为这一反应利用的是光子能量而不是热能。二氧化钛(TiO_2)因具有实用性高、化学稳定性好、成本低、在光催化氧化中可以控制生物质碳-碳键的选择性断裂等特点,成为了应用最广泛的光催化剂之一。

在光子能量存在的情况下,氧自由基和羟基自由基具有较强的氧化活性,特别是在碱性条件下,能够将葡萄糖等水溶性生物质糖类氧化为甲酸。Jin等[32]在温和的碱性条件下(25℃,0.03mol/L NaOH),使用纳米 TiO_2 作为光催化反应的催化剂,以葡萄糖为底物进行反应,最终产物甲酸产率为35%。在 TiO_2 催化葡萄糖生成甲酸的反应中,羟基离子可以调节 TiO_2 表面电荷,控制葡萄糖吸附和甲酸解吸特性,从而促进甲酸的形成。在光催化氧化的反应体系中,TiO_2 的晶体结构对催化剂活性有很大的影响。Da Già 等[33]使用了三种类型的 TiO_2,金红石、锐钛矿和P25(金红石和锐钛矿的混合物形式),分别研究它们在光催化氧化葡萄糖过程中的催化活性。在可见光的照射下,P25催化剂的催化性能优于金红石和锐钛矿,甲酸的选择性分别为48%、35%和0%。P25结构优异的催化活性可能是由两种形态矿石间的协同效应产生的,金红石的带隙扩大了激发波长的范围,电子从金红石转移到锐钛矿使电荷分离稳定,同时金红石的晶体尺寸有利于电子转移[33]。

除了常用的 TiO_2 外,硫卟啉铁[$FePz(SBu)_8$]改性的 SnO_2 也被用于生物质合成有机酸。在这种条件下,$FePz(SBu)_8$ 的引入增强了光生电荷的分离,促进了光催化活性物质的产生,增强葡萄糖的吸附能力,提高光催化活性。在反应体系中添加碱,此时初始反应葡萄糖溶液的 pH 为 11.8,在 $2W/cm^2$ 的光照强度和 0.4L/min 的空气流速中反应 3h,甲酸的选择性由10%提高至40%。瞬时光流密度响应测量表明,羟基自由基是促进甲酸形成的主要活性物质,在阳光照射下碱的存在会促进 SnO_2 产生羟基自由基,从而提高甲酸产率[34]。

4.4 催化氧化法制备甲酸典型催化剂及机理

4.4.1 锰氧化物 MnO_x 催化剂合成

MnO_x 是一种典型的金属氧化物催化剂,因其具有优异的氧化性能,以及

第4章 秸秆纤维素催化转化制甲酸技术

环境友好、绿色无污染、在地壳中广泛分布等特点,已经被应用于较多催化领域。例如,在氮氧化物的选择性催化还原中,MnO_x 作为 V_2O_5 的替代品,在低温区表现出优异的活性[35],并且在热催化或光催化降解挥发性有机化合物(VOCs)方面均表现出良好性能[36]。因此,MnO_x 催化剂有望用于氧化秸秆水解糖葡萄糖为甲酸。目前,已有研究通过水热合成的方法,以高锰酸钾和浓盐酸为原料,制备了 MnO_x(图 4-6),用于催化氧化葡萄糖生产甲酸。

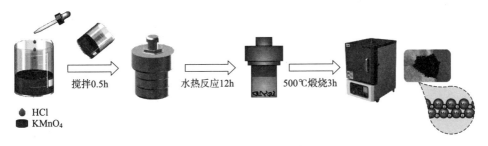

图 4-6 MnO_x 催化剂的制备过程

该研究同时比较了水热制备法的温度对于 MnO_x 催化性能、理化性质的影响,同时对催化剂进行了 SEM、BET、XRD 和 XPS 表征分析,并在葡萄糖氧化为甲酸的过程中,考察了反应时间和温度、反应气体氛围、葡萄糖浓度、催化剂用量和底物种类对反应的影响。

4.4.2 催化剂表征及性能研究

图 4-7a 显示出 Mn 2p 轨道的分峰情况,其中 MnO_x-100 在 640.2eV、641.4eV 和 642.7eV 的结合能处出现了信号峰,分别对应 Mn^{2+}、Mn^{3+} 和 Mn^{4+} 的特征谱带[37]。在较高的水热温度下制备的样品(MnO_x-120、MnO_x-140)只能分成 Mn^{3+} 和 Mn^{4+} 两个特征谱带。由表 4-3 可知样品的表面 Mn 元素不同价态的占比,可以看出 MnO_x-100 中低价态锰(Mn^{2+} 和 Mn^{3+})的占比为 69.9%,远高于 MnO_x-120(57.6%)、MnO_x-140(56.9%)。图 4-7b 显示了 MnO_x 中 O 1s 轨道的 XPS 光谱,在电子结合能 (529.8 ± 0.2) eV、(531.0 ± 0.2) eV 和 (532.4 ± 0.2) eV 处的特征谱带分别对应于晶格氧(O_{latt})、表面吸附氧(O_{ads})和水分子结合的氧(O_{H_2O})[38]。根据表 4-3 的结果,MnO_x-100 中 O_{ads}/O_{total} 的值为 27.0%,是三种样品中占比最大的。因此可以推断出,水热温度会显著影响催化剂的表面元素分布,较低的水热温度会促进低价锰(Mn^{2+} 和 Mn^{3+})以及表面吸附氧的生成,MnO_x-100 会具有更高的催化活性。

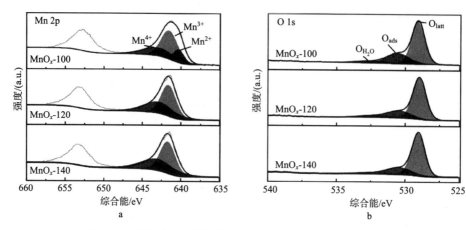

图4-7 不同MnO_x样品的Mn 2p和O 1s轨道的XPS图谱
a. Mn 2p轨道 b. O 1s轨道

表4-3 不同水热温度（100℃、120℃和140℃）的条件下合成的MnO_x催化剂的表面Mn和O的成分

催化剂	Mn		O		
	$(Mn^{2+}+Mn^{3+})/Mn/\%$	$Mn^{4+}/Mn/\%$	$O_{ads}/O_{total}/\%$	$O_{latt}/O_{total}/\%$	$O_{-OH}/O_{total}/\%$
MnO_x-100	69.9	30.1	27.0	65.3	7.7
MnO_x-120	57.6	42.4	22.4	71.6	5.0
MnO_x-140	56.9	43.1	22.3	72.9	4.8

根据表征结果，研究者对不同水热温度合成的MnO_x催化剂产甲酸性能进行测试，结果如图4-8所示。当MnO_x-100作为催化剂时，甲酸产率和选择性都最高，分别为50.6%和57.2%，而MnO_x-120和MnO_x-140的产率和选择性都相对较低。根据以上结果可以推测，水热反应的温度对于材料的制备起着至关重要的作用，它可能会导致材料物理结构（孔隙度、形貌）和化学结构的变化，如结晶度、金属不同价态的含量和氧空位的改变。根据以往的研究，催化剂中混合价态的Mn物种在氧化还原反应中起到很重要的作用。Mn^{2+}、Mn^{3+}和Mn^{4+}的相互转化促进了底物与MnO_x之间的电子传递，提高了催化活性[39]。Yu[40]的研究报道中也提到，在氧化还原反应中低价锰（Mn^{2+}和Mn^{3+}）含量的增加显著地提高了催化剂的催化活性[40]。同时，由于表面吸附氧具有较高的迁移能力，在氧化还原反应中表面吸附氧更加活跃[41]。根据上述的XPS表征结果和催化试验得知，MnO_x-100具有更高含量的低价锰物种和表面吸附氧，并且在三种材料中显示出最佳的氧化还原性能。在较低的水热温度下制备的材料（MnO_x-100）中低价锰（Mn^{2+}和Mn^{3+}）的生成会显著提

高葡萄糖氧化为甲酸的反应效率。

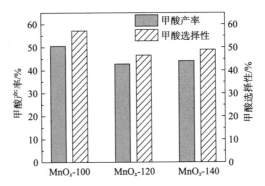

图 4-8 不同 MnO_x 样品催化葡萄糖氧化为甲酸的性能（反应条件：50mg 催化剂，100mg 葡萄糖，5mL H_2O，150℃，3MPa O_2，150min）

4.4.3 反应路径及催化机理研究

根据 HPLC 图谱（图 4-9a）显示，除了反应物葡萄糖和生成物甲酸的信号峰外，在 16.2min 的保留时间处，出现了一个较为明显的中间产物峰，通过对比标准物质的色谱图，该未知峰与阿拉伯糖的标准谱图非常吻合。通过 ^{13}C-NMR 测试（图 4-9b），在 68.6×10^{-6} 和 72.1×10^{-6} 处出现了区别于葡萄糖的特征峰，对比阿拉伯糖的标准图谱发现，这两处的峰归属于阿拉伯糖的特征峰。因此，MnO_x-100 催化葡萄糖氧化为甲酸这一过程的主要中间产物即为阿拉伯糖。

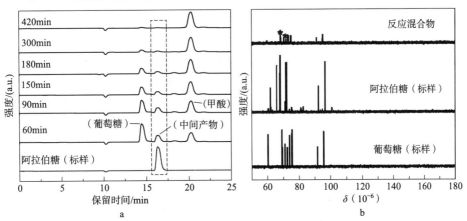

图 4-9 MnO_x-100 催化葡萄糖产甲酸中间产物的鉴定图谱

a. 不同反应时间下反应溶液的 HPLC 图谱（反应条件：50mg 催化剂，100mg 葡萄糖，5mL H_2O，150℃，3MPa O_2）　b. 反应后混合溶液的 ^{13}C-NMR 图谱（反应条件：75mg 催化剂，1 500mg 葡萄糖，5mL D_2O，150℃，3MPa O_2）

根据文献的报道，金属催化剂上发生的氧化反应主要是从吸附在氧空位上的氧分子（O_{ads}）开始的[42]。电荷补偿机制和低价态锰（Mn^{2+}和Mn^{3+}）的增多，导致MnO_x中吸附氧的含量（O_{ads}）增多，有利于催化活性的提高[43]。在此催化体系中，反应的碳平衡呈现下降的趋势，这意味着反应生成了气态产物，因此，除了阿拉伯糖的反应路径外，此过程还存在着其他路径，最终导致气态副产物的产生。根据实验结果，MnO_x-100在水中将葡萄糖催化氧化为甲酸的可能反应路径如图4-10所示：葡萄糖被氧化的过程中，C1—C2键的断裂（α断裂）和C2—C3键的断裂（β断裂）同时发生。由于反应中间产物阿拉伯糖的检出，可以推断反应经历了葡萄糖C1—C2键的断裂（α断裂），首先生成戊糖（阿拉伯糖）和甲酸，然后戊糖的C1—C2键继续断裂，直至将醛糖完全转化为甲酸。在反应结束后体系中检测到少量的CO_2气体，这意味着除了路径Ⅰ（α断裂），还存在另一条转化路径，导致副产物CO_2的生成。在路径Ⅱ中，葡萄糖的C2—C3键发生连续断裂，发生逆醇醛缩合反应，首先生成乙醇醛和乙二醛[44,45]，它们作为不稳定的中间产物迅速被氧化为乙醛酸，最终会生成一分子甲酸和一分子二氧化碳。从上述结论可以推测，抑制路径Ⅱ的发生可以有效地抑制副产物CO_2的产生，从而显著提高甲酸的产率。

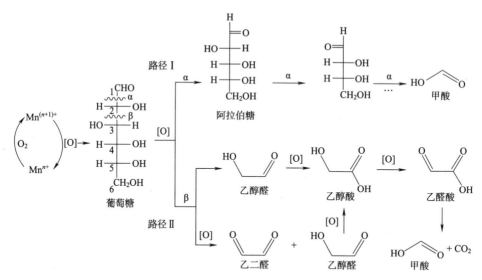

图4-10　MnO_x-100在水中将葡萄糖催化氧化为甲酸的可能反应路径

不同催化剂对葡萄糖催化氧化为甲酸的产率见表4-4。结果表明，大多数非均相催化体系的甲酸产率依然较低（9%~37%），其中以CaO和CuCTAB/MgO作为催化剂时，甲酸的产率相对较高，但同等条件的甲酸产率均未超过该锰基催化剂。综上所述，MnO_x催化体系对催化氧化葡萄糖生产甲酸有显著的优

第4章 秸秆纤维素催化转化制甲酸技术

势，为秸秆纤维素转化生产甲酸提供了一种绿色、高效的转化方式。

表4-4 不同催化剂对葡萄糖催化氧化为甲酸的产率

催化剂	关键反应条件				产率/%	参考文献
	底物浓度/(g/L)	氧化剂	温度/℃	时间/h		
MnO_x-100	10	O_2 (3MPa)	160	2.5	81.1	[46]
MnO_x-100	20	O_2 (3MPa)	160	2.5	67.2	[46]
MnO_x-100	50	O_2 (3MPa)	160	2.5	54.2	[46]
SrO	10	H_2O_2 (5.5mmol)	90	2.0	9.8	[47]
BaO	10	H_2O_2 (5.5mmol)	90	2.0	15.0	[47]
Mg-Al/HT①	36	H_2O_2 (2.8mmol)	90	5.0	30.0	[48]
V_2O_5	50	O_2 (3MPa)	150	3.0	30.0	[26]
MgO	36	H_2O_2 (2.8mmol)	90	5.0	37.0	[48]
CaO	10	H_2O_2 (5.5mmol)	70	0.5	52.0	[47]
CuCTAB②/MgO	18	H_2O_2 (2.0mmol)	120	12.0	65.0	[28]

①HT：在450℃下煅烧的Mg-Al水滑石。
②CTAB：十六烷基三甲基溴化铵。

综上所述，以水热合成的锰氧化物为催化剂，可以将葡萄糖高效地氧化为甲酸，此研究首次将锰基催化剂引入葡萄糖氧化为甲酸的催化体系并取得了较优异的效果，为秸秆类糖类催化氧化产甲酸提供了一种新思路。

参 考 文 献

[1] Xue H R, Gong H, Lu X Y, et al. Aqueous formate-based Li-CO_2 battery with low charge overpotential and high working voltage. Advanced Energy Materials, 2021, 11 (35): 2101630-2101637.

[2] Albert J, Wölfel R, Bösmann A, et al. Selective oxidation of complex, water-insoluble biomass to formic acid using additives as reaction accelerators. Energy Environmental Science, 2012, 5 (7): 7956-7962.

[3] García M, Collado S, Oulego P, et al. The wet oxidation of aqueous humic acids. Journal of Hazardous Materials, 2020, 396: 122402-122409.

[4] Bhargava S K, Tardio J, Prasad J, et al. Wet oxidation and catalytic wet oxidation. Industry Engineering Chemistry Research, 2006, 45 (4): 1221-1258.

[5] Yun J, Li W, Xu Z, et al. Formic acid production from hydrothermal reaction of cellulose. Advanced Materials Research, 2014, 860-863: 485-489.

[6] Xing R, Qi W, Huber G W. Production of furfural and carboxylic acids from waste

aqueous hemicellulose solutions from the pulp and paper and cellulosic ethanol industries. Energy Environmental Science, 2011, 4 (6): 2193 - 2205.

[7] Demesa A G, Laari A, Turunen I, et al. Alkaline partial wet oxidation of lignin for the production of carboxylic acids. Chemical Engineering Technology, 2015, 38 (12): 2270 - 2278.

[8] Gao P, Li G, Yang F, et al. Preparation of lactic acid, formic acid and acetic acid from cotton cellulose by the alkaline pre - treatment and hydrothermal degradation. Industry Crops and Products, 2013, 48: 61 - 67.

[9] Wang G Z, Meng Y, Zhou J P, et al. Selective hydrothermal degradation of cellulose to formic acid in alkaline solutions. Cellulose, 2018, 25 (10): 5659 - 5668.

[10] Yun J, Yao G D, Jin F M, et al. Low - temperature and highly efficient conversion of saccharides into formic acid under hydrothermal conditions. AIChE Journal, 2016, 62 (10): 3657 - 3663.

[11] Wang C, Chen X, Qi M, et al. Room temperature, near - quantitative conversion of glucose into formic acid. Green Chemistry, 2019, 21 (22): 6089 - 6096.

[12] Jin F M, Yun J, Li G M, et al. Hydrothermal conversion of carbohydrate biomass into formic acid at mild temperatures. Green Chemistry, 2008, 10 (6): 612 - 615.

[13] Kojima Y, Fukuta T, Yamada T, et al. Catalytic wet oxidation of o - chlorophenol at mild temperatures under alkaline conditions. Water Research, 2005, 39 (1): 29 - 36.

[14] Li L Y, Shen F, Smith R L, et al. Quantitative chemocatalytic production of lactic acid from glucose under anaerobic conditions at room temperature. Green Chemistry, 2017, 19 (1): 76 - 81.

[15] Fang Z, Qi X H. Production of platform chemicals from sustainable resources. Springer, 2017.

[16] Tan Y T, Chua A S M, Ngoh G C. Deep eutectic solvent for lignocellulosic biomass fractionation and the subsequent conversion to bio - based products - A review. Bioresource Technology, 2020, 297: 122522.

[17] Hamada Y, Yoshida K, Asai R, et al. A possible means of realizing a sacrifice - free three component separation of lignocellulose from wood biomass using an amino acid ionic liquid. Green Chemistry, 2013, 15 (7): 1863 - 1868.

[18] Lu Y, Mosier N S. Biomimetic catalysis for hemicellulose hydrolysis in corn stover. Biotechnology Progress, 2007, 23 (1): 116 - 123.

[19] Cao Y, Zhang C, Tsang D C W, et al. Hydrothermal liquefaction of lignin to aromatic chemicals: impact of lignin structure. Industrial Engineering Chemistry Research, 2020, 59 (39): 16957 - 16969.

[20] Fu F B, Yang D J, Zhang W L, et al. Green self - assembly synthesis of porous lignin - derived carbon quasi - nanosheets for high - performance supercapacitors. Chemical Engineering Journal, 2020, 392: 123721 - 123729.

[21] Niu M G, Hou Y C, Wu W Z, et al. Successive C1 - C2 bond cleavage: the mechanism

of vanadium (V) - catalyzed aerobic oxidation of d - glucose to formic acid in aqueous solution. PhysChemChemPhys, 2018, 20 (26): 17942 - 17951.

[22] Niu M G, Hou Y C, Ren S H, et al. Conversion of wheat straw into formic acid in $NaVO_3 - H_2SO_4$ aqueous solution with molecular oxygen. Green Chemistry, 2015, 17 (1): 453 - 459.

[23] Albert J, Lüders D, Bösmann A, et al. Spectroscopic and electrochemical characterization of heteropoly acids for their optimized application in selective biomass oxidation to formic acid. Green Chemistry, 2014, 16 (1): 226 - 237.

[24] Reichert J, Albert J. Detailed kinetic investigations on the selective oxidation of biomass to formic acid (OxFA Process) using model substrates and real biomass. ACS Sustainable Chemistry & Engineering, 2017, 5 (8): 7383 - 7392.

[25] Albert J, Wasserscheid P. Expanding the scope of biogenic substrates for the selective production of formic acid from water - insoluble and wet waste biomass. Green Chemistry, 2015, 17 (12): 5164 - 5171.

[26] Li J, Ding D J, Deng L, et al. Catalyticair oxidation of biomass - derived carbohydrates to formic acid. ChemSusChem, 2012, 5 (7): 1313 - 1318.

[27] Hou Y C, Lin Z Q, Niu M G, et al. Conversion of cellulose into formic acid by iron (Ⅲ) - catalyzed oxidation with O_2 in acidic aqueous solutions. ACS Omega, 2018, 3 (11): 14910 - 14917.

[28] Choudhary H, Nishimura S, Ebitani K. Synthesis of high - value organic acids from sugars promoted by hydrothermally loaded Cu oxide species on magnesia. Applied Catalysis B: Environmental, 2015, 162: 1 - 10.

[29] Lu T, Niu M G, Hou Y C, et al. Catalytic oxidation of cellulose to formic acid in $H_5PV_2Mo_{10}O_{40} + H_2SO_4$ aqueous solution with molecular oxygen. Green Chemistry, 2016, 18 (17): 4725 - 4732.

[30] Zhang J Z, Sun M, Liu X, et al. Catalytic oxidative conversion of cellulosic biomass to formic acid and acetic acid with exceptionally high yields. Catalyst Today, 2014, 233: 77 - 82.

[31] Patwardhan P R, Brown R C, Shanks B H. Product distribution from the fast pyrolysis of hemicellulose. ChemSusChem, 2011, 4 (5): 636 - 643.

[32] Jin B B, Yao G D, Wang X G, et al. Photocatalytic oxidation of glucose into formate on nano TiO_2 catalyst. ACS Sustainable Chemistry Engineering, 2017, 5 (8): 6377 - 6381.

[33] Da Vià L, Recchi C, Gonzalez - Yanez E O, et al. Visible light selective photocatalytic conversion of glucose by TiO_2. Applied Catalysis B: Environmental, 2017, 202: 281 - 288.

[34] Zhang Q, Yanchun Ge, Yang C, et al. Enhanced photocatalytic performance for oxidation of glucose to value - added organic acid in water using iron thioporphyrazine modified

SnO_2. Green Chemistry, 2019, 21: 5019-5029.

[35] He G Z, Gao M, Peng Y, et al. Superior Oxidativedehydrogenation performance toward NH_3 determines the excellent low-temperature NH_3-SCR activity of Mn-based catalysts. Environmental Science Technology, 2021, 55 (10): 6995-7003.

[36] Wu P, Jin X J, Qiu Y C, et al. Recentprogress of thermocatalytic and photo/thermocatalytic oxidation for VOCs purification over manganese-based oxide catalysts. Environmental Science Technology, 2021, 55 (8): 4268-4286.

[37] Lin D F, Feng X S, Cao C L, et al. Novel bamboo-mediated biosynthesis of MnO_x for efficient low-temperature propane oxidation. ACS Sustainable Chemistry & Engineering, 2020, 8 (30): 11446-11455.

[38] Hayashi E, Yamaguchi Y, Kamata K, et al. Effect of MnO_2 crystal structure on aerobic oxidation of 5-Hydroxymethylfurfural to 2,5-Furandicarboxylic acid. Journal of American Chemistry Society, 2019, 141 (2): 890-900.

[39] Wang T, Chen S, Wang H Q, et al. In-plasma catalytic degradation of toluene over different MnO_2 polymorphs and study of reaction mechanism. Chinese Journal of Catalysis, 2017, 38 (5): 793-803.

[40] Yu D Q, Liu Y, Wu Z B. Low-temperature catalytic oxidation of toluene over mesoporous MnO_x-CeO_2/TiO_2 prepared by sol-gel method. Catalyst Communication, 2010, 11 (8): 788-791.

[41] Santos V P, Pereira M F R, Orfao J J M, et al. The role of lattice oxygen on the activity of manganese oxides towards the oxidation of volatile organic compounds. Applied Catalysis B: Environmental, 2010, 99 (1-2): 353-363.

[42] Zhu L, Wang J L, Rong S P, et al. Cerium modified birnessite-type MnO_2 for gaseous formaldehyde oxidation at low temperature. Applied Catalysis B: Environmental, 2017, 211: 212-221.

[43] Yang X Q, Yu X L, Jing M Z, et al. Defective $Mn_xZr_{1-x}O_2$ solid solution for the catalytic oxidation of toluene: insights into the oxygen vacancy contribution. ACS Applied Materials Interfaces, 2018, 11 (1): 730-739.

[44] Wölfel R, Taccardi N, Bösmann A, et al. Selective catalytic conversion of biobased carbohydrates to formic acid using molecular oxygen. Green Chemistry, 2011, 13 (10): 2759-2763.

[45] Wang W H, Niu M G, Hou Y C, et al. Catalytic conversion of biomass-derived carbohydrates to formic acid using molecular oxygen. Green Chemistry, 2014, 16: 2614-2618.

[46] Li J L, Smith R L, Xu S Y, et al. Manganese oxide as an alternative to vanadium-based catalysts for effective conversion of glucose to formic acid in water. Green Chemistry, 2022, 24 (1): 315-324.

[47] Takagaki A, Obata W, Ishihara T. Oxidative conversion of glucose to formic acid as a renewable hydrogen source using an abundant solid base catalyst. ChemistryOpen, 2021, 10: 954-959.

[48] Sato R, Choudhary H, Nishimura S, et al. Synthesis of formic acid from monosaccharides using calcined Mg-Al hydrotalcite as reusable catalyst in the presence of aqueous hydrogen peroxide. Organic Process Research & Development, 2015, 19 (3): 449-453.

第5章 秸秆纤维素催化转化制多功能醇

仇 茉

农业农村部环境保护科研监测所

我国每年产生大量的秸秆废弃物，如何更为有效地转化这些秸秆为高附加值化学品是当今生物质领域的研究热点之一，具有非常重要的环保意义和经济价值[1,2]。秸秆的主要成分是木质纤维素，其组分为40%~50%的纤维素、16%~33%的半纤维素和15%~30%的木质素[3]。糖醇，包括山梨糖醇、甘露醇、木糖醇和赤藓糖醇，是广泛应用的重要化学品。这些糖醇在食品、制药、化妆品和聚合物工业中的应用已被广泛报道[4]。目前，山梨糖醇和甘露醇可以通过果糖和葡萄糖加氢合成[5]，也可通过纤维素一锅法制备得到[6]；木糖醇和赤藓糖醇可以分别通过木糖和葡萄糖的转化制备[4,7-9]。目前，研究者们已经建立了糖醇下游增值的新策略，例如，乙二醇可用于生产燃料电力电池，并且乙二醇的蒸汽重整过程还会产生氢气[10]。在本章中，我们主要探讨生物质（糖类、纤维素）一锅法多相催化转化为山梨糖醇、甘露醇、乙二醇和丙二醇等最新进展及其应用（纤维素转化为多功能醇的反应路径见图5-1）。在此基础上，讨论功能性载体与贵金属或非贵金属组合对加氢/氢解反应的影响及其在温和反应条件下的相互作用机制。

5.1 由单糖制多功能醇

5.1.1 葡萄糖制山梨醇

山梨醇和甘露醇是异构体，具有相同的化学式（$C_6H_{14}O_6$）和相对分子质量（182.17）。山梨糖醇和甘露醇与蔗糖相比，分别显示出60%和50%的相对甜度。商业上山梨糖醇和甘露醇是广泛使用的化合物，已在食品、制药和化学工业中广泛应用，它们同样也可以用作生产生物燃料的平台化合物。与甘露醇相比，山梨醇是一种更重要的精细化学品，被美国能源部列为"TOP 12"可再生资源平台化合物之一[11]。在医药上，山梨醇是生产维生素C的原料。

第5章 秸秆纤维素催化转化制多功能醇

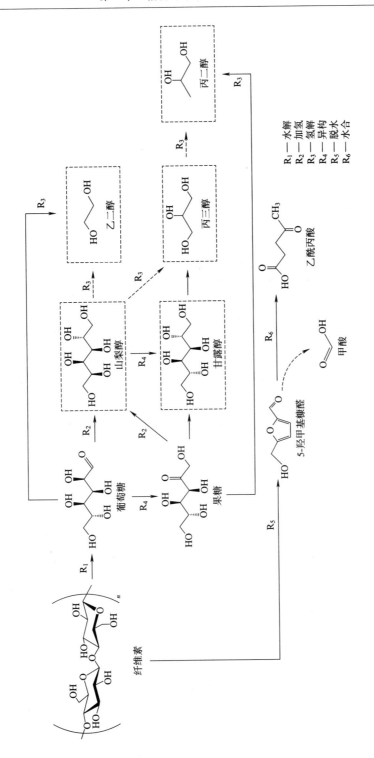

图5-1 纤维素转化为多功能醇的反应路径

山梨醇的发热量与葡萄糖相差无几，可以直接作为糖尿病、肝病、胆囊炎患者的代糖品，以及外伤手术的营养品。山梨醇还是复合氨基酸制剂及利尿药、利胆药、缓泻药等药物的重要原料[12-14]。

大量文献对葡萄糖转化为山梨醇的机理途径进行了报道，目前普遍存在两种反应路径：一种路径是，H_2首先在催化剂活性位点上吸附并活化，而不直接与葡萄糖的羰基反应，随后葡萄糖与活化后的H^+在催化剂表面发生反应（不可逆过程），形成的液相最终产物是山梨醇。例如，葡萄糖在Ru/MCM-41催化剂上加氢的整个机理是通过H_2在反应介质中的溶解和扩散，吸附在催化剂表面然后活化，最后与葡萄糖的羰基相互作用生成山梨醇（R_2，图5-2）。Zhang X等[15]采用1.5% Pt/SBA-15作为催化剂，报道了葡萄糖转化为山梨醇的另一种路径（R_1，图5-2）。D-葡萄糖主要以α或β异构体形式存在，开链醛糖形式的比例较小，而山梨醇只能由开链醛糖转化得到。氢首先转移到了吡喃葡萄糖环的醚氧键上，随后$C_{(1)}$—$O_{(5)}$再发生裂解。密度泛函理论（DFT）计算也证实了该过程，从水中开始，先是通过离解异聚物—OH基团，然后H转移到醚氧原子上[16,17]。

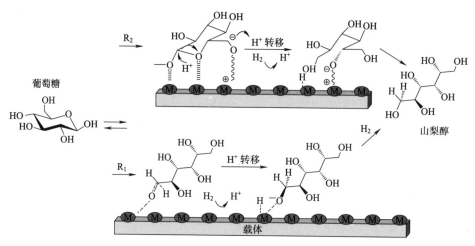

图5-2　葡萄糖加氢制山梨醇的两种路径（R_1和R_2）

目前，包括Ni、Co、Rh、Ru和Pt等在内的多种非均相催化剂在该反应中被报道[18]。工业上制备山梨醇主要是以葡萄糖和淀粉为原料，普遍采用成本低、来源广泛的Ni基催化剂（Raney Ni）进行催化加氢反应，年产率超过80万t。但在反应过程中，Ni等金属在反应过程中会被酸腐蚀，通过浸出、烧结掺混到目标产物山梨醇中，直接影响山梨醇的纯度和品质，从而大大限制了其在食品、药品领域的应用[19]。此外，Raney Ni催化活性低，反应过程不可避免地涉及高温和高压（100～180℃，5～15MPa）[18]。Ni 的（111）晶面具有很强的金属-载体相互作用，可提升负载型催化剂对于目标产物的选择性，因此众多研究者制备了不同载体，同时设计了金属中心调控的策略，来提升 Ni 基催化剂的利用效率，降低其流失率[20]。例如，采用 Mo 改性 Raney Ni 催化剂[21]，不仅能够增强催化剂的稳定性，而且由于 Mo 在催化剂表面以 MoO_3 形式存在，高价态的 Mo 能够提供空轨道，易与反应物分子中羰基提供的孤对电子结合从而形成吸附，进而促进了加氢反应的进行。采用 Fe 来改性 Raney Ni 催化剂，虽然可以在一定程度上提升催化剂的活性，但是会不可避免地引起金属 Fe 和 Ni 的流失，不利于催化剂的循环利用。最近，有研究者提出，采用水滑石负载磷化镍（nano-Ni_2P/HT）催化剂，在温和的反应条件下以＞99%的选择性得到 D-山梨糖醇，并且反应压力可降低至 0.1MPa。这种高性能的 nano-Ni_2P/HT 催化剂与传统的 Ni（0）和 NiO 纳米颗粒显著不同，证明了 nano-Ni_2P/HT 催化剂的独特催化作用[18]。因此，调节载体与金属中心的相互作用并调控金属中心活性可以实现对底物的转化率和山梨醇的选择性的有效调控。

5.1.2 山梨醇制小分子醇

山梨醇在合成许多有价值的化学品方面显示出巨大的潜力，山梨醇中存在的羟基，可进一步通过官能化、脱水、氢解或水相重整反应直接加工为其他高价值化学品。

（1）山梨醇脱水制备异山梨醇。异山梨醇是一种重要工业化学品，通常由山梨醇在强酸催化剂上脱水而得。山梨醇脱水制备异山梨醇包括两个步骤：①山梨醇环化脱水成中间体 3,6-脱水山梨醇和 1,4-脱水山梨醇；②3,6-脱水山梨醇和 1,4-脱水山梨醇进一步脱水制成异山梨醇（图 5-3）。在初始研究阶段，异山梨醇主要获得方式为山梨醇通过添加各种无机酸（如 H_2SO_4、HF 和 HCl 等）在 20～140℃条件下均相催化脱水制备。然而，这些均相催化剂与产物分离的操作过程既污染环境，又浪费成本。在这方面，非均相固体酸催化剂被视为均相催化体系的潜在替代品，研究人员目前已经开发出多种非均相催化剂，并在异山梨醇的工业化生产方面显示出明显的优势，尤其是一些沸石改性的金属氧化物负载杂多酸、金属磷酸盐、离子交换树脂和负载型金属催化剂等[22]。

Kobayashi 等[23]报道，在具有高 Si/Al 比率的 Hβ 沸石催化剂上，异山梨醇的产率为 76%。通过优化催化剂，意外地发现，Si/Al 比率为 75 的 Hβ 催化剂对山梨醇的脱水最有效。随后，Otomo 等[22]通过使用不同类型的沸石催化剂研究了山梨醇在水相中的脱水。确定了具有显著催化活性的 BEA 型铝硅酸

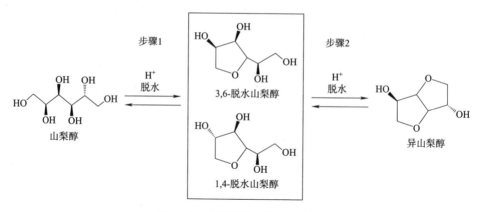

图 5-3 山梨醇脱水制异山梨醇

盐沸石（β）催化剂，特别是异山梨醇的收率在 Si/Al 比率为 75 的沸石上达到 80%，这与 Kobayashi 的研究结果类似。这类催化剂的高催化活性是分子筛催化剂三维大孔结构和较高疏水性的结果。此外，研究者基于多孔磷酸锆催化剂的酸性和结构特性，将其用于山梨醇的转化[24]，在 210℃下 2h 内山梨醇完全转化，异山梨醇选择性可达 73%，Zr-P 催化剂的孔隙率和酸性可能是其具有高催化活性的原因。有研究者还对比了常规固体酸催化剂和含更强 Brönsted 酸位点的纤维素基固体酸催化剂在山梨糖醇的转化上的活性差异，后者在 200℃和 1h 反应条件下，异山梨醇的产率可达 100%，并且这种催化剂制备简单，多次重复使用催化活性未见显著降低[25]。据上述可知，调控多相催化剂的孔结构和 Brönsted 酸性可以实现对山梨醇到异山梨醇的活性调控。

（2）山梨醇制甘油醇。乙二醇（EG）、1,2-丙二醇（1,2-PG）和 1,3-丙二醇（1,3-PG）等甘油醇是广泛用于制造聚合物（如聚醚、聚酯树脂和聚氨酯）的重要工业化学品。每年有超过 2 000 万 t EG 用于石油工业[12]。因此，用生物质基山梨醇生产甘油醇具有重要意义。将山梨醇转化为甘油醇普遍认同的机制是山梨醇在金属催化作用下的醛糖中间体的脱氢过程（R_3，图 5-1），可通过在介质中添加碱性物质促进剂加速该过程，并降低能量势垒来促进 C—C 键的断裂，还可以调节反醛醇缩合来提高甘油醇的选择性[26]。其中，氢氧化钙 [$Ca(OH)_2$] 由于具有部分不溶于水性介质的特征，成为该反应中最常用的固体碱促进剂[27]，而钌（Ru）和镍（Ni）基催化剂是山梨醇氢解成甘油醇最常用的催化剂[28,29]。其中，镍基催化剂对于 C—C 键断裂是非常有利的，但在使用镍基催化剂时，往往需要较高 H_2 压力才能达到理想的转化率。因此，应用较多的组合是将低负载量的钌催化剂与碱性介质相结合。

Leo 等[28]研究了负载在不同金属氧化物（如 SiO_2、Al_2O_3、ZrO_2 和 TiO_2）

上的 Ru 金属在无碱条件下对山梨醇进行氢解的催化活性，发现 Ru/Al$_2$O$_3$ 催化剂对甘油醇的选择性最高。由于大多数选定的氧化物（如 SiO$_2$、Al$_2$O$_3$、ZrO$_2$ 和 TiO$_2$）是中性或酸性的，因此还考察了一些碱性氧化物（如 MgO）作载体，然而碱性氧化物负载 Ru 的催化剂却没有活性。通过表征分析了 Ru/Al$_2$O$_3$ 催化剂，认为其高表面酸度、Ru 的部分氧化和较高的 Ru/Al 原子比是催化反应产物的高收率和高选择性的原因。Murillo Leo 等[29]制备并研究了用于将山梨醇转化为甘油醇的不同 Ru 基催化剂。采用 Ca(OH)$_2$ 负载 Ru 催化剂，与使用额外碱性促进剂的 Ru/Al$_2$O$_3$ 催化剂相比，显示出更好的催化活性[30]。此外，当 Ru/Ca(OH)$_2$ 催化剂引入 Ni 后提升了其催化活性，这是由于 Ni 的存在通过两种金属之间的相互作用促进了 Ru 的还原，采用 NiRuCa 催化剂，反应 4h 后可获得 40% 的甘油醇产率。同样，Jia 等[31]发现碳负载的 Ru 簇和 Ca(OH)$_2$ 的组合可以有效地催化山梨醇选择性氢解为丙二醇和乙二醇。此外，发现具有相同金属粒径的 Ru/C 催化剂优于许多其他金属氧化物负载的 Ru 催化剂[28]。反应条件如温度、H$_2$ 压力和 Ca(OH)$_2$ 的量对 Ru/C 催化剂的反应活性和对甘油醇的选择性影响较大。

5.2 由纤维素制山梨醇

山梨醇是由纤维素通过两步化学催化过程（先水解到葡萄糖，葡萄糖再进一步加氢）得到的，而甘露醇是通过葡萄糖异构化为果糖后转化产生的[32]。传统上纤维素的模型化合物为纤维二糖，其中糖苷键（C—O—C）的裂解存在两种假设，并且这两种假设具有相互矛盾性：一种假设是将纤维素二糖直接水解为葡萄糖；另一种假设是纤维二糖分子中一个葡萄糖环上的 C—O 键加氢，形成纤维二糖醇，进一步水解成山梨醇和葡萄糖[33]。两种假设的研究结果均表明，速率控制步骤是 H$^+$ 催化的糖苷键通过水溶性寡糖水解为葡萄糖[5]。目前水解反应存在的主要问题是固体酸表面酸性位点与纤维素分子接触不充分、反应效率不高以及葡萄糖降解副反应等。山梨醇的高选择性则主要依赖于减少加氢反应阶段副反应的发生。山梨醇氢解等副反应的反应机理较为复杂，过程涉及脱氢 C—C 键和 C—O 键的断裂等过程。根据通过 H$^+$ 引入酸性官能团的方式不同，纤维素一锅水解氢化成己糖醇的催化剂可分为两类：可溶性酸/金属催化剂和原位生成的 H$^+$/金属催化剂。

5.2.1 可溶性酸/金属催化剂

有研究表明，使用有聚乙烯吡咯烷酮（PVP）存在下还原制备的 Ru 纳米颗粒可在酸性水（pH=2.0）中实现对纤维素的有效转化[34]。在 190℃，低浓度 HCl（35mL/L，pH=3.0）水溶液条件下反应 24h，Ru（0.2%）/H-USY 上由原料球磨纤维素（BMC）中可得山梨醇产率为 63%。该方法的优点是：①水溶性寡糖主要来源于稀 HCl 水解 BMC 所产生，随后在 H-USY 外表面的酸性位点上进一步解聚为葡萄糖；②分子筛内的 Ru 能够快速氢化吸附在沸石孔道中的葡萄糖，从而减少了葡萄糖的扩散路径，减少了氢化所需的 Ru 量，并抑制了氢解等副反应发生。使用可溶性杂多酸（HPA）也可以有效地将纤维素水解为葡萄糖，进而后续加氢，然而 HPA 的回收和分离仍然是目前的挑战[35]。

5.2.2 原位生成的 H^+/金属催化剂

由于可溶性无机酸和 HPA 存在着腐蚀和难以回收的缺点，研究者们开发了诸如双功能多相催化在热压水中原位形成 H^+ 的方法。然而，纤维素的不溶性和非均相催化剂活性位点有限的可及性抑制了纤维素的聚合生物分子渗透到金属位点，因此降低了催化效率。为了克服这一缺点，研究人员已经尝试了许多方法，包括用无机酸或固体酸对纤维素进行预浸渍或球磨，并对载体材料进行官能团改性以重塑活性位点，来增强载体与活性中心的相互作用，强化对 H_2 解离和/或氢化物转移的效率。利用金属加氢催化剂原位生成 H^+ 的一锅水解加氢纤维素转化过程如表 5-1 所示。

表 5-1 利用金属加氢催化剂原位生成 H^+ 的一锅水解加氢纤维素转化过程

催化剂	底物	反应条件	产物	产率/%	参考文献
Ru/C, hot water	MCC	245℃，6MPa，0.5h	山梨醇和甘露醇	39.3	[36]
Ru/SiO$_2$-SO$_3$H	BMC	150℃，4MPa，10h	山梨醇	61.2	[37]
Pt/γ-Al$_2$O$_3$	MCC	190℃，5MPa，24h	山梨醇和甘露醇	31	[21]
Ir/BEA	MCC	180℃，1.6MPa，24h	山梨醇	22	[38]
Pt/BP2000	BMC	190℃，5MPa，24h	山梨醇和甘露醇	64.8	[39]
Ni/ZSM-5	MCC	240℃，4MPa，4h	山梨醇和甘露醇	48.6	[40]
16%Ni$_2$P/AC	MCC	225℃，6MPa，1.5h	山梨醇和甘露醇	53.1	[41]
7.5%Ni/CNF	BMC	190℃，6MPa，24h	山梨醇和甘露醇	76	[42]
1%Rh-5%Ni/MC	MCC	245℃，6MPa，0.5h	山梨醇和甘露醇	59.8	[43]

注：MCC 为微晶纤维素；BMC 为球磨微晶纤维素。

（1）Ru 基催化剂。近年来，以纤维素为原料采用双功能催化剂一步法（水解/加氢）制备山梨醇受到了越来越多的关注。双功能催化剂的水解中心与加氢位点在空间距离上更接近，水解产物葡萄糖可以迅速与加氢位点接触进行加氢，降低了体系内葡萄糖的积累，促进纤维素水解反应的正向进行，从而能够提高纤维素的转化率，并减少葡萄糖异构化与缩聚等副反应的发生[5]。北京大学刘海超教授团队研究了在高温条件下，利用 Ru/AC 作为催化剂，一步转化纤维素制山梨醇（产率 39%），同时也研究了不同固体酸负载钌的催化反应活性，结果表明氢气气氛对质子酸的形成起到了重要作用，可大大增强底物的转化活性[34, 36]。同样，Han 等[44]采用 10% Ru/AC-SO$_3$H 双功能催化剂在水相中 165℃下反应 36h 可得 71%的山梨醇产率。为了进一步提升反应效率，厦门大学王野教授团队研究了纤维素前处理对一步法的作用，发现采用磷酸处理的纤维素在 Ru/CNT 催化剂作用下更易于发生水解反应，从而提高了山梨醇的收率[45]。研究者们也聚焦于固体酸的设计与制备，天津科技大学韩金玉教授团队合成了 Ru/TiOPO$_4$ 双功能催化剂，在 180℃下就能获得较高的山梨醇收率[46, 47]。同时，华东理工的王艳芹教授团队也利用四价金属磷酸盐负载钌制备了双功能 Ru/NbOPO$_4$ 催化剂，山梨醇收率为 59%~69%，结果表明，酸性位点与金属钌的协同作用是该催化剂具有高活性的根本原因[48]。目前，该领域存在的科学难题是纤维素高效率水解的温度范围（180~200℃）不利于 Ru 催化剂的葡萄糖加氢反应进行，该温度下往往会导致并加速山梨醇氢解等副反应的发生。为了获得更高的山梨醇收率，Ru 基双功能催化剂普遍采取降低反应温度的方式，但导致转化过程往往需要更高的反应压力和更长的反应时间[49]。如果能在 180~200℃条件下调控催化剂中 Ru 组分的加氢活性，并降低 Ru 的负载量（使用成本），则可以大幅提高一步法的转化效率，同时有效避免山梨醇过度加氢副反应的发生。Qiu 等[6]采用电子云调控技术，利用磷（P）对 Ru 的电荷偏移作用，设计并制备了 2% Ru$_2$P/C 催化剂并与 2% Ru/C 对比。这是 Ru$_2$P/C 首次使用在葡萄糖加氢制备山梨醇的反应中。结果表明，Ru$_2$P/C 催化剂在高温区显示了对山梨醇较高的选择性（图 5-4）。随后该团队制备了 2% Ru$_2$P/C-SO$_3$H 双功能催化剂，在 200℃下反应 2h 即可得到 64%的山梨醇收率，图 5-5 的密度泛函理论计算表明，Ru$_2$P 中 Ru 原子的电子部分转移到 P，这削弱了 H$_2$ 和 H*（活性氢原子）在 Ru 原子上的吸附和活化，从而提高了山梨醇的选择性。此外，所制备的 Ru$_2$P/C-SO$_3$H 催化剂和催化体系在实际生物质废物利用方面具有潜力。

（2）Ni 基催化剂。尽管双功能负载型贵金属催化剂具有令人满意的高活性优势，但贵金属的使用限制了它们在纤维素水解加氢工艺中的大规模的应用。最近，有工作考察了各种功能载体（Al$_2$O$_3$、TiO$_2$、SiO$_2$、AC、ZnO、ZrO$_2$、MgO 等）上负载的廉价 Ni 催化剂，用于将纤维素转化为己糖醇[50]。该工作证明了载体的存在、Ni 的负载状态以及 Ni（111）晶面等因素都极大地影响了催化活性和产物分布。由于 17% Ni/ZSM-5 上存在丰富的 Ni（111）

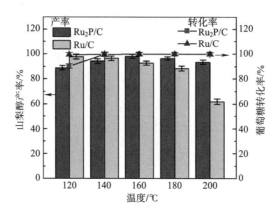

图 5-4　Ru_2P/C 和 Ru/C 在不同反应温度下对葡萄糖的加氢活性

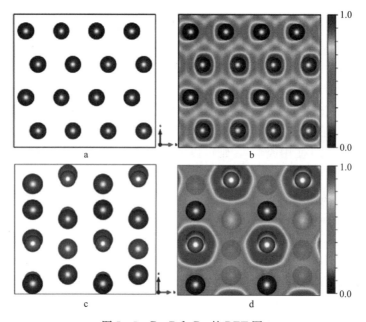

图 5-5　Ru_2P 和 Ru 的 DFT 图
a. Ru 的局部化原子结构图　b. Ru 的电子局部化函数图
c. Ru_2P 的局部化原子结构图　d. Ru_2P 的电子局部化函数图

晶面，在葡萄糖加氢过程中，己糖醇选择性可高达到 91.2%[51]。磷化镍催化剂（16% Ni_2P/AC）在 225℃ 和 6MPa H_2 条件下可实现 48% 的山梨醇产率，结果显示其中过量的 P 起到酸催化纤维素水解的作用，Ni 起到加氢作用[41]，同时 Ni_2P 从结晶相到无定形相的相变与山梨糖醇的高选择性相关，其中山梨糖醇与甘露醇的比例高达 13.8∶1[52]。由于部分 Ni 和 P 会流失到产物中，因此该工作可在催化剂回收利用上进一步提升。随后,为了提升 Ni 颗粒的利用率,研究人员制备了碳纳米纤维(CNF)负载的 Ni(Ni/CNFs)。由于花瓣状 CNFs 缠绕在水不溶性寡糖基质周围,释放的中间体葡萄糖能够发生快速氢化,BMC 的糖醇产率为 56.5%[53]。值得注意的是,与 Ru 催化剂相比,单金属 Ni 基催化剂通常由于其随后氢解成 C2~C3 多元醇而产生较差的己糖醇收率。此外,在高于 230℃ 的热压缩水中 Ni 催化剂会迅速失活,而这个温度却是纤维素快速解聚所必需的温度,大多数的观点都认为纤维素水解生成葡萄糖是整个反应的速控步骤,也是影响反应效率的主要原因。为了解决这个问题,研究人员制备了一系列负载在介孔碳(MC)上的 Ni 基双金属催化剂(Rh - Ni、Ir - Ni、Pt - Ni、Pd - Ni 和 Ru - Ni)[54],其中 Rh - Ni/MC 通过 MC 独特的三维结构上的活化作用以及双金属颗粒高度分散于载体 MC 上而发生低聚糖原位氢化作用,在纤维素水解中产生 59.8% 的己糖醇产率[43]。

贵金属(Ru、Pd、Pt、Rh 和 Ir)改性的 Ni/HZSM - 5 改变了 Ni 颗粒的表面电学和化学性质,对水解加氢也表现出高活性,PtNi/ZSM - 5 的己糖醇收率最高,为 76.9%,催化剂重复使用 4 次后收率仍保持在 55% 以上,这是由于 PtNi 纳米粒子形成的特殊结构和稳定性影响了热水中富铂合金的表面性质[55]。据报道,在 Sn/Pt 比率为 0.5 的条件下,己糖醇选择性高达 82.7%,几乎是 Pt/Al$_2$O$_3$ 在相似纤维素转化率(-20%)[56]下的两倍。而在较低的 Sn/Pt 比率(0.1~1.0)条件下,电子从 SnO$_x$ 物种转移到 Pt 上。此外,SnO$_x$ 作为 L 酸,能够通过与羰基的相互作用改善不饱和醛(如柠檬醛、巴豆醛和香芹酮)的氢化活性。当 Pt 被 Ni 取代时,Pt-SnO$_x$/Al$_2$O$_3$ 在 Ni/Sn 比率为 0.5 时展现出对丙酮醇的高选择[57]。

综上所述,以上体系阐明了双功能催化剂中水解中心酸强度和酸量、加氢中心的种类,以及水解和加氢中心二者之间的协同作用是直接影响纤维素一步法制备山梨醇的反应效率和选择性的根本原因,但其反应效率还有待进一步提升。因此,开发更为高效的双功能催化剂以实现一步法转化纤维素制备食品级山梨醇是未来重要的研究方向。

5.3 由纤维素制能源醇

在纤维素一步法转化高产获得乙二醇(EG)或 1,2 -丙二醇(1,2 - PG)的过程中,主要面临两个方面挑战:①在温和条件下将纤维素水解为多糖和糖单体;②高选择性地催化糖降解为 C2 或 C3 中间体。纤维素转化为 EG 的过程主要涉及纤维素水解、逆醛缩合和加氢三类反应。对于 1,2 - PG 的形成,也涉及糖的异构化反应。这些反应相互作用，使得整个反应的选择性依赖于不同路径的反应速率。Ji等[58]在2008年报道了纤维素催化转化为EG的突破性进展，EG的产率前所未有地达到了61%[59]，超过了以往最佳的Ni-W_2C催化剂，这个过程后来被命名为DLEG，代表直接用木质纤维素制备乙二醇。在接下来的几年里，世界各地的许多团队对此进行了广泛的研究，研究涉及探索新的催化剂，深入了解反应机理，调整反应选择性、模型和反应动力学，并利用各种可行的原料[60-62]。以下内容首先总结了纤维素转化为EG和1，2-PG的反应路线，随后讨论反醛醇缩合反应的高效催化剂，催化剂作用是EG和1，2-PG形成反应路径的核心步骤，最后是对纤维素催化转化为二醇进行展望。

在研究EG和1，2-PG形成的主要途径过程中，研究者们发现糖（葡萄糖、果糖和赤藓糖）可以通过反羟醛缩合（RAC）反应降解为C2～C4的小分子，它们同样也可以直接氢化成C4～C6多元醇，而这些多元醇对RAC反应是惰性的，难以进一步降解成C2～C3中间体，进而难以形成EG和1，2-PG[63-65]。因此，氢化反应和RAC反应的速率应保持平衡。己糖醇降解的可行途径是在金属催化剂上将己糖醇脱氢为葡萄糖、果糖和一些其他糖异构体，然后进行RAC反应以形成C2～C4分子[66-68]。因此，无论原料（糖或糖醇）如何，在降解过程中基本上都经历了相同种类的中间体，即醛糖或酮糖。然而，与直接转化纤维素或葡萄糖的主要产物（其中EG是主要产物）不同，己糖醇转化的主要产物在大多数情况下是1，2-PG[66,67,69]，这表明己糖醇脱氢的中间体更可能是2-酮糖。由于脱氢速度较慢，己糖醇的转化效率明显低于单糖[69,70]。综上所述，纤维素和糖类转化为EG和1，2-PG的途径根据转化的关键步骤进行区分至少有3种，即通过葡萄糖RAC、果糖RAC和己糖醇氢解的途径，而转化路线的可能性很大程度上取决于所选用催化剂的类型。在某些情况下，可能会同时出现两条或更多条路线。例如，在Ni-La（Ⅲ）[71]催化剂上发现了双路线机制，葡萄糖和己糖醇都可以在该催化剂上进行降解。相比之下，在W-M（Ⅷ）双金属催化剂或H_2WO_4-Ru催化剂上，只有糖可以选择性地降解为EG，而己糖醇在该反应中转化活性很低[63,72]。

5.3.1 碱性催化剂

理论上，所有碱金属和碱土元素都能为反应提供碱性位点，那么它们对糖RAC反应都应该是有效的。碱性催化剂包括金属氧化物、氢氧化物以及强碱-弱酸盐。例如，氢氧化铵、碱性铵盐和含有N元素的碱性有机物对RAC反应具有催化活性。与衍生自ⅠA和ⅡA元素的碱不同，一些含N碱可以很容易地与反应中间体形成具有C—N键的产物。此外，胺和可还原糖之间可能发生美拉德反应[73,74]。在许多研究中，碱催化剂与加氢催化剂结合来作为糖醇降解以及用作纤维素或糖转化为1,2-PG和EG[69,70,75-77]的助催化剂。糖醇首先在金属催化剂上脱氢形成糖，然后通过RAC反应裂解成GA和三糖[66,70,75]。在相似的pH下，$Ca(OH)_2$转化葡萄糖形成1,2-PG[69]的活性要优于其他碱性催化剂，如$Ba(OH)_2$、NaOH和KOH。

碱性催化剂的另一个重要功能是将醛糖催化异构化为酮糖，该反应遵循质子转移机制，通过羟基催化烯二醇中间体进行[73]。因此，在碱性催化剂存在的条件下，主要的多元醇产物通常是1,2-PG，但不是EG[65,75]。例如，向复合催化剂WO_3+Ru/C引入额外的碱性催化剂后[65]，与WO_3+Ru/C复合催化剂相比，1,2-PG的选择性从6.7%提高到31.9%，而EG的选择性从51.5%降低到24.4%。碱性催化剂虽然具有许多优点，例如价格低、对环境造成的影响小等，然而对于RAC反应却会导致纤维素转化率降低。此外，碱性催化剂还会促进葡萄糖异构化为果糖，其主要产物更倾向于1,2-PG而不是EG。

5.3.2 过渡金属催化剂

对RAC反应具有活性的过渡金属元素主要来自第3~6族和第14族（或ⅢB、ⅣB、ⅤB、ⅥB和ⅣA），其中大多数具有+2至+6价态。有人提出，使用各种催化剂的糖反应中的碳重排与金属-糖配合物的稳定性、空间效应、配体配位/手性或这些的组合效应有关，金属对糖的亲和力通常按单价、二价和三价金属的顺序增加。与碱性催化剂相比，过渡金属催化剂在纤维素转化方面具有显著优势，主要体现在以下几个方面：①许多过渡金属催化剂在反应过程中会部分水解形成氢氧化物，从而为纤维素水解提供L酸[78,79]。纤维素水解是第一步骤，也是速控步骤，这种L酸会增强纤维素的转化。②过渡金属物质在酸性反应介质中能够保持活性，因此，可以在反应体系中加入额外的酸以提高纤维素转化率而不降低EG选择性。例如，当使用W催化剂与少量硫酸结合进行纤维素转化时，反应效率显著提高[59,80]。③过渡金属催化剂仅具有RAC反应活性，而没有糖异构化的催化功能，从而可以高选择性地获得EG。下面以代表性的过渡金属催化剂（包括钨基催化剂、锡基催化剂、镧系催化剂以及其他过渡金属催化剂）为例进行论述。钨基催化剂、锡基催化剂、镧系催化剂以及其他过渡金属催化剂对糖转化为EG和1,2-PG的催化性能见表5-2。

表 5-2 钨基催化剂、锡基催化剂、镧系催化剂以及其他过渡金属催化剂对糖转化为 EG 和 1,2-PG 的催化性能

催化剂	反应条件	转化率/%	EG 选择性/%	1,2-PG 选择性/%	参考文献
Ni-Mo$_2$C/AC	纤维素，518 K，6MPa H$_2$，0.5h	87	12.9	5.8	[1]
Ni-W$_2$C/AC	葡萄糖，518 K，6MPa H$_2$，3h	100	66		[89]
Cu/CuCrO$_x$	纤维素，518 K，6MPa H$_2$，5h	100	7.6	36.3	[75]
Pt-SnO$_x$/Al$_2$O$_3$	纤维素，473 K，6MPa H$_2$，0.5h	23.8	22.0	13.5	[56]
Ni/AC+SnO	纤维素，518 K，5MPa H$_2$，95min	100	22.9	32.2	[86]
10% Ni-0.5% Ir/La$_2$O$_3$	纤维素，518 K，5MPa H$_2$，110min	100	46.6	17.1	[66]
Ce(NO$_3$)$_3$-10% Ni/AC	纤维素，518 K，5MPa H$_2$，2h	92.6	32.6	16.8	[71]
Y(NO$_3$)$_3$-10% Ni/AC	纤维素，518 K，5MPa H$_2$，2h	94.8	31.1	12.1	[71]
Ni/ZnO	纤维素，518 K，6MPa H$_2$，2h	100	19.1	34.4	[20]

钨基催化剂：在各种过渡金属催化剂中，钨族（包括 W、Mo 和 Cr）催化剂是最具代表性的催化剂，迄今为止在纤维素转化中保持着最高的 EG 产率[63,81]。

锡基催化剂：锡基催化剂包括基于 Sn 和 Pb 的催化剂。Sn 是一种用于糖催化转化的通用活性成分，在几个反应中展现出以下几种活性：①催化葡萄糖异构化为果糖；②催化葡萄糖差向异构化为甘露糖；③催化糖类反羟醛缩合反应为乙醇醛和丙糖；④催化丙糖转化为乳酸[82-85]。Sn 的催化性能高度依赖于其周围元素的化合价、组装状态、微环境位点和反应介质。

镧系催化剂：镧系催化剂包括基于 La、Ce 和 Y 的催化剂，这些催化剂已被证明可有效地将纤维素转化为 EG 和 1,2-PG[86-88]。密度泛函理论（DFT）计算和实验证明，La（Ⅲ）催化剂上的纤维素转化遵循双路线反应机制。在主要路线中，葡萄糖通过 La（Ⅲ）选择性裂解为 C2 分子，这与在 W 催化剂或 Ni-Sn 合金催化剂上的作用相似[60]。在另一条反应路线中，源自纤维素水解的糖首先被氢化成己糖醇，然后通过氧化镧（Ⅲ）提供的碱性位点和金属 Ni 的加氢位点的协同催化氢解降解为 EG 和 1,2-PG。这意味着，在反应过程中，糖和糖醇都可以通过 Ni-La（Ⅲ）催化剂转化为 C2~C3 二醇，该现象在钨基催化剂和锡基催化剂上没有观察到。

其他过渡金属催化剂：NbPO$_x$ 负载的金属催化剂用于通过纤维素 RAC 反应在甲醇溶液的转化中破坏糖的 C—C 键[64]。在 Ru-Ni/上 NbOPO$_4$ 催化剂在 493 K 和 3MPa H$_2$ 条件下反应 20h 后，EG 和乙二醇单醚（EGME）的总产率为 64.1%。甲醇通过缩醛化作用保护葡萄糖中间体中的 C—O 键不被氢化，从

而在促进 EG 和 EGME 的产生中发挥了重要作用。否则,由于反应在水溶液中进行,主要产物为异山梨醇。

在深入了解催化功能和反应路径中主要反应步骤之间关系的基础上,纤维素转化为 EG 和 1,2-PG 的反应选择性可以通过以下几种方法来调节:①催化剂有适宜的催化活性;②调整不同活性成分的比例或改变催化剂用量;③调整反应温度;④使用合适的反应溶剂或气氛;⑤利用活性位点之间的相互作用和催化剂载体。若为了获得 EG 而不是 1,2-PG 的高产率,应避免葡萄糖到果糖的异构化反应。不应将那些为糖异构化提供活性位点的催化组分,如 Sn、Pb、Zn 和 Cr 物质以及碱引入反应体系。此外,由于糖醇产物对过渡金属物质的 RAC 反应是惰性的,因此糖的氢化和 RAC 反应的速率应保持适当平衡[90]。

在利用木质纤维素转化制备能源醇的过程中,如果通过适当的预处理(通常使用碱性溶液)去除木质素组分,则木质纤维素可以得到较好的产率(40%~65%),并可有效地转化为 EG 和 1,2-PG(产率为 10%~28%)。为了促进生物质转化为 EG 和 1,2-PG 的实际应用,今后应从以下几个方面开展深入研究:①研发在原料中能够高效去除木质素,并且对环境友好的技术;②通过将化学催化、生物精炼和材料科学等学科的交叉,研发充分利用生物质馏分的技术;③研发将木质纤维素糖化为可溶性糖的重要技术;④研发并设计能够浓缩固体纤维素进料的特定装置以及利于纤维素转化的反应器;⑤研发转化后产品的节能分离方法。为了进一步实现双碳目标,应在生物质丰富的地区和国家实现以木质纤维素为原料的 EG 和 1,2-PG 的工业化生产,以满足产业需求。

参 考 文 献

[1] Feng Y, Long S, Tang X, et al. Earth-abundant 3d-transition-metal catalysts for lignocellulosic biomass conversion. Chemical Society Reviews, 2021, 50 (10): 6042-6093.

[2] Zhang L, Rao T U, Wang J, et al. A review of thermal catalytic and electrochemical hydrogenation approaches for converting biomass-derived compounds to high-value chemicals and fuels. Fuel Processing Technology, 2022, 226: 107097.

[3] McKendry P. Energy production from biomass (part 1): overview of biomass. Bioresource Technology, 2002, 83 (1): 37-46.

[4] Gallezot P. Conversion of biomass to selected chemical products. Chemical Society Reviews, 2012, 41 (4): 1538-1558.

[5] Zhang J, Li J B, Wu S B, et al. Advances in the catalytic production and utilization of sorbitol. Industrial & Engineering Chemistry Research, 2013, 52 (34): 11799-11815.

[6] Qiu M, Zheng J, Yao Y, et al. Directly converting cellulose into high yield sorbitol by

tuning the electron structure of Ru_2P anchored in agricultural straw biochar. Journal of Cleaner Production, 2022, 362: 132364.

[7] Tathod A, Kane T, Sanil E S, et al. Solid base supported metal catalysts for the oxidation and hydrogenation of sugars. Journal of Molecular Catalysis A: Chemical, 2014, 388: 90-99.

[8] Aoki M A Y, Pastore G M, Park Y K. Microbial transformation of sucrose and glucose to erythritol. Biotechnology Letters, 1993, 15 (4): 383-388.

[9] Van Der Klis F, Gootjes L, Van Haveren J, et al. Selective terminal C-C scission of C5-carbohydrates. Green Chemistry, 2015, 17 (7): 3900-3909.

[10] Cortright R D, Davda R R, Dumesic J A. Hydrogen from catalytic reforming of biomass-derived hydrocarbons in liquid water. Nature, 2002, 418 (6901): 964-967.

[11] Bozell J J, Petersen G R. Technology development for the production of biobased products from biorefinery carbohydrates - the US Department of Energy's "Top 10" revisited. Green Chemistry, 2010, 12 (4): 539-554.

[12] Li Y, Liao Y, Cao X, et al. Advances in hexitol and ethylene glycol production by one-pot hydrolytic hydrogenation and hydrogenolysis of cellulose. Biomass and Bioenergy, 2015, 74: 148-161.

[13] Deng W, Liu M, Tan X, et al. Conversion of cellobiose into sorbitol in neutral water medium over carbon nanotube-supported ruthenium catalysts. Journal of Catalysis, 2010, 271 (1): 22-32.

[14] Ma Q, Bi Y H, Wang E X, et al. Integrated proteomic and metabolomic analysis of a reconstructed three-species microbial consortium for one-step fermentation of 2-keto-1-gulonic acid, the precursor of vitamin C. Journal of Industrial Microbiology & Biotechnology, 2019, 46 (1): 21-31.

[15] Zhang X, Durndell L J, Isaacs M A, et al. Platinum-catalyzed aqueous-phase hydrogenation of D-glucose to D-sorbitol. ACS Catalysis, 2016, 6 (11): 7409-7417.

[16] Plazinski W, Plazinska A, Drach M. The water-catalyzed mechanism of the ring-opening reaction of glucose. Physical Chemistry Chemical Physics, 2015, 17 (33): 21622-21629.

[17] Trinh Q T, Chethana B K, Mushrif S H. Adsorption and reactivity of cellulosic aldoses on transition metals. The Journal of Physical Chemistry C, 2015, 119 (30): 17137-17145.

[18] Yamaguchi S, Fujita S, Nakajima K, et al. Air-stable and reusable nickel phosphide nanoparticle catalyst for the highly selective hydrogenation of D-glucose to D-sorbitol. Green Chemistry, 2021, 23 (5): 2010-2016.

[19] Castoldi M C M, Câmara L D T, Aranda D A G. Kinetic modeling of sucrose hydrogenation in the production of sorbitol and mannitol with ruthenium and nickel-Raney catalysts. Reaction Kinetics and Catalysis Letters, 2009, 98 (1): 83-89.

[20] Wang X, Meng L, Wu F, et al. Efficient conversion of microcrystalline cellulose to 1,2-alkanediols over supported Ni catalysts. Green Chemistry, 2012, 14 (3): 758-765.

[21] 刘维. Fe、Mo 改性 Raney Ni 催化剂制备及其加氢反应性能的研究. 杭州: 浙江工业大学, 2010.

[22] Otomo R, Yokoi T, Tatsumi T. Synthesis of isosorbide from sorbitol in water over high-silica aluminosilicate zeolites. Applied Catalysis A: General, 2015, 505: 28-35.

[23] Kobayashi H, Yokoyama H, Feng B, et al. Dehydration of sorbitol to isosorbide over H-beta zeolites with high Si/Al ratios. Green Chemistry, 2015, 17 (5): 2732-2735.

[24] Cao D, Yu B, Zhang S, et al. Isosorbide production from sorbitol over porous zirconium phosphate catalyst. Applied Catalysis A: General, 2016, 528: 59-66.

[25] Zou J, Cao D, Tao W, et al. Sorbitol dehydration into isosorbide over a cellulose-derived solid acid catalyst. RSC Advances, 2016, 6 (55): 49528-49536.

[26] Soták T, Schmidt T, Hronec M. Hydrogenolysis of polyalcohols in the presence of metal phosphide catalysts. Applied Catalysis A: General, 2013, 459: 26-33.

[27] Ye L, Duan X, Lin H, et al. Improved performance of magnetically recoverable Ce-promoted Ni/Al_2O_3 catalysts for aqueous-phase hydrogenolysis of sorbitol to glycols. Catalysis Today, 2012, 183 (1): 65-71.

[28] Leo I M, Granados M L, Fierro J L G, et al. Sorbitol hydrogenolysis to glycols by supported ruthenium catalysts. Chinese Journal of Catalysis, 2014, 35 (5): 614-621.

[29] Murillo Leo I, López Granados M, Fierro J L G, et al. Selective conversion of sorbitol to glycols and stability of nickel-ruthenium supported on calcium hydroxide catalysts. Applied Catalysis B: Environmental, 2016, 185: 141-149.

[30] Deutsch K L, Lahr D G, Shanks B H. Probing the ruthenium-catalyzed higher polyol hydrogenolysis reaction through the use of stereoisomers. Green Chemistry, 2012, 14 (6): 1635-1642.

[31] Jia Y, Liu H. Mechanistic insight into the selective hydrogenolysis of sorbitol to propylene glycol and ethylene glycol on supported Ru catalysts. Catalysis Science & Technology, 2016, 6 (19): 7042-7052.

[32] Yan N, Zhao C, Dyson P J, et al. Selective degradation of wood lignin over noble-metal catalysts in a two-step process. ChemSusChem, 2008, 1 (7): 626-629.

[33] Negahdar L, Oltmanns J U, Palkovits S, et al. Kinetic investigation of the catalytic conversion of cellobiose to sorbitol. Applied Catalysis B: Environmental, 2014, 147: 677-683.

[34] Yan N, Zhao C, Luo C, et al. One-step conversion of cellobiose to C6-alcohols using a ruthenium nanocluster catalyst. Journal of the American Chemical Society, 2006, 128 (27): 8714-8715.

[35] Op De Beeck B, Geboers J, Van De Vyver S, et al. Conversion of (ligno) cellulose feeds to isosorbide with heteropoly acids and Ru on carbon. ChemSusChem, 2013, 6

(3): 399.

[36] Luo C, Wang S, Liu H. Cellulose conversion into polyols catalyzed by reversibly formed acids and supported ruthenium clusters in hot water. Angewandte Chemie International Edition, 2007, 46 (40): 7636-7639.

[37] Zhu W, Yang H, Chen J, et al. Efficient hydrogenolysis of cellulose into sorbitol catalyzed by a bifunctional catalyst. Green Chemistry, 2014, 16 (3): 1534-1542.

[38] Negoi A, Triantafyllidis K, Parvulescu V I, et al. The hydrolytic hydrogenation of cellulose to sorbitol over M (Ru, Ir, Pd, Rh) - BEA - zeolite catalysts. Catalysis Today, 2014, 223: 122-128.

[39] Kobayashi H, Ito Y, Komanoya T, et al. Synthesis of sugar alcohols by hydrolytic hydrogenation of cellulose over supported metal catalysts. Green Chemistry, 2011, 13 (2): 326-333.

[40] Liang G, Cheng H, Li W, et al. Selective conversion of microcrystalline cellulose into hexitols on nickel particles encapsulated within ZSM-5 zeolite. Green Chemistry, 2012, 14 (8): 2146-2149.

[41] Ding L N, Wang A Q, Zheng M Y, et al. Selective transformation of cellulose into sorbitol by using a bifunctional nickel phosphide catalyst. ChemSusChem, 2010, 3 (7): 818-821.

[42] Van De Vyver S, Geboers J, Schutyser W, et al. Tuning the acid/metal balance of carbon nanofiber - supported nickel catalysts for hydrolytic hydrogenation of cellulose. ChemSusChem, 2012, 5 (8): 1549-1558.

[43] Pang J, Wang A, Zheng M, et al. Catalytic conversion of cellulose to hexitols with mesoporous carbon supported Ni - based bimetallic catalysts. Green Chemistry, 2012, 14 (3): 614-617.

[44] Han J W, Lee H. Direct conversion of cellulose into sorbitol using dual - functionalized catalysts in neutral aqueous solution. Catalysis Communications, 2012, 19: 115-118.

[45] Deng W, Tan X, Fang W, et al. Conversion of cellulose into sorbitol over carbon nanotube - supported ruthenium catalyst. Catalysis Letters, 2009, 133 (1-2): 167-174.

[46] Wang H, Lv J, Zhu X, et al. Efficient hydrolytic hydrogenation of cellulose on mesoporous HZSM-5 supported Ru catalysts. Topics in Catalysis, 2015, 58 (10-11): 623-632.

[47] Song Z, Wang H, Niu Y, et al. Selective conversion of cellulose to hexitols over bi - functional Ru - supported sulfated zirconia and silica - zirconia catalysts. Frontiers of Chemical Science and Engineering, 2015, 9 (4): 461-466.

[48] Xi J, Zhang Y, Xia Q, et al. Direct conversion of cellulose into sorbitol with high yield by a novel mesoporous niobium phosphate supported ruthenium bifunctional catalyst. Applied Catalysis A: General, 2013, 459: 52-58.

[49] Rinaldi R, Schüth F. Acid hydrolysis of cellulose as the entry point into biorefinery schemes. ChemSusChem, 2009, 2 (12): 1096-1107.

[50] Jiang C J. Hydrolytic hydrogenation of cellulose to sugar slcohols by nickel sals. Cellulose Chemistry and Technology, 2014, 48 (1): 75-78.

[51] Van De Vyver S, Geboers J, Dusselier M, et al. Selective bifunctional catalytic conversion of cellulose over reshaped Ni particles at the tip of carbon nanofibers. ChemSusChem, 2010, 3 (6): 698-701.

[52] Yang P, Kobayashi H, Hara K, et al. Phase change of nickel phosphide catalysts in the conversion of cellulose into sorbitol. ChemSusChem, 2012, 5 (5): 920-926.

[53] De Jong K P, Geus J W. Carbon nanofibers: catalytic synthesis and applications. Catalysis Reviews, 2000, 42 (4): 481-510.

[54] Shrotri A, Tanksale A, Beltramini J N, et al. Conversion of cellulose to polyols over promoted nickel catalysts. Catalysis Science & Technology, 2012, 2 (9): 1852-1858.

[55] Liang G, He L, Arai M, et al. The Pt-enriched PtNi alloy surface and its excellent catalytic performance in hydrolytic hydrogenation of cellulose. ChemSusChem, 2014, 7 (5): 1415-1421.

[56] Deng T, Liu H. Promoting effect of SnO_x on selective conversion of cellulose to polyols over bimetallic Pt-SnO_x/Al_2O_3 catalysts. Green Chemistry, 2013, 15 (1): 116-124.

[57] Deng T, Liu H. Direct conversion of cellulose into acetol on bimetallic Ni-SnO_x/Al_2O_3 catalysts. Journal of Molecular Catalysis A: Chemical, 2014, 388: 66-73.

[58] Ji N, Zhang T, Zheng M, et al. Direct catalytic conversion of cellulose into ethylene glycol using nickel-promoted tungsten carbide catalysts. Angewandte Chemie International Edition, 2008, 47 (44): 8510-8513.

[59] Pang J, Zheng M, Sun R, et al. Catalytic conversion of cellulosic biomass to ethylene glycol: effects of inorganic impurities in biomass. Bioresource Technology, 2015, 175: 424-429.

[60] Wang A, Zhang T. One-pot conversion of cellulose to ethylene glycol with multifunctional tungsten-based catalysts. Accounts of Chemical Research, 2013, 46 (7): 1377-1386.

[61] Zheng M, Pang J, Wang A, et al. One-pot catalytic conversion of cellulose to ethylene glycol and other chemicals: from fundamental discovery to potential commercialization. Chinese Journal of Catalysis, 2014, 35 (5): 602-613.

[62] Delidovich I, Hausoul P J C, Deng L, et al. Alternative monomers based on lignocellulose and their use for polymer production. Chemical Reviews, 2016, 116 (3): 1540-1599.

[63] Zheng M Y, Wang A Q, Ji N, et al. Transition metal-tungsten bimetallic catalysts for the conversion of cellulose into ethylene glycol. ChemSusChem, 2010, 3 (1): 63-66.

[64] Weng Y, Wang Y, Zhang M, et al. Selectively chemo-catalytic hydrogenolysis of cellulose to EG and EtOH over porous SiO_2 supported tungsten catalysts. Catalysis Today, 2022: https://doi.org/10.1016/j.cattod.2022.02.008.

[65] Liu Y, Luo C, Liu H. Tungsten trioxide promoted selective conversion of cellulose into propylene glycol and ethylene glycol on a ruthenium catalyst. Angewandte Chemie International Edition, 2012, 51 (13): 3249 – 3253.

[66] Liang G, He L, Cheng H, et al. The hydrogenation/dehydrogenation activity of supported Ni catalysts and their effect on hexitols selectivity in hydrolytic hydrogenation of cellulose. Journal of Catalysis, 2014, 309: 468 – 476.

[67] Zhang J, Lu F, Yu W, et al. Selective hydrogenative cleavage of C—C bonds in sorbitol using Ni – Re/C catalyst under nitrogen atmosphere. Catalysis Today, 2014, 234: 107 – 112.

[68] Li N and Huber G W. Aqueous – phase hydrodeoxygenation of sorbitol with Pt/SiO_2 – Al_2O_3: identification of reaction intermediates. Journal of Catalysis, 2010, 270 (1): 48 – 59.

[69] Xiao Z, Jin S, Sha G, et al. Two – step conversion of biomass – derived glucose with high concentration over Cu – Cr catalysts. Industrial & Engineering Chemistry Research, 2014, 53 (21): 8735 – 8743.

[70] Sun J, Liu H. Selective hydrogenolysis of biomass – derived xylitol to ethylene glycol and propylene glycol on supported Ru catalysts. Green Chemistry, 2011, 13 (1): 135 – 142.

[71] Sun R, Wang T, Zheng M, et al. Versatile nickel – lanthanum (Ⅲ) catalyst for direct conversion of cellulose to glycols. ACS Catalysis, 2015, 5 (2): 874 – 883.

[72] Tai Z, Zhang J, Wang A, et al. Temperature – controlled phase – transfer catalysis for ethylene glycol production from cellulose. Chemical Communications, 2012, 48 (56): 7052 – 7054.

[73] Delidovich I, Palkovits R. Catalytic isomerization of biomass – derived aldoses: a review. ChemSusChem, 2016, 9 (6): 547 – 561.

[74] Adams A, Polizzi V, Van Boekel M, et al. Formation of pyrazines and a novel pyrrole in maillard model systems of 1, 3 – dihydroxyacetone and 2 – oxopropanal. Journal of Agricultural and Food Chemistry, 2008, 56 (6): 2147 – 2153.

[75] Xiao Z, Jin S, Pang M, et al. Conversion of highly concentrated cellulose to 1, 2 – propanediol and ethylene glycol over highly efficient CuCr catalysts. Green Chemistry, 2013, 15 (4): 891 – 895.

[76] Liu H, Huang Z, Xia C, et al. Selective hydrogenolysis of xylitol to ethylene glycol and propylene glycol over silica dispersed copper catalysts prepared by a precipitation – gel method. ChemCatChem, 2014, 6 (10): 2918 – 2928.

[77] Girard E, Delcroix D, Cabiac A. Catalytic conversion of cellulose to C_2 – C_3 glycols by dual association of a homogeneous metallic salt and a perovskite – supported platinum catalyst. Catalysis Science & Technology, 2016, 6 (14): 5534 – 5542.

[78] Nguyen H, Nikolakis V, Vlachos D G. Mechanistic insights into Lewis acid metal salt – catalyzed glucose chemistry in aqueous solution. ACS Catalysis, 2016, 6 (3): 1497 – 1504.

[79] Wang Y, Deng W, Wang B, et al. Chemical synthesis of lactic acid from cellulose catalysed by lead (Ⅱ) ions in water. Nature Communications, 2013, 4: 2141.

[80] Xu G, Wang A, Pang J, et al. Remarkable effect of extremely dilute H_2SO_4 on the cellulose conversion to ethylene glycol. Applied Catalysis A: General, 2015, 502: 65-70.

[81] Zhang Y, Wang A, Zhang T. A new 3D mesoporous carbon replicated from commercial silica as a catalyst support for direct conversion of cellulose into ethylene glycol. Chemical Communications, 2010, 46 (6): 862-864.

[82] Rai N, Caratzoulas S, Vlachos D G. Role of silanol group in Sn-Beta zeolite for glucose isomerization and epimerization reactions. ACS Catalysis, 2013, 3 (10): 2294-2298.

[83] Hayashi Y, Sasaki Y. Tin-catalyzed conversion of trioses to alkyl lactates in alcohol solution. Chemical Communications, 2005 (21): 2716-2718.

[84] Holm Martin S, Saravanamurugan S, Taarning E. Conversion of sugars to lactic acid derivatives using heterogeneous zeotype catalysts. Science, 2010, 328 (5978): 602-605.

[85] Li G, Liu W, Ye C, et al. Chemocatalytic conversion of cellulose into key platform chemicals. International Journal of Polymer Science, 2018: 4723573.

[86] Sun R, Zheng M, Pang J, et al. Selectivity-switchable conversion of cellulose to glycols over Ni-Sn catalysts. ACS Catalysis, 2016, 6 (1): 191-201.

[87] Wang F F, Liu C L, Dong W S. Highly efficient production of lactic acid from cellulose using lanthanide triflate catalysts. Green Chemistry, 2013, 15 (8): 2091-2095.

[88] Tang Z, Deng W, Wang Y, et al. Transformation of cellulose and its derived carbohydrates into formic and lactic acids catalyzed by vanadyl cations. ChemSusChem, 2014, 7 (6): 1557-1567.

[89] Ooms R, Dusselier M, Geboers J A, et al. Conversion of sugars to ethylene glycol with nickel tungsten carbide in a fed-batch reactor: high productivity and reaction network elucidation. Green Chemistry, 2014, 16 (2): 695-707.

[90] Zhao G, Zheng M, Zhang J, et al. Catalytic conversion of concentrated glucose to ethylene glycol with semicontinuous reaction system. Industrial & Engineering Chemistry Research, 2013, 52 (28): 9566-9572.

第6章 生物质催化水热胺化为含氮化合物

刘怡璇，李明瑞，李早，张松党，李虎

贵州大学绿色农药与农业生物工程国家重点实验室培育基地和教育部重点实验室，生物质资源综合利用国家地方联合工程实验室，精细化工研究开发中心

含氮化合物广泛用于制备高级功能材料、医药、农药、营养品、纺织品、聚合物和表面活性剂[1-5]。在200种最高级的特殊药物中，80%以上是含氮分子，大多数顶级农药都含有氮骨架结构[1,6]，含氮化合物每年的全球市场价值超过500亿美元[7]。然而，大多数有机氮化学品目前来自化石资源。由于化石燃料价格上涨、库存减少以及日益严重的环境问题，人们将注意力集中在利用可再生生物质资源生产有机氮化学品的可能方法上[8-12]。

木质纤维素生物质是地球上最丰富的有机碳源，主要由纤维素、半纤维素和木质素组成。这些聚合物成分可以通过生物/化学催化和热过程进一步转化为生物质衍生的平台分子，如醇类、羰基和酚类化合物[13-16]。通常，将木质纤维素及其衍生物直接或进一步升级为高价值含氮化合物，需要通过与氨或胺反应结合生成N-官能团[7,17-21]。

用生物质废弃原料生产有机含氮化学品的传统技术路线是在高温下进行热解。由于天然生物质材料通常含有水，以及与大量水一起产生的平台化学品，通常需要额外的能源消耗来预干燥原材料。与热解相比，水热液化（HTL）等水热转化方法具有能直接与湿生物质反应、能耗低和生物质利用率高等优点[22]。重要的是当温度和压力接近374℃和22.1MPa的临界点时，过热水的反应性、介电常数、酸碱特性、溶解度和密度显著改变[23]。在加热条件下，水可以作为反应介质，其腐蚀性低于有机溶剂。与此相似，纤维素等生物高分子衍生物在氨水或胺水溶液中的HTL可以实现多种含氮化合物合成[21]。此外，许多有价值的含氮产品，如酰胺、氨基酸、脂肪胺、芳胺和N-杂环也可以通过天然固有氮化合物（如几丁质和蛋白质）及其衍生物（如N-乙酰-DG氨基葡萄糖和氨基酸）的水解降解。秸秆及其衍生聚合物（纤维素、半纤维素及木质素）或生物质衍生平台分子（如醇类、羰基类、酚类和脂肪酸）可以在外源氮中通过水热胺化来获得[24-26]生物质水热胺化制备含氮化学品示意见图6-1。

第6章 生物质催化水热胺化为含氮化合物

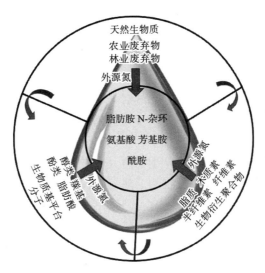

图6-1 生物质水热胺化制备含氮化学品示意

近年来,关于生物基含氮化合物的生产只发表了少量的综述文章,更多的关注点在于催化剂的设计和特定化学品 C—N 键形成的反应机制[18, 26, 27]。本章系统介绍了利用氨或胺等外源氮对秸秆等无氮生物质原料进行水热胺化和热解的最新技术进展,讨论了用于提高产品选择性和缓解水热条件的相关转化路线和加工策略。此外,还提出了生物质大规模升级为含氮化学品的挑战和前景。

6.1 天然生物质水热胺化

农业和林业废弃物可以通过热解分解为生物油、固体炭和不凝结气体。在该工艺中,生物质原料预处理不仅可以提高生物油的质量,还可以改变生物油的理化性质。氨烘预处理工艺可获得含有丰富氮元素的木质纤维素,进一步升级为多种含氮化合物[19, 28-31]。与常规热解相比,氨烘预处理热解具有许多优点:①随着氮含量的逐渐增加(如从 0.03% 增加到 7.59%),氧含量逐渐减少(如从 47.21% 减少到 23.99%),而且元素分布也发生了很大的变化,这主要是因为含氧化合物能与氨发生二羟基化和脱羧化反应[28]。②干氨烘预处理热解法可以大幅度提高生物油和生物气的产率,最高分别为 66.72% 和 35.43%[31]。③通过美拉德反应将含氧化合物转化为含氮化合物,从而提高生物油的稳定性。反应后产生大量的含 N-杂环化合物(如吡咯、吡啶和胺),最大收率约为 20%[28]。此外,在 Ga/HZSM-5 酸性催化剂上,生物质(如玉米芯）经氨预处理和快速热解可以选择性地得到乙腈[29]。④生物质预处理和氨热解可以得到具有显著电化学性能的 N 掺杂生物质炭。随着氨含量的增加，N 掺杂生物质炭中活性氮基团的数量相应增加，从而产生伪电容效应，进一步提高了 N 掺杂生物质炭电极的比电容[30]。在氨裂解过程中，NH_3 首先在高温下分解生成—NH_2 和·NH 自由基，然后与析出气体中的含氧物种（—C═O 和—OH）发生反应[30,31]。这种级联反应过程会生成相对少量的含氧化合物（如酮、醛和酸），但能促进含氮化学物质的形成。

与干氨烘预处理热解法相比，生物质（如玉米秸秆）在氨水中湿法预处理可得到含有较少酸和较多酚的生物油。热解过程可以在较低的温度下进行，湿法氨烘预处理法性能的提高可归因于以下四个主要原因[20]：①水的自电离产生水合氢离子，促使半纤维素脱乙酰生成乙酸，乙酸破坏了半纤维素与木质素之间的酯键。②氨水通过皂化反应加速了酯键的裂解。③半纤维素和木质素的单体可以进一步与氨水反应生成沉积物（如苯酚），从而显著提高其表面积和孔容。④湿法氨烘预处理使纤维素的结构松散、无定形，导致传热速度非常快，可以在低温下进行热解。因此，湿法氨烘预处理后的生物质热解可得到多种含氮化合物和酚类化合物。除氨水外，其他 N 源（如尿素、乙酸铵、三聚氰胺、硫酸铵）也可用于生物质预处理生产多种含氮杂环化合物[19,32]。对于 N 源浸渍预处理后的生物质（如稻壳和杨木）的热解，催化剂（如 Zn/HZSM-5）的存在可以提高对含氮化合物（如吲哚）的选择性，使其从 6.16% 增加到 13.51%[32]。

6.2　木质纤维素组分水热胺化

6.2.1　纤维素

纤维素是一种由 β-1,4-糖苷键连接的葡萄糖聚合物[33]。氨辅助湿法加热预处理的纤维素热解可得到多种含氮化合物[19]。氨水预处理后，纤维素结晶度明显降低，含氧化合物热解可通过脱羰和二羟基作用转化为含氮化合物。许多 N 源（如尿素、硫酸铵和磷酸二氢铵）和催化剂（如 Zn/HZSM-5 和 CoO_x/HZSM-5）适用于热解过程[11,32]。快速热处理尤其是快速热解过程中纤维素的 C—C、C—O、C═O、C—H 和/或 O—H 键同时断裂，随后与氨反应，得到大量不同氮含量的化合物，但是这些化合物的选择性较低，因此最终产物的产率也较低。

氨水替代水溶液时，纤维素 HTL 的主要产物是六类含氮化合物[21]。氨水对纤维素的结构和含氮化合物的分布有明显的影响，氨水会破坏纤维素的结晶度，使纤维素结构膨胀。这些变化促使纤维素转化为葡萄糖和平台分子，进而与氨结合得到各种含氮化合物。此外，氨处理的保留时间和温度也可以调节对含氮化合物的选择性[20, 32]。在约320℃下的相对较短时间内（约30min），吡嗪类和吡啶类衍生物是产物的主要成分。随着反应时间的延长（如90min），吡嗪类和吡啶类衍生物的含量明显呈先下降后逐渐增加的趋势，吡咯类衍生物的含量变化趋势则相反。有研究提出了纤维素在氨水中的HTL机理[32]，葡萄糖首先由纤维素水解得到，葡萄糖与氨的相互作用生成亚胺（C6），得到的亚胺可以裂解得到C4和C2物种，这些物种可以进一步反应生成吡咯、吡嗪、吡唑和吡啶衍生物。此外，这些简单的杂环化合物，如吡咯衍生物，还可以进一步反应生成苯并杂环。

6.2.2 半纤维素

半纤维素是由木糖、甘露糖、葡萄糖和半乳糖等不同单体通过α-1,4-糖苷键连接而成的异质聚合物[34]。半纤维素含有许多弱规则性的分支结构，结晶度较松散。因此，与纤维素相比，半纤维素的热解需要的温度相对较低。在热解过程中，氨预处理的半纤维素通过O-乙酰基和糖醛酸衍生物裂解生成小分子（如乙酸、糠醛和环戊酮）。通常，羰基与氨结合，通过美拉德反应和闭环反应生成含氮化合物（如吡咯、吡嗪、吡唑和吡啶）[19]。温度与半纤维素的热解产物分布密切相关，在相对较低的热解温度（如450℃）下，形成的主要含氮化合物为吡啶和含胺的吡咯衍生物，随着热解温度的升高（如850℃），胺化物会发生二次裂解[7, 28]。此外，半纤维素的HTL与内源性成分（如蛋白质）结合时也能生成含氮化合物[35]。作为一种典型的转化过程，蛋白质水解产生的氨基酸可以在热条件下与半纤维素衍生的羰基化合物组装得到吡咯衍生物。

6.2.3 木质素

木质素是由愈创木基、对羟基苯基和丁香基单元通过C—C键和C—O键不规则结合而成的酚醛聚合物。木质素解聚可以利用不同的N源（如胺、亚胺、羟胺等）来获得所需的含氮化合物[5, 36-38]。在氨气环境下，木质素可在ZnO/HZSM-5、HZSM-5、HY、ZnO/HY等沸石催化剂的存在下快速热解，直接生成苯胺、2-甲基苯胺、邻苯二胺和萘胺等芳香族胺。苯胺是芳香胺的主要产物，热条件下苯胺的选择性为87.3%。木质素热解产生的生物质炭废料可以进一步用于制备比表面积大的氮掺杂碳。经KOH处理后，N掺杂碳材料具有显著的电化学性能，比电容为128.4 F/g[17]。然而，由于木质素结构复杂、稳定，水热氨化直接转化为含氮化合物的研究目前还未见报道。

6.3 生物基平台分子水热胺化

前面已经说明了如何从生物聚合物原料中获得大量高价值的含氮化合物。底物范围可以扩展到生物质基平台分子合成含氮化合物（图 6-2）。生物质基平台分子直接与化学物质进行水热氨基化可以避免中间的能源密集型步骤。本部分介绍了近年来各种平台分子与氨或胺的水热胺化反应制备含氮化合物的研究进展。

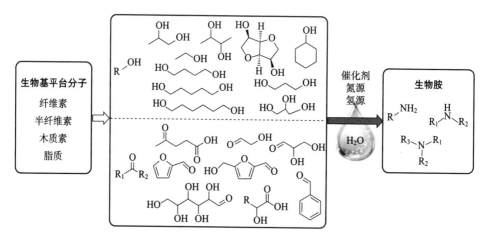

图 6-2　生物质基平台分子合成含氮化合物示意

6.3.1 醇类化合物

羟基是生物基质平台化学品中常见的一种官能团，它可以与高附加值的含氮化合物发生胺化和偶联反应。生物质平台分子水热胺化见表 6-1。一般来说，醇胺化过程包括两步，首先是亲核性基团攻击致羰基脱氢，然后与氨或胺发生缩合和加氢反应。考虑到整个反应过程没有外源氢损耗，乙醇胺化反应又称为转移氢化反应[18,39]。以氨水为氮源，在相对较低的温度下（如 150～180℃），经金属催化剂（如 Ir 络合物、Rh-In/C 和 Ru/C）催化得到生物质基伯胺（如环己醇、1,2-丙二醇和异甘露醇），但反应时间较长（如 24～160h）（表 6-1，第 1～3 项）[39-41]。相反，Pt 和 Pd 基催化剂对胺化反应几乎没有活性。结果表明，具有分子内氢质子转移活性的金属催化剂有利于内源醇类转化为胺类化合物。

第6章 生物质催化水热胺化为含氮化合物

表6-1 生物质平台分子水热胺化

项	平台分子	反应条件	催化剂	产物	产率/%	参考文献
1	环己醇	150℃,40h	Ir NHC 络合催化物	环己胺	78	[39]
2	1,2-丙二醇	180℃,5MPa H_2,160h	Rh-In/C	氨基醇	25	[40]
3	异甘露醇	180℃,1MPa H_2,24h	Ru/C	胺	51	[41]
4	异甘露醇	170℃,1MPa H_2,6h	Ru/C	胺	45	[42]
5	乙醇	170℃,1MPa H_2,6h	Ru/C	乙胺、二乙胺和三乙胺	80(转化率)	[42]
6	1,5-戊二醇	170℃,1MPa H_2,6h	Ru/C	六氢吡啶	90(转化率)	[42]
7	2,3-丁二醇	170℃,1MPa H_2,6h	Ru/C	—	10(转化率)	[42]
8	甘油	200℃;H_2	Raney Co or Raney Ni	1,2,3-丙三胺和1,2-二氨基-3-丙醇	30	[43]
9	甘油	230℃;85℃,7.6MPa H_2	$Cu_2Cr_2O_5$;Ni	2-二氨基-1-丙醇	50.5	[44]
10	糠醛	100℃,0.4MPa H_2,2h	Ru-PVP/HAP	糠胺	60	[45]
11	羟乙醛	75℃,3.0MPa H_2,12h	Ru/ZrO_2-150	乙醇胺	93	[46]
12	羟乙醛	55℃,2.0MPa H_2,6h	Ru/ZrO_2-150	3-氨基-1,2-丙二醇	82	[46]
13	5-甲基呋喃醛	85℃,2.0MPa H_2,2h	Ru/ZrO_2-150	5-甲基糠胺	61	[46]
14	糠醛	80℃,2MPa H_2,2h	Ru/C	仲胺	97.9(选择性)	[47]
15	糠醛	80℃,2MPa H_2,2h	Rh/Al_2O_3	糠胺	92(选择性)	[47]
16	苯甲醛	RT,6h,HCOOH	Ir 络合催化剂	芳香二级胺	95	[48]
17	5-羟甲基糠醛	100℃,0.1MPa H_2,6h	Ni_6AlO_x	5-氨基甲基-2-呋喃甲醇	99	[49]
18	乙酰丙酸	130℃,16h,HCOOH	Au/ZrO_2-VS	5-甲基-2-吡咯酮	85	[50]
19	乙酰丙酸	130℃,12h,HCOOH	Au/ZrO_2-VS	1-苄基-5-甲基吡咯烷-2-酮	97	[50]
20	乙酰丙酸	80℃,1h,HCOOH	Ir 络合催化剂	1-(4-甲氧基苯基)-5-甲基吡咯烷-2-酮	94	[51]
21	乙酰丙酸	60℃,17h,HCOOH	Ir3	5-甲基-1-苯基吡咯烷-2-酮	97	[52]
22	5-氧代己酸	100℃,17h,HCOOH	Ir3	6-甲基-1-苯基哌啶-2-酮	91	[52]

(续)

项	平台分子	反应条件	催化剂	产物	产率/%	参考文献
23	葡萄糖	170℃,2h;60℃,16h	H_2SO_4;Ir3	1-苯基-2-吡咯烷酮	23	[52]
24	DL-苹果酸	220℃,1MPa H_2,2h	Ru/CNT	天冬氨酸	27	[53]
25	α-羟基酸	220℃,1MPa H_2,2h	Ru/CNT;Ni	α-氨基丁酸	73	[53]
26	葡萄糖	180℃,15min		4-甲基咪唑	15.3	[54]
27	葡萄糖	180℃,15min	氧化钨铵	2-甲基吡嗪	25.6	[54]
28	葡萄糖	320℃,60min	—	吡嗪衍生物	84.2	[55]
29	苯酚	100℃,16h	Pd/C	N-苄基苯胺	60	[56]
30	苯酚	100℃,16h	Pd/C	N-丁基苯胺	46	[56]
31	芳烃	RT,16h	$FeSO_4$	苯胺类化合物	82	[57]

一般来说,水热法胺化反应对相应二胺的选择性较低,这是由于金属催化剂与二胺配位后失活所致。在 Ru 催化剂中,固体载体类型和共载金属物种会影响其在水热氨化反应中的催化性能[42]。相比于 Ru 负载材料,经双金属催化剂(即 Ru-Fe、Bi、Pd、Ni、Pt、Sn 或 Ga)作用得到二元胺和总胺的产率较低(分别<5%、25%),Ru/C 催化剂对异甘露醇的胺化反应具有显著的促进作用,表现出较好的活性(转化率56%)和产率(45%)(表6-1,第4项)。Ru/C 催化剂也适用于在水中与氨水反应,从各种醇中得到功能胺(转化率为10%~90%)(表6-1,第5~7项)[42]。因此,进一步开发生产生物质二胺的工艺需要开发更高效、成本更低的金属催化剂。

除了单醇和二醇外,多元醇也可以参与水热胺化反应,但羟基越多,反应越复杂。例如,甘油是一种廉价易得的三元醇,它可以被 Raney Co 或 Raney Ni 催化与氨水和氢气反应,在 200℃下得到含氮化合物(表6-1,第8项)[43]。整个反应过程包含了级联脱氢、胺化、氢化和环化。由于底物中的每个羟基都可以与氨基结合,因此在 Raney Co 或 Raney Ni 催化下得到的产物主要是1,2-二氨基-3-丙醇和1,2,3-三氨基丙烷。相反,$Cu_2Cr_2O_5$ 催化剂在85℃低温条件下,通过顺序脱水、酮烯醇互变异构以及甘油与氨水的胺化反应过程(表6-1,第9项),从而促进2-氨基-1-丙醇的生成(产率约为50.5%)[44]。此外,在高温下发生的环化反应可以产生大量的哌嗪衍生物[43]。

6.3.2 羰基化合物

在有氨源和氢源存在的情况下,生物质羰基还原胺化是生产胺化物最常用的方法。糠醛、5-羟甲基糠醛、乙醇醛、乙酰丙酸和 α-羟基酸是主要的生物质基羰基化合物，它们可以高度转化为含氮化合物。Nishimura 等报道了使用 Ru-PVP/HAP 催化剂在 0.4MPa H_2 和 100℃下，使糠醛与氨经还原胺化生成糠胺（产率 60%）（表 6-1，第 10 项）[45]。其他伯胺如乙醇胺、3-氨基-1,2-丙二醇、5-甲基呋喃胺和苄胺（产率 61%~93%）可通过 Ru/ZrO_2 催化剂在氨水中部分还原胺化得到（表 6-1，第 11~13 项）[46]。Ru/ZrO_2 是水热胺化反应的双功能催化剂，RuO_2 作为酸性促进剂促进羰基胺化反应，Ru(0) 作为活性位点促进亚胺化反应。此外，水分子在亲氧 Ru 表面的共吸附可能降低反应能垒，水的解离可以提高金属表面氢原子的浓度，这两者都是该催化剂具有显著催化性能的原因[58]。与之形成鲜明对比的是，在相同的氮源和氢源条件下，Ru/C 催化剂在 80℃下可得到 97.9% 的仲胺（表 6-1，第 14 项）[47]。结果表明，Ru 的用量、粒径和氧化价态对其催化胺化活性和选择性有重要影响。

除 Ru 催化剂外，其他金属催化剂也能有效地利用水热法使生物质醛/酮经胺化制备含氮化合物。Chatterjee 等开发了 Rh/Al_2O_3 作为催化剂，在 2MPa H_2 的氨水溶液中，在 80℃下高选择性生产糠胺（产率约 92%）（表 6-1，第 15 项）[47]。在室温下，Ir 络合催化剂能够促使糠醛与不同胺化物在水中的还原胺化，反应 6h 后生成芳香二级胺（表 6-1，第 16 项）[48]。Yuan 等发现，在非贵金属催化剂 Ni_6AlO_x 的作用下，在 100℃和 0.1MPa H_2 下反应 6h，5-羟甲基糠醛与氨水经还原胺化反应得到 5-氨基甲基-2-呋喃甲醇的产率为 99%（表 6-1，第 17 项）[49]。Ni_6AlO_x 催化体系具有很高的通用性，可用于生产各种含氮化合物（产率 76%~90%）。

据报道，糖基乙酰丙酸可以在催化剂的作用下转化为含氮化合物[59-61]。然而，葡萄糖转化为乙酰丙酸化合物往往伴随着大量的水生成。如果用水作为下游反应的溶剂，将大大简化转化过程。使用 Au/ZrO_2-VS 作为催化剂，乙酰丙酸与氨或伯胺还原胺化反应得到吡咯烷酮衍生物，在 130℃的水中以甲酸为氢源，得到了较高的产率（85%~97%）（表 6-1，第 18~19 项）[50]。此外，乙酰丙酸与苯胺、甲酸在 Ir 络合催化剂协助下，在温和条件中缩合可得到一系列产率高的吡咯烷酮衍生物（94%~97%）（表 6-1，第 20~21 项）[51, 52]。其他羰基酸，如 5-氧代己酸和 2-邻甲酰苯甲酸，也可以转化为哌啶酮和 N-芳基异吲哚酮衍生物，且产率较高（表 6-1，第 22 项）。有趣的是，在硫酸和 Ir3 的催化下，葡萄糖和苯胺可直接一锅制得 N-苯基吡咯烷酮（产率 23%）（表 6-1，第 23 项）[52]。

6.3.3 单糖化合物

葡萄糖也可以作为一种可持续的底物，通过单步法在氨溶液中直接生产含氮化合物。在无催化剂的情况下，葡萄糖在氨水中180℃反应15min得到的主产物4-甲基咪唑（产率15.3%），副产物2-甲基吡嗪（产率7.8%）及其衍生物（总产率≤2%）（表6-1，第26项）[54]。而使用氧化钨铵作为催化剂时，2-甲基吡嗪的收率显著提高到25.6%，其他产物的分布变化不大（表6-1，第27项）。钨催化剂之所以具有如此优异的性能，主要是因为其具有优异的裂解葡萄糖C—C键得到短链片段的活性。小型钨团簇如[HW_2O_7]$^-$和[W_4O_{13}]$^{2-}$是活性物质，可促进葡萄糖中C—C键的裂解和随后环化生成吡嗪环等过程。然而，无论是非均相WO_3还是单钨物种（如WO_4^{2-}）都不是真正的催化物种。此外，其他糖类如麦芽糖、纤维二糖、葡萄糖胺、果糖、木糖等也可转化为2-甲基吡嗪（产率高达23.3%）。葡萄糖的HTL在320℃下以亮氨酸替代氨作为氮源，同样可以经过美拉德反应得到吡嗪衍生物（产率84.2%）（表6-1，第28项）[55]。

6.3.4 其他平台分子

研究人员还开发了其他木质纤维素生物质衍生的平台分子（如酚、芳烃和呋喃）用于生产含氮化学品。以Pd/C为催化剂，以$K_2S_2O_5$和HCO_2NH_4为添加剂，在100℃下水热反应16h，苯酚与单胺化物经水热反应可得到芳基胺（产率为46%～60%）（表6-1，第29～30项）[56]。酚类也能与二胺化物反应生成喹喔啉衍生物。在反应过程中，HCO_2NH_4作为还原剂活化Pd催化剂，$K_2S_2O_5$与水的相互作用促进了环己酮中间体的生成。此外，在$MeCN/H_2O$中，具有不同取代基的芳烃在$FeSO_4$上与$MsONH_3OTf$发生C—H胺化反应，可以得到不同的苯胺（表6-1，第31项）[57]。胺化试剂$MsONH_3OTf$能够使胺基基团具有更高的亲电能力，并通过使铵取代基失活来保护芳环不被过度胺化。此外，呋喃与苯胺在酸性催化剂（如H-Y沸石Hf/SBA-15）的催化下能够直接反应得到N-取代吡咯，不需要任何添加剂，甚至不需要溶剂[62,63]。这些研究为水热胺化法工业化生产生物质基含氮化学品奠定了理论基础。

6.4 水热胺化法反应机理

无氮生物质胺化的主要机理如图6-3所示，包括醇类的借氢胺化或氨解以及羰基的还原胺化。在这些水热过程中可获得多种含氮化合物，但非选择性转化途径导致各种产物的产量均较低。因此，对无氮生物质水热胺化反应的选择性进行了研究。湿法氨烘预处理过程可以从生物质中得到多种含氮化合物，而催化剂的添加（如Zn/HZSM-5）可以增强对含氮化合物（如乙腈）的选择性[32]。此外，通过控制保留时间和温度也可以调节对含氮化合物的选择性[20,21,32]。在脂质 HTL 过程中，升高温度也可以通过氨化促进脂肪酸酰胺的生成[22]。与生物聚合物衍生物相比，利用外部氮源，生物基平台分子的水热胺化反应可以在相对温和的条件下发生。

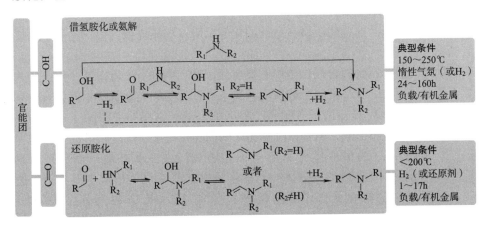

图 6-3 无氮生物质胺化的主要机理

6.5 生物质热解

除了水热胺化法，生物质热解技术也有助于减少对化石燃料的依赖，实现 CO_2 减排，现已成为生物质规模化利用最具有前景的技术之一。生物质燃烧 NO_x 排放与雾霾形成有直接关系。为了满足日益严格的环境标准和实现生物质 N 通过热解进行升值转化，研究和预测生物质热解过程中燃料氮的转化是至关重要的，也是研究生物质燃烧过程中 NO_x 和 N_2O 的形成和还原的一个挑战。

氮在生物质中主要以蛋白质/氨基酸的形式存在。不同种类的生物质对氮转化为腈、胺、酰胺和 N-杂环等化合物有不同的选择性。通过热解富氮生物质生产含氮化学品可能更有前途。在制药和聚合物工业中化学品如吡啶、喹啉和吲哚是重要的前体和重要的中间成分。富含这些或其他高价值化学品的生物质炭和生物油可作为进一步升级的原料。在生物质热解过程中，温度、升温速率、生物质颗粒尺寸、热解气氛和矿物质等热解参数是 N 转化的主要影响因素。综合考虑氨基酸与生物质中主要成分（纤维素、半纤维素、木质素和矿物质）之间的相互作用，对预测生物质氮转移行为具有重要意义。

6.5.1 热解产物中的含氮化合物

生物质热解是制备含氮化合物的重要方法之一，生物质热解主要以生物质炭、生物油和气体为主要产物。大部分研究认为生物质在热解过程中首先会脱除一些小分子物质（如 H_2O 等），之后便开始分解释放出挥发分。在此期间，生物质中的 N 一部分将进入挥发分中形成挥发分氮，其中有大分子生物油氮和小分子气相氮（主要是 NH_3、HCN 和 HNCO），另一部分将留在热解炭中成为生物质炭氮。这些物质将在后续的化学反应（如燃烧或气化）过程中生成氮氧化合物或氮气[64-66]。

生物质热解产生的含氮化合物主要包括了胺、腈和 N-杂环等。胺主要来源于蛋白质衍生的氨基酸的脱羧反应。NH_3/HCN 与脂类裂解产生的含有较高活性 O-物种（O—C—O、—OH 和—COOH）的长链脂肪酸中间体之间的反应有助于胺和酰胺形成。氨基酸和糖类之间的美拉德反应也是胺形成的可能途径[31]。亚胺和 α-内酰胺主要来源于伯胺脱氢以及二酮哌嗪（DKP）的热解[67]。微生物细胞和叶绿素热解则可能形成酰胺[68]。腈的形成主要有三种途径，即氨基酸的热解、胺/酰胺/亚胺的脱氢/脱水反应和杂环的开环反应[67-69]。N-杂环主要包括吡咯、吲哚、吡唑、咪唑、吡啶、吡啶酮、嘧啶、吡嗪、喹啉和哌嗪等。蛋白质中两个相邻的氨基酸容易环化形成哌嗪，虽然哌嗪不稳定，但哌嗪的脱水反应是其他稳定氮杂环形成的主要途径之一[70]。氨基酸的直接裂解、长链脂肪族氨基酸的环化、美拉德反应、半焦产物中 N-杂环基团的二次裂解，以及胺/酰胺的环化/二聚化也是形成 N-杂环的重要途径[71]。

6.5.2 影响生物质转化为含氮化合物的主要因素

（1）生物质成分。生物质种类多样，N 在其中的含量及分布有很大差异。含氮化合物的产量以及转化路径与 N 在生物质中的存在形态有关，即与生物质所含的蛋白质、糖类和脂质等有关。不同的生物质成分会导致热转化的不同变化[72]，生物质中的 N 主要集中在蛋白质中，即蛋白质热解是含 N 化合物的主要来源。因此生物质热解产生的含氮化合物的量普遍与生物质中蛋白质的量呈正相关[73]。在热解过程中，蛋白质受温度的影响导致肽键断裂和官能团发生转换，从而形成各种含氮化合物。蛋白质与脂质共热解时，脂质与氨基酸或 NH_3 反应促进酰胺的生成，酰胺进一步脱水生成腈[74]。除此之外，木质纤维素生物质热解过程中引入胺源诱导发生美拉德反应可以生成更多含 N 化合物。在 800℃的热解温度下，木质素可降解得到大量含羰基的化合物，从而促进羰基与胺基之间的美拉德反应并获得更稳定的含 N 杂环化合物[64,75]。

与工业废弃物相比，农业生物质热解产生的炭-N 产量较高，NH_3-N 产量较低，表明了不同燃料-N 稳定性和氮转化趋势。一般来说，许多研究都集中在非木质纤维素生物质的热解氮转化，如污水污泥、抗生素残渣、食物垃圾

第6章 生物质催化水热胺化为含氮化合物

和几种模型化合物,它们具有相对较高的 N 含量(约 >3%)和潜在的 NO_x 排放[76-79]。而木质生物质和农业秸秆作为固体生物质燃料的重要原料,并没有得到足够的重视。虽然木材(0.1%~1.0%)和秸秆(0.3%~3.5%)的 N 含量较低,但从它们的燃烧中可以得到高转化率的燃料 N 与 NO_x-N[80,81]。木质生物质普遍含有丰富的木质素,而秸秆生物质含有较高的纤维素和灰分含量,这导致热解产物中的得到的燃料 N 有不同的选择性演化路径。因此,研究生物质热处理过程中含 N 产物还原为单质氮而非氧化为 NO_x 的过程,对深入了解木质和秸秆生物质中 N 迁移行为具有重要意义。

(2) 热解温度。热解温度是显著影响生物质热解产物产率/性质的反应参数。通常在 150℃ 左右就能检测到 NH_3 和 HCN 的产生。但 NH_3 和 HCN 在低温时生成量都很小。随着热解温度逐渐升高,NH_3 和 HCN 的生成量快速增加,HCN 的增速甚至比 NH_3 的增速更快。NH_3 的量在 800℃ 时达到峰值,温度继续升高,NH_3 的生成量开始下降。研究者认为热解后期焦油大分子的二次热解产生了大量 HCN。所以热解达到 900℃ 时,HCN 产率可达 40%[82,83]。

生物质热解产生的胺和酰胺的量随温度上升的过程中氨基酸的脱羧或酸与 NH_3/伯胺等反应的发生而逐渐增加,并在 500℃ 达到峰值。而当热解温度大于 500℃ 时,胺/酰胺的生成量急剧下降。另外,N-杂环和腈的含量先稳定后急剧增加,这可能是因为部分胺和酰胺分别通过胺/酰胺的环化/二聚化和脱氢/脱水反应转化为 N-杂环和腈[84]。高温下有利于焦炭中 N-杂环的二次裂解,也有助于生物油中 N-杂环的增加。较高的温度也有利于 N-杂环的开环以生成腈。在高达 800℃ 的温度下,由于裂解反应,生物油中的 N-杂环和腈的含量降低,产生 NH_3 和 HCN[85]。

(3) 升温速率。生物质慢速热解似乎有利于腈、酰胺和吲哚的形成,这可能是由于热解蒸汽的保留时间延长[86]。此外,慢速和快速热解的热解动力学也有一些不同。在缓慢热解过程中,NH_3 和 CO_2 或羧酸(通过脱氨)和胺(通过脱羧)的产量稳步增加,并在 5~10min 内达到峰值;之后,HCN 和腈的生成变得显著,这意味着胺/酰胺/亚胺的脱氢/脱水反应增加。当温度高达 700~800℃ 时,某些氨基酸也会发生直接裂解。然而,在快速热解过程中,除 NH_3 和 HCN 的生成速率保持稳定之外,HCN 的生成速率也在稳步增加[87]。这一现象表明,快速热解过程中的反应较为强烈,以直接裂解为主。相比之下,在缓慢热解中,二次裂解也是一条重要途径。

(4) 热解气氛。生物质热解需要在无氧/缺氧的环境中进行,所以惰性气氛的使用是必要的。在惰性气氛中加入 NH_3 作为反应气氛可显著提高生物油中含氮化合物的含量。与纯 Ar 气氛相比,生物质在 $Ar:NH_3=9:1$(体积比)气氛中热解产生的生物油中 N-杂环或 O-杂环的含量分别从 2.8% 增加到

27.5%、从0增加到28.7%。这是NH_3与生物质源组分相互作用的结果[88]。由于O_2的氧化作用，在反应气氛中加入少量O_2（$Ar:O_2=19:1$）（体积比）能在低温下促进生物质（如苯丙氨酸）热解生成NO和HNCO。将O_2换为CO_2时，DKP的形成和裂解受到抑制，导致HCN、HNCO和NO的形成明显受到阻碍[64]。

（5）燃料粒径。生物质燃料的粒径大小对传热有很大的影响，从而间接影响热解温度的升温速率。粒径小于$590\mu m$的木屑升温速率为$2\,200℃/s$，远高于粒径为$590\sim1\,000\mu m$（$450℃/s$）和$1\,000\sim1\,400\mu m$（$200℃/s$）的木屑升温速率。仅仅是在热解产生的生物油中，燃料尺寸较小的木屑得到的生物油中氮含量（3.73%）远远高于较大木屑（1.44%~1.70%）[89]。另外，不同粒径的生物质组成的差异也会导致生物油中N含量的差异。例如，芦苇金丝雀草和柳枝稷等草本植物的粒径小于$90\mu m$热解得到的生物油中N的含量分别为0.47%和0.23%，远高于粒径大于$90\mu m$的热解原料（氮含量<0.04%）[90]。

（6）矿物质。矿物质是生物质的重要组成部分，主要包括金属氧化物、可溶性金属盐、非金属氧化物等。K、Na、Mg、Ca等元素常以可溶性无机盐的状态存在于细胞内，对生物质热解行为及产物分布有显著影响。钙、铁盐在污泥中的含量较高，通常可用来做污泥的脱水剂和调理试剂[91]。木质纤维素及能源作物中重金属含量也很高。这些组分可以催化含氮化合物在生物质热解过程中的转化[92]。

蛋白质、脯氨酸和苯丙氨酸作为模型化合物进行热解时，Fe/Ca的加入能够显著影响NH_3的还原和HCN的释放，使得NH_3和Fe生成FeN_x，HCN被$Ca(OH)_2$固定形成CaC_xN_y，从而达到控制NO_x排放的目的[93]。1.0% Cu污染的杉木木屑生物质在Cu的有效催化下热解产生的生物油和HHV比未被Cu污染的提高了至少20%，但生物油中的氮含量略有降低。随着Cu含量增加到2%，生物油中N含量也从0.24%增加到了0.54%[94]。用醋酸钙催化污泥热解导致N在炭中的滞留量增加，减少了生物油中N物种的形成，但增加了生物油中的N产量[95]。这些研究结果表明，矿物质对生物质热解过程中N的迁移和转化的影响是复杂的。

6.6 小结与展望

对于生物质聚合物衍生物，木质纤维素和脂类是很有希望的碳源，可以通过与外源氮物种的反应生产含氮化学品，但这些聚合物具有高疏水性、不溶于水、无法与试剂接触、在温和条件下不反应等缺点。因此，开发绿色高效的生物质预处理方法，使用可持续溶剂和合适的催化剂，是一种既能破坏生物聚合物单元间化学键，又能防止生成的单体和寡聚物的再聚合的可行方法，能够提高后续胺化反应的效率。通过对聚合物进行预处理和引入额外氮源可以提高含氮物的产率。然而，这些聚合物衍生物的水热胺化反应受到多种因素的影响。在这里，我们给出了以下一些建议：①设计具有与反应体系及工艺相匹配的催化材料有助于提高转化性能。②利用合成化学法，有针对性地构建多条级联反应路线，以提高转化过程和形成产物分布的可预测性。③可引入计算机模拟和更新的办公处理工具，对所涉及的操作参数进行综合优化，避免人为疏忽，提高工作效率。④在操作或原位表征技术和理论计算的帮助下了解反应机理，进而指导催化剂的制备和转化途径的调控。⑤得到的生物聚合衍生物的纯度也要注意，它会直接影响下游产品的质量。除了开发有效的分离方法外，还需要更可靠和更方便的表征和分析方法来检测副产物的残留。

通过水热胺化结合其他级联反应，可以将多种生物质衍生平台分子催化升级为相关的性能优良的含氮化合物。贵金属催化剂（如 Ru）主要用于平台分子（如醇和羰基）在水中的胺化，其中共吸附水能降低金属活化能垒，水的解离可以提高局部氢化物浓度。然而，生物质基醇及羟基衍生物的胺化反应仍需要较高的反应温度，这往往不利于产品的选择性。此外，单糖（葡萄糖）含有多个官能团，不同反应的共发生导致对含氮化合物的选择性较低。值得注意的是，反应时间长、添加剂浓度高等恶劣的反应条件不利于工业生产。除了进行参数优化外，开发低成本、高效的低温水热胺化特定官能团催化剂有助于提高对含氮化学品的选择性。同样，更好地了解所涉及的反应机制和途径是指导和改善当前转化过程的有效途径。此外，在充分考虑废弃物计量和处理的基础上，开发环保型添加剂或无添加剂反应系统有利于节能减排，从而提高生物质资源在含氮化学品多工序生产中的利用率。

另外，生物质的有效预处理、多种工艺参数对生物质热解制备含氮化合物的影响、生物质热解时氮转化的反应机理、反应动力学和预测模型、有效催化热解反应的催化剂的制备与创新等也是进一步提高生物质热解过程中氮升值转化的研究方向。

参 考 文 献

[1] Jagadeesh Rajenahally V, Murugesan K, Alshammari Ahmad S, et al. MOF-derived cobalt nanoparticles catalyze a general synthesis of amines. Science, 2017, 358 (6361): 326-332.

[2] Hülsey M J, Yang H, Yan N. Sustainable routes for the synthesis of renewable heteroatom-containing chemicals. ACS Sustainable Chemistry & Engineering, 2018, 6

(5): 5694-5707.

[3] Yan N, Wang Y. Catalyst: Is the amino acid a new frontier for biorefineries? Chem, 2019, 5 (4): 739-741.

[4] Maschmeyer T, Luque R, Selva M. Upgrading of marine (fish and crustaceans) biowaste for high added-value molecules and bio (nano)-materials. Chemical Society Reviews, 2020, 49 (13): 4527-4563.

[5] Li H, Bunrit A, Li N, et al. Heteroatom-participated lignin cleavage to functionalized aromatics. Chemical Society Reviews, 2020, 49 (12): 3748-3763.

[6] Li H, Guo H, Su Y, et al. N-formyl-stabilizing quasi-catalytic species afford rapid and selective solvent-free amination of biomass-derived feedstocks. Nature Communications, 2019, 10 (1): 699.

[7] Xu L, Shi C, He Z, et al. Recent advances of producing biobased N-containing compounds via thermo-chemical conversion with ammonia process. Energy & Fuels, 2020, 34 (9): 10441-10458.

[8] Ge J, Song Q, Jia Y, et al. Reaction: A new option for producing amino acids from renewable biomass? Chem, 2019, 5 (4): 742-743.

[9] Ni J, Li Q, Gong L, et al. Highly efficient chemoenzymatic cascade catalysis of biomass into furfurylamine by a heterogeneous shrimp shell-based chemocatalyst and an ω-transaminase biocatalyst in deep eutectic solvent-water. ACS Sustainable Chemistry & Engineering, 2021, 9 (38): 13084-13095.

[10] Zhang P, Liao X, Ma C, et al. Chemoenzymatic conversion of corncob to furfurylamine via tandem catalysis with tin-based solid acid and transaminase biocatalyst. ACS Sustainable Chemistry & Engineering, 2019, 7 (21): 17636-17642.

[11] Zhang Y, Yuan Z, Hu B, et al. Direct conversion of cellulose and raw biomass to acetonitrile by catalytic fast pyrolysis in ammonia. Green Chemistry, 2019, 21 (4): 812-820.

[12] Gong L, Xiu Y, Dong J, et al. Sustainable one-pot chemo-enzymatic synthesis of chiral furan amino acid from biomass via magnetic solid acid and threonine aldolase. Bioresource Technology, 2021, 337: 125344.

[13] Di J H, Gong L, Yang D, et al. Enhanced conversion of biomass to furfurylamine with high productivity by tandem catalysis with sulfonated perlite and ω-transaminase whole-cell biocatalyst. Journal of Biotechnology, 2021, 334: 26-34.

[14] Feng X Q, Li Y Y, Ma C L, et al. Improved conversion of bamboo shoot shells to furfuryl alcohol and furfurylamine by a sequential catalysis with sulfonated graphite and biocatalysts. RSC Advances, 2020, 10 (66): 40365-40372.

[15] Feng X, Zhang L, Zhu X, et al. A hybrid catalytic conversion of corncob to furfurylamine in tandem reaction with aluminium-based alkaline-treated graphite and ω-transaminase biocatalyst in γ-valerolactone-water. Catalysis Letters, 2021, 151 (6):

1834-1841.

[16] Liao X L, Li Q, Yang D, et al. An effective hybrid strategy for conversion of biomass into furfurylamine by tandem pretreatment and biotransamination. Applied Biochemistry and Biotechnology, 2020, 192 (3): 794-811.

[17] Xu L, Yao Q, Zhang Y, et al. Integrated production of aromatic amines and N-Doped carbon from lignin via ex situ catalytic fast pyrolysis in the presence of ammonia over zeolites. ACS Sustainable Chemistry & Engineering, 2017, 5 (4): 2960-2969.

[18] Pelckmans M, Renders T, Van De Vyver S, et al. Bio-based amines through sustainable heterogeneous catalysis. Green Chemistry, 2017, 19 (22): 5303-5331.

[19] Li K, Zhu C, Zhang L, et al. Study on pyrolysis characteristics of lignocellulosic biomass impregnated with ammonia source. Bioresource Technology, 2016, 209: 142-147.

[20] Hu J, Jiang B, Wang J, et al. Physicochemical characteristics and pyrolysis performance of corn stalk torrefied in aqueous ammonia by microwave heating. Bioresource Technology, 2019, 274: 83-88.

[21] Xu Z X, Cheng J H, He Z X, et al. Hydrothermal liquefaction of cellulose in ammonia/water. Bioresource Technology, 2019, 278: 311-317.

[22] Hao B, Xu D, Jiang G, et al. Chemical reactions in the hydrothermal liquefaction of biomass and in the catalytic hydrogenation upgrading of biocrude. Green Chemistry, 2021, 23 (4): 1562-1583.

[23] Chen W H, Lin B J, Huang M Y, et al. Thermochemical conversion of microalgal biomass into biofuels: A review. Bioresource Technology, 2015, 184: 314-327.

[24] Yang H, Gözaydın G, Nasaruddin R R, et al. Toward the shell biorefinery: processing crustacean shell waste using hot water and carbonic acid. ACS Sustainable Chemistry & Engineering, 2019, 7 (5): 5532-5542.

[25] Chen X, Song S, Li H, et al. Expanding the boundary of biorefinery: organonitrogen chemicals from biomass. Accounts of Chemical Research, 2021, 54 (7): 1711-1722.

[26] Wang Y, Furukawa S, Fu X, et al. Organonitrogen chemicals from oxygen-containing feedstock over heterogeneous catalysts. ACS Catalysis, 2020, 10 (1): 311-335.

[27] He J, Chen L, Liu S, et al. Sustainable access to renewable N-containing chemicals from reductive amination of biomass-derived platform compounds. Green Chemistry, 2020, 22 (20): 6714-6747.

[28] Ma Z, Zhang Y, Li C, et al. N-doping of biomass by ammonia (NH_3) torrefaction pretreatment for the production of renewable N-containing chemicals by fast pyrolysis. Bioresource Technology, 2019, 292: 122034.

[29] Zhang X, Yuan Z, Yao Q, et al. Catalytic fast pyrolysis of corn cob in ammonia with Ga/HZSM-5 catalyst for selective production of acetonitrile. Bioresource Technology, 2019, 290: 121800.

[30] Chen W, Li K, Xia M, et al. Influence of NH₃ concentration on biomass nitrogen - enriched pyrolysis. Bioresource Technology, 2018, 263: 350 - 357.

[31] Chen W, Chen Y, Yang H, et al. Investigation on biomass nitrogen - enriched pyrolysis: Influence of temperature. Bioresource Technology, 2018, 249: 247 - 253.

[32] Zheng Y, Wang Z, Liu C, et al. Integrated production of aromatic amines, aromatic hydrocarbon and N - heterocyclic bio - char from catalytic pyrolysis of biomass impregnated with ammonia sources over Zn/HZSM - 5 catalyst. Journal of the Energy Institute, 2020, 93 (1): 210 - 223.

[33] Jiang M, Bi D, Wang T, et al. Co - pyrolysis of cellulose and urea blend: Nitrogen conversion and effects of parameters on nitrogenous compounds distributions in bio - oil. Journal of Analytical and Applied Pyrolysis, 2021, 157: 105177.

[34] Li Y, Zhou X, Wu H, et al. Nanospheric heterogeneous acid - enabled direct upgrading of biomass feedstocks to novel benzimidazoles with potent antibacterial activities. Industrial Crops and Products, 2020, 150: 112406.

[35] Madsen R B, Bernberg R Z K, Biller P, et al. Hydrothermal co - liquefaction of biomasses - quantitative analysis of bio - crude and aqueous phase composition. Sustainable Energy & Fuels, 2017, 1 (4): 789 - 805.

[36] Zeng H, Cao D, Qiu Z, et al. Palladium - catalyzed formal cross - coupling of diaryl ethers with amines: slicing the 4 - O - 5 linkage in lignin models. Angewandte Chemie, 2018, 130 (14): 3814 - 3819.

[37] Zhang B, Guo T, Liu Y, et al. Sustainable production of benzylamines from lignin. Angewandte Chemie International Edition, 2021, 60 (38): 20666 - 20671.

[38] De Haro J C, Allegretti C, Smit A T, et al. Biobased polyurethane coatings with high biomass content: tailored properties by lignin selection. ACS Sustainable Chemistry & Engineering, 2019, 7 (13): 11700 - 11711.

[39] Fujita K I, Furukawa S, Morishima N, et al. N - alkylation of aqueous ammonia with alcohols leading to primary amines catalyzed by water - soluble N - heterocyclic carbene complexes of iridium. ChemCatChem, 2018, 10 (9): 1993 - 1997.

[40] Takanashi T, Nakagawa Y, Tomishige K. Amination of alcohols with ammonia in water over Rh - In catalyst. Chemistry Letters, 2014, 43 (6): 822 - 824.

[41] Pfützenreuter R, Rose M. Aqueous - phase amination of biogenic isohexides by using Ru/C as a Solid Catalyst. ChemCatChem, 2016, 8 (1): 251 - 255.

[42] Niemeier J, Engel R V, Rose M J G C. Is water a suitable solvent for the catalytic amination of alcohols? Green Chemistry, 2017, 19 (12): 2839 - 2845.

[43] Ernst M, Hoffer B, Melder J J U. Method for producing amines from glycerin. US20100240894 - A1, 2010.

[44] Arredondo V M, Corrigan P J. Process for the conversion of glycerol to propylene glycol and amino alcohols. US07619118 - B2, 2009.

[45] Nishimura S, Mizuhori K, Ebitani K. Reductive amination of furfural toward furfurylamine with aqueous ammonia under hydrogen over Ru-supported catalyst. Research on Chemical Intermediates, 2016, 42 (1): 19-30.

[46] Liang G, Wang A, Li L, et al. Production of primary amines by reductive amination of biomass-derived aldehydes/ketones. Angewandte Chemie, 2017, 129 (11): 3096-3100.

[47] Chatterjee M, Ishizaka T, Kawanami H J G C. Reductive amination of furfural to furfurylamine using aqueous ammonia solution and molecular hydrogen: an environmentally friendly approach. Green Chemistry, 2016, 18 (2): 487-496.

[48] Ouyang L, Xia Y, Liao J, et al. One-pot transfer hydrogenation reductive amination of aldehydes and ketones by iridium complexes "on Water". European Journal of Organic Chemistry, 2020 (40): 6387-6391.

[49] Yuan H, Li J P, Su F, et al. Reductive amination of furanic aldehydes in aqueous solution over versatile Ni_yAlO_x catalysts. ACS Omega, 2019, 4 (2): 2510-2516.

[50] Du X L, He L, Zhao S, et al. Hydrogen-independent reductive transformation of carbohydrate biomass into γ-valerolactone and pyrrolidone derivatives with supported gold catalysts. Angewandte Chemie International Edition, 2011, 50 (34): 7815-7819.

[51] Wei Y, Wang C, Jiang X, et al. Highly efficient transformation of levulinic acid into pyrrolidinones by iridium catalysed transfer hydrogenation. Chemical Communications, 2013, 49 (47): 5408-5410.

[52] Wang S, Huang H, Bruneau C, et al. Formic acid as a hydrogen source for the iridium-catalyzed reductive amination of levulinic acid and 2-formylbenzoic acid. Catalysis Science & Technology, 2019, 9 (15): 4077-4082.

[53] Deng W, Wang Y, Zhang S, et al. Catalytic amino acid production from biomass-derived intermediates. Proceedings of the National Academy of Sciences, 2018, 115 (20): 5093-5098.

[54] Chen X, Yang H, Hülsey M J, et al. One-step synthesis of N-heterocyclic compounds from carbohydrates over tungsten-based catalysts. ACS Sustainable Chemistry & Engineering, 2017, 5 (11): 11096-11104.

[55] Qiu Y, Aierzhati A, Cheng J, et al. Biocrude oil production through the maillard reaction between leucine and glucose during hydrothermal liquefaction. Energy & Fuels, 2019, 33 (9): 8758-8765.

[56] Liang W, Xie F, Yang Z, et al. Mono/dual amination of phenols with amines in water. Organic Letters, 2020, 22 (21): 8291-8295.

[57] Legnani L, Prina Cerai G, Morandi B. Direct and practical synthesis of primary anilines through iron-catalyzed C—H bond amination. ACS Catalysis, 2016, 6 (12): 8162-8165.

[58] Michel C, Gallezot P. Why is ruthenium an efficient catalyst for the aqueous-phase

hydrogenation of biosourced carbonyl compounds? ACS Catalysis, 2015, 5 (7): 4130 – 4132.

[59] Xue Z, Yu D, Zhao X, et al. Upgrading of levulinic acid into diverse N – containing functional chemicals. Green Chemistry, 2019, 21 (20): 5449 – 5468.

[60] Brun N, Hesemann P, Esposito D. Expanding the biomass derived chemical space. Chemical Science, 2017, 8 (7): 4724 – 4738.

[61] Li H, Guo H, Fang Z, et al. Cycloamination strategies for renewable N – heterocycles. Green Chemistry, 2020, 22 (3): 582 – 611.

[62] Tao L, Wang Z J, Yan T H, et al. Direct dynthesis of pyrroles via heterogeneous catalytic condensation of anilines with bioderived furans. ACS Catalysis, 2017, 7 (2): 959 – 964.

[63] Huang Y B, Luo Y J, Rio Flores A D, et al. N – aryl pyrrole synthesis from biomass – derived furans and arylamine over lewis acidic hf – doped mesoporous SBA – 15 catalyst. ACS Sustainable Chemistry & Engineering, 2020, 8 (32): 12161 – 12167.

[64] Chen H, Si Y, Chen Y, et al. NO_x precursors from biomass pyrolysis: distribution of amino acids in biomass and Tar – N during devolatilization using model compounds. Fuel, 2017, 187: 367 – 375.

[65] Becidan M, Skreiberg Ø, Hustad J E. NO_x and N_2O precursors (NH_3 and HCN) in pyrolysis of biomass residues. Energy & Fuels, 2007, 21 (2): 1173 – 1180.

[66] Zhan H, Zhuang X, Song Y, et al. Formation and regulatory mechanisms of N – containing gaseous pollutants during stage – pyrolysis of agricultural biowastes. Journal of Cleaner Production, 2019, 236: 117706.

[67] Zhan H, Zhuang X, Song Y, et al. Insights into the evolution of fuel – N to NO_x precursors during pyrolysis of N – rich nonlignocellulosic biomass. Applied Energy, 2018, 219: 20 – 33.

[68] Alvarez J, Lopez G, Amutio M, et al. Characterization of the bio – oil obtained by fast pyrolysis of sewage sludge in a conical spouted bed reactor. Fuel Processing Technology, 2016, 149: 169 – 175.

[69] Ren Q, Zhao C. NO_x and N_2O precursors from biomass pyrolysis: nitrogen transformation from amino acid. Environmental Science & Technology, 2012, 46 (7): 4236 – 4240.

[70] Chen D, Mei J, Li H, et al. Combined pretreatment with torrefaction and washing using torrefaction liquid products to yield upgraded biomass and pyrolysis products. Bioresource Technology, 2017, 228: 62 – 68.

[71] Chen W, Yang H, Chen Y, et al. Influence of biochar addition on nitrogen transformation during copyrolysis of algae and lignocellulosic biomass. Environmental Science & Technology, 2018, 52 (16): 9514 – 9521.

[72] Xu S, Chen J, Peng H, et al. Effect of biomass type and pyrolysis temperature on

nitrogen in biochar, and the comparison with hydrochar. Fuel, 2021, 291: 120128.

[73] Cheng F, Bayat H, Jena U, et al. Impact of feedstock composition on pyrolysis of low-cost, protein-and lignin-rich biomass: A review. Journal of Analytical and Applied Pyrolysis, 2020, 147: 104780.

[74] Che D, Wang L, Liu H, et al. Effects of lipids on sludge and chlorella protein pyrolysis by thermogravimetry Fourier transform infrared spectrometry. Journal of Environmental Chemical Engineering, 2022, 10 (1): 107011.

[75] Li K, Zhang L, Zhu L, et al. Comparative study on pyrolysis of lignocellulosic and algal biomass using pyrolysis-gas chromatography/mass spectrometry. Bioresource Technology, 2017, 234: 48-52.

[76] Chen W, Yang H, Chen Y, et al. Transformation of nitrogen and evolution of N-containing species during algae pyrolysis. Environmental Science & Technology, 2017, 51 (11): 6570-6579.

[77] Hansson K M, Samuelsson J, Tullin C, et al. Formation of HNCO, HCN, and NH_3 from the pyrolysis of bark and nitrogen-containing model compounds. Combustion and Flame, 2004, 137 (3): 265-277.

[78] Li Y, Hong C, Wang Y, et al. Nitrogen migration mechanism during pyrolysis of penicillin fermentation residue based on product characteristics and quantum chemical analysis. ACS Sustainable Chemistry & Engineering, 2020, 8 (20): 7721-7740.

[79] Ren Q, Zhao C, Chen X, et al. NO_x and N_2O precursors (NH_3 and HCN) from biomass pyrolysis: Co-pyrolysis of amino acids and cellulose, hemicellulose and lignin. Proceedings of the Combustion Institute, 2011, 33 (2): 1715-1722.

[80] Houshfar E, Skreiberg Ø, Todorović D, et al. NO_x emission reduction by staged combustion in grate combustion of biomass fuels and fuel mixtures. Fuel, 2012, 98: 29-40.

[81] Ren Q, Zhao C, Duan L, et al. NO formation during agricultural straw combustion. Bioresource Technology, 2011, 102 (14): 7211-7217.

[82] De Jong W, Di Nola G, Venneker B C H, et al. TG-FTIR pyrolysis of coal and secondary biomass fuels: determination of pyrolysis kinetic parameters for main species and NO_x precursors. Fuel, 2007, 86 (15): 2367-2376.

[83] Hansson K M, Åmand L E, Habermann A, et al. Pyrolysis of poly-L-leucine under combustion-like conditions. Fuel, 2003, 82 (6): 653-660.

[84] Guo S, Liu T, Hui J, et al. Effects of calcium oxide on nitrogen oxide precursor formation during sludge protein pyrolysis. Energy, 2019, 189: 116217.

[85] Zhou P, Xiong S, Zhang Y, et al. Study on the nitrogen transformation during the primary pyrolysis of sewage sludge by Py-GC/MS and Py-FTIR. International Journal of Hydrogen Energy, 2017, 42 (29): 18181-18188.

[86] Yu J, Maliutina K, Tahmasebi A. A review on the production of nitrogen-containing

compounds from microalgal biomass via pyrolysis. Bioresource Technology, 2018, 270: 689-701.

[87] Leichtnam J N, Schwartz D, Gadiou R. The behaviour of fuel-nitrogen during fast pyrolysis of polyamide at high temperature. Journal of Analytical and Applied Pyrolysis, 2000, 55 (2): 255-268.

[88] Chen W, Yang H, Chen Y, et al. Biomass pyrolysis for nitrogen-containing liquid chemicals and nitrogen-doped carbon materials. Journal of Analytical and Applied Pyrolysis, 2016, 120: 186-193.

[89] Salehi E, Abedi J, Harding T. Bio-oil from sawdust: effect of operating parameters on the yield and quality of pyrolysis products. Energy & Fuels, 2011, 25 (9): 4145-4154.

[90] Bridgeman T G, Darvell L I, Jones J M, et al. Influence of particle size on the analytical and chemical properties of two energy crops. Fuel, 2007, 86 (1): 60-72.

[91] Li Y, Pan L, Zhu Y, et al. How does zero valent iron activating peroxydisulfate improve the dewatering of anaerobically digested sludge? Water Research, 2019, 163: 114912.

[92] Leng L, Leng S, Chen J, et al. The migration and transformation behavior of heavy metals during co-liquefaction of municipal sewage sludge and lignocellulosic biomass. Bioresource Technology, 2018, 259: 156-163.

[93] Yi L, Liu H, Lu G, et al. Effect of mixed Fe/Ca additives on nitrogen transformation during protein and amino acid pyrolysis. Energy & Fuels, 2017, 31 (9): 9484-9490.

[94] Liu W J, Tian K, Jiang H, et al. Selectively improving the bio-oil quality by catalytic fast pyrolysis of heavy-metal-polluted biomass: take copper (Cu) as an example. Environmental Science & Technology, 2012, 46 (14): 7849-7856.

[95] Cheng S, Qiao Y, Huang J, et al. Effects of Ca and Na acetates on nitrogen transformation during sewage sludge pyrolysis. Proceedings of the Combustion Institute, 2019, 37 (3): 2715-2722.

第7章 秸秆纤维素的电催化转化

程硕，钟恒

上海交通大学环境科学与工程学院

虽然传统热化学方式转化糖类为增值化学品的效率已经非常可观，但仍需外加大量的氧化剂或者提供较高的温度，对技术以及相对应成本要求较高，在经济和环境方面都存在一定问题，在一定程度上制约了其实际应用，因此需要寻找更加绿色环保、清洁、高效的秸秆纤维素原料化转化制备高附加值产品的技术。

电化学是研究电和化学反应相互关系的科学，而电化学技术就是基于电化学基本原理解决实际问题的一种技术，电化学技术从原理上分为原电池技术和电解池技术。从能量转换的角度出发，原电池技术即是将自发的化学反应产生的化学能转化为电能的技术。电解池技术是将外加的电能转化为化学能，从而引发电解池内的化学物质发生化学反应的技术，通过外加电源使电流通过电解质溶液（或熔融的电解质），在阴、阳两极引起氧化还原反应，电解池技术原理如图7-1所示。

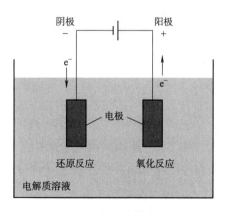

图7-1 电解池技术原理

电化学技术被认为是一种绿色技术，通常不需要高温和额外添加的氧化剂或者还原剂，这为工业的直接和选择性转化提供了有前途的途径。其内在优势是环境相容性，这是由于其主要试剂电子是一种"清洁试剂"。电化学过程通常比同等的非电化学过程要求更低的温度和压力。利用电解池技术原理，将目标底物溶解在电解质溶液中，可以在不外加氧化剂的情况下完成一些化学物质（包括各种有机物、无机物）的电催化氧化或者还原反应，由于具有操作条件温和、选择性可控和可扩展性，电化学转化正在成为一种强大且有前景的生产各种高价值化学品的方法，受到越来越多的科学家和研究人员的关注。

7.1　阳极催化氧化

氢气是一种节能燃料，其质量能量密度比常见燃料都高得多（图7-2），据测算，氢气的质量能量密度为33.3 kW·h/kg，即表明1 kg氢气可以有效地替代近3 kg汽油（11.1 kW·h/kg）[1,2]。因此，在可持续能源战略中，氢气被视为化石燃料的有效替代品，特别是在交通运输行业。目前，氢气的生产主要通过化石燃料转化制氢，而无论是由煤气化加水煤转换制成的棕氢还是由蒸汽甲烷重整制成的灰氢，都有显著的碳足迹和碳排放。而相比于此，新兴的电解水制氢则被认为是一种经济、高效的合成清洁可再生绿氢的解决方案，然而该方案仍存在成本过高的问题[3]。

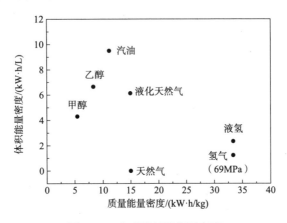

图7-2　典型燃料的能量密度

在电解水过程中，水分子在阴极分解成氢气，而在阳极生成氧气，如图7-3所示。热力学上，该反应所需的能量输入等于1.23V的外加电压，但在实践中，由于阳极析氧反应（oxygen evolution reaction，OER）的动力学缓慢，且需要经过复杂的4电子多步转移过程，因此，通常需要采用大于1.8V的外加电压。对于优良的析氧电催化剂的研究一直都是电化学领域的热门研究方向之一,但是即使是迄今为止报道过的最好的析氧电催化剂也显示出明显的过电位(0.35~0.4V)。因此,电解水制氢技术中大量的能量耗费在生产市场价值较低的氧气,从成本上限制了电解水制氢的工业化规模生产,阻碍了绿色氢气生产市场的发展。据统计,截至2019年,通过电解水制氢技术生产的氢气只占整个氢气能源市场的2%[4]。

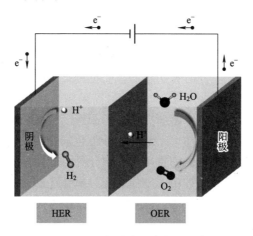

图7-3 电解水产生氢气和氧气

因此,用热力学上更有利的生物质有机分子氧化代替缓慢的水氧化是一种电解制氢的有效替代策略。相比电解水制氢中的阳极OER,电催化氧化生物质原料耦合电解水制氢需要理论电耗更低,可以从本质上减少电解水制氢的成本。实际上,利用热化学过程、生物转化等方法使用木质纤维素生物质等制氢的方法目前已经处在中试示范或商业化阶段。其中热化学过程包括气化、热解、水相重整等方法;生物转化包括生物水煤气变换反应、暗发酵和光发酵方法等。热化学过程受制于对能量输入和对催化剂的依赖,生物转化过程囿于低转化率低和规模化难的困境,它们的发展都遭遇了瓶颈,而电化学转化过程快速、步骤简单,分离后能够生成纯净的氢气,具有相当大的潜力[5]。

生物质被认为是理想的碳中性、来源丰富且可再生的绿色资源。大多数生物质衍生材料中含有丰富的质子,使其成为有效的氢载体。因此,在生物质电解反应器中,将生物质衍生化合物的阳极氧化和阴极析氢反应相结合,将是一种非常有前景的策略,可在低能耗和二氧化碳排放的情况下共生产高附加值化学品和氢气。目前,以生物质作为原料进行电催化资源转化的研究得到了大量关注,秸秆纤维素作为自然界广泛存在的生物质之一,其本身以及相关的生物衍生化合物的电催化资源转化也被广泛研究。

7.1.1 秸秆纤维素电催化氧化促进水产氢

甲醇、乙醇等生物质作为氢源已被大量研究并部分实际应用[6-8]，但是同样为生物质的纤维素由于化学结构较为复杂，难溶于水，所以在水相电解质溶液中直接电催化氧化纤维素较少。日本名古屋大学的 Takashi Hibino 课题组于 2018 年报道了直接以废弃面包、锯末和秸秆等原料进行电化学分解产氢的研究。这些生物质原料经过简单的球磨处理后，将其加入 H_3PO_4 溶液中进行溶解，然后利用非贵金属介孔碳电极（催化活性方面的性能与传统铂/碳阳极相似）进行电催化氧化，同时在阴极产氢。据测算，在这个体系中，每毫克生物质原料平均的产氢量约为 0.25mg[9]。目前采用纤维素直接电催化氧化促进水分解产氢的研究较少，大多数研究关注于采用间接电化学氧化的方法，将非均相的电化学电子转移反应与使用氧化还原催化剂介质的均相氧化还原过程相结合，间接催化氧化纤维素，间接电催化氧化纤维素原理示意如图 7-4 所示。这些研究主要关注于寻找一种中间物质，通过氧化还原过程快速间接氧化纤维素，从而释放出秸秆纤维素等天然生物质内富含的大量质子以获得氢气[10]。在这个过程中，中间物质反应前后无明显变化，在整个体系中起到催化剂的作用循环使用。

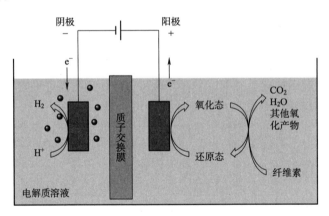

图 7-4　间接电催化氧化纤维素原理示意

美国佐治亚理工学院的邓渝林教授课题组于 2016 年首次开发出了一种使用杂多酸（POM）作为中间体及催化剂的间接电化学转化纤维素的反应体系，使天然生物质在低温和低能耗下高效转化为氢气[11, 12]。在该研究中，水溶性的多金属氧酸盐 $H_3PMo_{12}O_{40}$ 被用作催化剂，在整个体系过程中，POM 首先与生物质原料（包括纤维素、淀粉及葡萄糖）混合，在光照条件下或者加热条件下，生物质逐渐被氧化，POM 接受来自生物质氧化的电子而被还原，由黄色变为深蓝色。随后向体系中的阳极和阴极施加电势进行电解,由于 POM 具有较低的标准氧化还原电位,它很容易被重新氧化从而释放质子,在电解过程中,还原的 POM 逐渐在阳极重新被氧化,再由深蓝色变为黄色,完成整个循环,因而可以再次被利用。同时,在 POM 重新氧化的过程中,水分子在阴极被还原生成大量氢气,该系统的法拉第效率平均可达 96.74%。POM 作为电子耦合的质子载体,是一种低成本的自愈催化剂(理论上可循环使用 10 万次),并且能够很好地耐受生物质产生的杂质。在这个体系中,无须使用贵金属催化剂即可以实现整个反应步骤,而且与电解水制氢能耗($4.13kW·h/Nm^3$)相比,其能耗极低($0.69 kW·h/Nm^3$),可节省约 83.3% 的能源消耗。

由于 POM 分子质量较大,电化学转化率较低,因此,在该研究基础上,相同课题组在 2017 年又提出了类似的另一种方法,即利用 Fe^{3+}/Fe^{2+} 氧化还原电对间接电化学转化纤维素产氢的反应体系[13]。与使用 POM 间接氧化纤维素的体系相似,氢气的生产是使用不同的生物质原料,在电解过程中不使用任何贵金属作为电催化剂。在此过程中,溶液中的 Fe^{3+} 首先与生物质发生反应,氧化后的生物质被降解为低分子质量衍生物,Fe^{3+} 则被还原为 Fe^{2+}。而在电解过程中,Fe^{2+} 在阳极上被重新氧化为 Fe^{3+},水分子则在阴极被还原释放氢气。与 POM 类似的,铁离子作为电子载体,也具有较低的氧化还原电位(0.77V),也可有效地降低电能的消耗。除此之外,漆酶[14-16][如 2,2,6,6-四甲基哌啶-N-氧基(TEMPO)[17]等]、硝基苯或 1,3-二硝基苯等硝基芳烃[10,18]以及包括碘化钠、碘化溴在内的卤化物介质[19]等均可有效地在电化学间接氧化纤维素的体系中运行。

7.1.2 5-HMF 的电催化氧化

在上面的研究中,生物质电催化氧化反应主要被用于代替电解水产氢的阳极析氧反应,以降低反应电位,提高产氢效率,而生物质自身的氧化产物并未被仔细研究。目前,全球生产的大多数化学品都来自化石原料,且化学品的生产工业主要是能源消耗型和二氧化碳密集型的。鉴于这种生产的不可持续性,迫切需要进行系统性变革,以过渡到更绿色的化学工业,让地球上的资源向更良好的循环迈进。因此,以秸秆纤维素为代表的生物质原料的电催化转化具有很高的研究价值和应用价值。如前文所述,纤维素的化学结构较为复杂,难溶于水,所以直接电催化转化纤维素及半纤维素为增值化学品的研究比较零星。只有少数研究使用含有金元素的电极对纤维素进行电催化氧化[20-22],抑或如前文对纤维素进行的间接氧化,但无论是哪一种体系,其处理过后的产物都较为复杂且难以分离,无法有效地提取利用,所以其实际应用还相当困难。因此,首先通过生物过程或者热化学过程,将纤维素及半纤维素转化为平台分子

[如5-羟甲基糠醛（5-HMF）、葡萄糖]，再通过电催化转化这些平台分子为增值产品的研究在目前更加有效。

5-HMF是一种呋喃化合物，可以从果糖中直接获得，也可以将葡萄糖异构化为果糖后制得，还可以从纤维素中直接获得。5-HMF具有简单的分子结构，包括呋喃环、醛基和羟基，被认为是最通用的平台分子之一，因具有特殊的结构，5-HMF比其他底物具有更少的电氧化选择性问题。随着高分子材料在现代社会中的作用越来越大，使用生物基化学品生产生物聚合物一直受到关注，5-HMF的氧化可以产生广泛的重要化学物质，如2,5-呋喃二甲醛（DFF）、2,5-呋喃二甲酸（FDCA）等，其中FDCA被认为是最有价值的氧化产物之一，因为它通常作为生产生物高分子材料聚呋喃二甲酸乙二醇酯（PEF）的前体。从5-HMF制备FDCA的非电化学路线通常需要氧气、过氧化氢等氧化剂，这些氧化剂在大规模上的使用可能造成环境危害，并会降低该工艺的原子经济性，使用贵金属催化剂显著增加了成本，而相对低成本的非贵金属催化剂的产率又不尽人意[23]。根据热力学数据计算，5-HMF氧化生成FDCA的理论氧化电位为0.3V，远远小于析氧的电位1.23V，因此使用绿色无害的电化学技术对5-HMF进行原料化转化的研究受到大量关注。

最早对于5-HMF的电催化原料化转化的关注可以追溯到1991年，Grabowski等报道的使用NiOOH电极对5-HMF进行电催化氧化的研究[24]，在0.6V[vs SHE（standard hydrogen electrode，标准氢电极）]的电位下电解4h后，他们获得了71%的FDCA产率。经过多年的研究发展，目前5-HMF电催化氧化生产FDCA的反应路径也基本探明，5-羟甲基糠醛电催化氧化反应路径[23]如图7-5所示。在弱碱性条件下，首先通过5-HMF的醇基氧化形成DFF作为第一个中间体，而在强碱性条件下则通过5-HMF的醛基氧化形成作为第一个中间体的5-羟甲基糠酸（HMFCA）。DFF和HMFCA而后均进一步氧化形成5-甲酰基-2-呋喃甲酸（FFCA），最后氧化形成FDCA[25,26]。目前，大部分对于5-HMF电化学氧化生产FDCA的研究都关注于电催化剂自身的优化，以在不影响产率的前提下降低整体电化学系统的能耗为主要目的。根据电催化剂本身材料使用的不同，可分为金属电催化剂和非金属电催化剂，而金属电催化剂又可以细分为贵金属电催化剂和非贵金属电催化剂。

在5-HMF的电催化氧化体系中，贵金属电催化剂（包括铂、钌、钯、金等元素）[27-30]在较低的起始电位下即可以很容易地迅速将5-HMF氧化为中间体DFF，但是在所施加的电位范围内只能提供很低的电流，部分贵金属电极运行时甚至无法达到$10mA/cm^2$的电流密度。除此之外，5-HMF在单一贵金属电极上很难完全氧化成FDCA，而贵金属合金电极可以有效地解决这一问

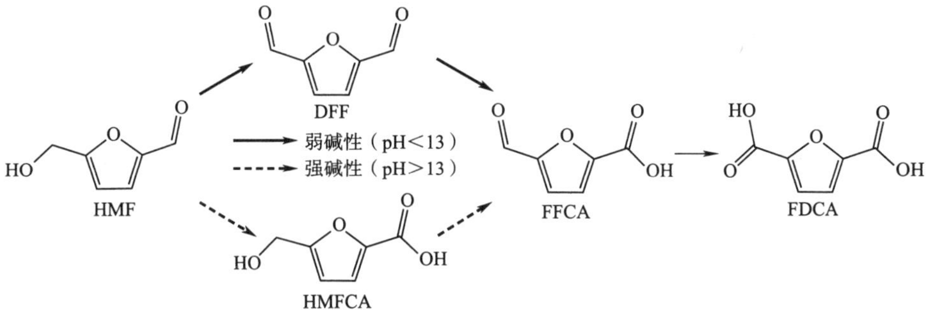

图 7-5　5-羟甲基糠醛电催化氧化反应路径

题。密歇根理工大学的 David J. Chadderdon 合成并优化了钯金合金纳米颗粒，可以同时选择性氧化 5-HMF 的羟基和醛基，在 0.9V［vs RHE（reversible hydrogen electrode，可逆氢电极）］的阳极电位下实现了 FDCA 选择率达 83%[31]。Kim 等则进一步使用技术手段从微观逐层组装设计了三维钯金合金电极，通过控制双金属纳米颗粒的搭配和组成，最后采用金纳米颗粒包裹钯纳米颗粒的方式在 1.0mol/L KOH 中且阳极电位为 0.82V（vs RHE）时，获得了 16.41% 的 FDCA 产率[32]。

考虑到贵金属的成本和对羟甲基糠醛电氧化的不良催化活性，虽然非贵金属电催化剂对于 5-HMF 分子氧化的起始电位略高，但是由于其来源方便，价格低廉且催化活性较高，开发高效的非贵金属催化剂仍然是目前的主流，而且已经产出了大量的研究成果。其中，镍基材料（包括硼化镍、氮化镍、氧化镍、氢氧化镍和硒化镍等）因其丰富的三维电子数和独特的电子轨道提高了过渡金属-氧键的共价性[33,34]，能够提供更快的反应动力学，是最活跃的非贵金属催化剂之一，可获得法拉第效率接近 100% 以及 98% 的 FDCA 产率，但是镍基材料对于 5-HMF 电氧化的起始电位相对较高，通常在 1.30V（vs RHE）左右[35-41]。与之相对的，钴基电催化剂对 5-HMF 电催化氧化通常具有较低的起始电位，但其动力学较慢，导致电解过程中较小的电流密度和较低的效率[42]。除此之外，其他非贵金属催化剂如铁、铜、钒、钼、铅和锰基催化剂也被广泛报道应用于 5-HMF 的电化学氧化。

此外，具有水滑石结构的双金属电催化剂被着重研究，其对 5-HMF 的电氧化具有很高的活性，所以具有广阔的应用前景。例如，美国威斯康星大学的 George W. Huber 课题组首次报道了合成并使用 NiFe LDH（layered double hydroxide，层状双氢氧化物）纳米薄片，在 1.23V（vs RHE）的较低电位下对 5-HMF 进行电化学氧化，获得了 99.4% 的法拉第效率以及 98% 的 FDCA 产率[43]。深圳大学的骆静利教授课题组研究提出在 Ni 基氢氧化物中引入第二种金属,不仅增加了活性位点的数量,而且调节了 Ni 离子的氧化还原行为,负移其氧化电位。该团队通过电沉积法制备了硫化铜镍钴双氢氧化物纳米电极（$Cu_xS@NiCo-LDH$）,将 5-HMF 氧化的起始电位负移了 150～200mV,在 1.30V（vs RHE）电位下,电流密度达到 87mA/cm²,并获得了接近 100% 法拉第效率[41]。进一步,中山大学的严凯教授课题组尝试在双金属水滑石结构中增添第三种金属离子,在 NiCo LDHs 中加入 Fe^{3+} 不仅改变了 Ni^{2+} 和 Co^{2+} 的电子环境,而且形成了比 NiFe 或 NiCo LDHs 更薄的层,因此可以暴露出更多活性位点,大大提高了催化活性,经过 60min 电解后 5-HMF 转化率达到了 95.5%,同时获得了 84.9% 的 FDCA 产率[44]。

在非金属电催化氧化 5-HMF 的研究中,使用的催化剂主要是均相 TEMPO 及其衍生物,属于是对 5-HMF 的间接电化学氧化,这些物质的使用有利于电子转移,提高反应活性和速率,但同样也增加了下游分离成本,所以关注度并不是很高[45-47]。鉴于非金属材料的低成本,探索和开发其他非金属材料如碳材料[48-50]等更高效的非金属催化剂也是值得期待的,但目前的研究相对较少。部分电催化剂对 5-HMF 电催化氧化性能比较如表 7-1 所示。

表 7-1 部分电催化剂对 5-HMF 电催化氧化性能比较

类型		电位 (vs RHE)/V	5-HMF 转化率/ %	FDCA 产率/ %	法拉第效率/ %	参考文献
贵金属催化剂	铂*	0.44～2.00	7.2～88.3	—	9.0～63.0	[27, 51-54]
	钌*	1.34	—	—	94.0	[55]
	金*	0.82～2.05	1.0～100.0	—	20.0～84.0	[29, 31, 32, 56, 57]
	钯*	0.82～0.90	16.0～97.0	—	85.8	[31, 32]
非贵金属催化剂	镍基	1.423～1.55	90.0～100.0	30.0～90.0	30.0～100.0	[35, 37, 39, 40, 58-69]
	钴基	1.423～1.56	95.5～100.0	35.1～99.0	35.1～100.0	[67, 70-77]
	铁基	1.71	16.0	1.6	1.6	[67]
	铜基	1.45～1.69	62.9～100.0	28.3～96.4	58.8～95.3	[78-80]
	钒基	1.37	98.0	—	84.0	[81]
	钼基	1.42～1.623	90.0～99.4	90.0	97.8	[82, 83]
	铅基	1.85	—	—	—	[57]
	锰基	1.60	99.9	53.8	33.8	[54]
无机催化剂	碳基	1.90	71.0	57.0	—	[48]
	TEMPO	1.54～1.60	95.0～100	92.6～99.0	92.6～98.0	[56, 84]

注：*生成 DFF 或者 HMFCA,产率很低。

7.1.3 葡萄糖的电催化氧化

葡萄糖是一种存在于食品工业和血液中的主要化合物，大多数生物将其作为能量来源，同时葡萄糖也是纤维素水解的终产物，其提纯产物通常以白色结晶性颗粒形式存在。不同于5-HMF的电催化氧化，目前对于以葡萄糖为主的糖类电催化原料化转化的研究还较少，对于葡萄糖的研究多集中于血液中葡萄糖的检测以及燃料电池方向的应用[85-89]。直至近期，逐渐有国内外研究学者开始关注于葡萄糖电催化氧化反应以获得高附加值化学产物。

比利时安特卫普大学的Tom Breugelman课题组系统地研究了金属铜、铂和金电极对葡萄糖在碱性环境下的催化氧化。其研究结果指出，金电极是最具有选择性的金属电极，在工作电压为0.55V（vs RHE）时，对葡萄糖产葡萄糖酸酸的选择性高达86.6%；而铂电极在1.10V（vs RHE）时，对葡萄糖酸的选择性只能达到78.4%。相比之下，铜电极在葡萄糖电催化氧化体系中可以导致葡萄糖中的部分C—C键断裂，形成葡萄糖酸、葡萄糖二酸和甲酸的混合物[90]。美国宾夕法尼亚州立大学的Lauren F. Greenlee课题组探讨了通过电催化氧化葡萄糖产乳酸的可能性，利用氧化铜电极在最优条件下获得了乳酸23.3%的产率[91]。在国内，中国科学技术大学的俞汉青教授课题组利用泡沫镍上阵列生长的镍铁氧化物/氮化物，实现葡萄糖高效率地氧化产葡萄糖二酸，法拉第效率可达87%，产率也达到了83%[92]。同时，该电极在阴极析氢反应中也有较好的效果，利用该双功能催化剂可在整体外加电压1.4V条件下达到101.2mA/cm^2的大电流，并可稳定运行超过24h。华南理工大学的彭新文教授课题组制备了一种钴基双功能电催化剂（$Fe_{0.1}$-$CoSe_2$/CC）用作葡萄糖催化氧化以及分解水制氢[93]。他们设计了一种碱性-酸性不对称电解槽，可以将葡萄糖转化为乳酸及少量的甲酸并且产氢速率可达90μmol/h。除此之外，湖南大学的王双印教授课题组提出了一种低成本、高效率的制氢策略，采用了间接电催化氧化葡萄糖的体系，阳极先将Cu（Ⅰ）电催化氧化为Cu（Ⅱ），再由Cu（Ⅱ）氧化葡萄糖为葡萄糖酸，同时Cu（Ⅱ）重新转化为Cu（Ⅰ），实现循环[94,95]。

7.2 阴极催化加氢

传统热化学催化中，可利用高压氢气一步法转化纤维素生产山梨醇，在铂、铑、铱等贵金属存在的条件下，纤维素逐步水解成可溶性低聚糖，再水解成葡萄糖，最后葡萄糖氢化还原成为山梨醇[96,97]。与这种方式相比，电化学还原不需要外源性氢源（如氢气、甲酸等供氢试剂），而且反应条件温和可控

（室温、常压）。因此，除了生物质原料在电解池体系中通过阳极催化氧化生产增值化学品之外，利用阴极产生的活性氢对以秸秆纤维素等为基础的生物质原料进行还原的研究也备受关注。对于有机分子的电催化加氢技术的研究并不少见，目前已初步形成了公认的反应机制，即溶液中的质子首先通过电子转移还原成吸附态的氢，然后被吸附的氢与被吸附的有机物之间发生反应，从而完成有机物分子的还原加氢反应[98]。

7.2.1 葡萄糖的电催化还原

糖类是生物所需能量的主要来源，在生命活动过程中起着重要的作用，但是摄入过多的糖可能会诱发肥胖、糖尿病等，对人体产生不良影响。山梨醇是一种很有前途的平台多元醇，它的味道很甜，但是相比于葡萄糖不易被人体吸收，目前作为代糖（人造甜味剂）被食品行业广泛使用。山梨醇在满足人们对于甜味的追求的同时减少了糖的摄入，降低患肥胖和其他疾病的风险。

实际上，以葡萄糖为原料电催化合成山梨醇（图7-6）的研究在20世纪曾一度获得工业上的应用，但是由于当时高昂的电价、电化学技术发展的不足以及使用汞或铅汞齐阴极导致的环境问题，电化学路线还原葡萄糖制备山梨醇的方法被热化学方式所取代[99]。随着新能源技术的发展以及对自然环境保护的需求，电力成为一种绿色的可持续的能源形式，对于电化学还原葡萄糖生产山梨醇的研究也逐渐增多。英国索尔福德大学的 Bin Kassim 发现由于锌的活性比表面积比铅更大，使用锌电极会比使用铅汞齐电极获得更高的法拉第效率（锌电极：21%；铅汞齐电极：15%）[100]。在此基础上，美国加州大学的 Pintauro 等使用锌汞齐电极，同时使用 NaBr 作为电解液并提升了运行电位，进一步提高山梨醇的法拉第效率至39%[101]。Lessard 等研究了雷尼镍对电催化葡萄糖加氢的反应活性，在流动式反应器和间歇式反应器中分别获得了90%和95%的山梨醇选择性以及40%和57%的法拉第效率，同时发现了当电解质由 H_2SO_4 转变为 $CaBr_2$ 时，电极对应的法拉第效率显著降低[102]。

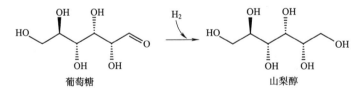

图7-6　以葡萄糖为原料电催化合成山梨醇

荷兰莱顿大学的 Marc T. M. Koper 课题组研究了中性溶液 Na_2SO_4 中固体单金属电极对葡萄糖的电化学加氢过程，使用了包括镍、钯、铅和金等电极，证实了电催化剂的性能对该电化学过程的影响，并在使用铅电极时葡萄糖生产山梨醇的选择性达到了 87%[103]。综上所述，葡萄糖电催化加氢的目标产物山梨醇在广泛的 pH 范围内（2~7）获得了达 87%的选择性，并可通过使用连续式或者间歇式反应装置改变了产品的选择性和法拉第效率。然而，目前还没有观察到法拉第效率、反应构型、葡萄糖电催化加氢的操作参数和产物的选择性之间的一致关系，仍然需要对其继续进行研究。

7.2.2 5-HMF 的电催化还原

5-HMF 与葡萄糖相似，也具有一个醛基，因此也可以发生催化加氢反应。5-HMF 可能的加氢产物为 2,5-二羟甲基呋喃（DHMF）、5-甲基糠醛（5-MF）、2,5-二羟甲基四氢呋喃（DHMTHF）、2,5-二甲基呋喃（DMF）、2,5-二甲基-2,3-二氢呋喃（DMDHF）和 2,5-二甲基四氢呋喃（DMTHF），5-HMF 电催化加氢反应路径如图 7-7 所示。与电催化氧化 5-HMF 的研究相似，电催化加氢还原 5-HMF 的研究也受到了广泛的关注。研究者分别从阴极金属的选择、电催化剂结构的变化以及电解液 pH 的选择等方面对 5-HMF 电催化加氢体系进行了系统的研究。

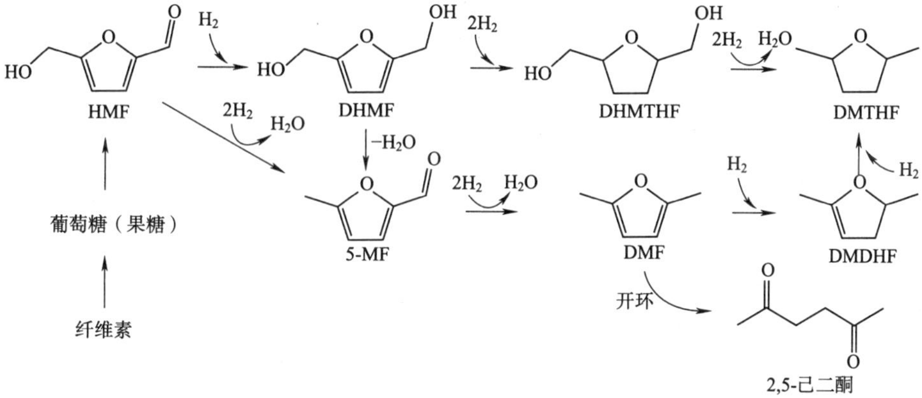

图 7-7 5-HMF 电催化加氢反应路径[104]

荷兰莱顿大学的 Marc T. M. Koper 课题组在 0.1mol/L Na_2SO_4 的中性溶液和 0.5mol/L H_2SO_4 的酸性溶液中分别在葡萄糖存在和不存在时对 5-HMF 进行了电催化加氢实验[105, 106]。结果显示，在中性条件下，产物在不同金属上的分布有选择性地遵循不同的路径，在 Fe、Ni、Ag 和 Cd 电极上进行加氢催化反应形成 DHMF，而在 Co、Au、Cu、Sn 和 Sb 电极上则以氢解产物为主。其中，Ag 对 DHMF 表现出 85%以上的选择性。葡萄糖的存在可以提高低活性金属（Zn、Cd 和 In）对 DHMF 的选择性，而对其他金属（Bi、Pb、Sn 和

Sb)的选择性提升比较有限[105]。与中性条件相比,酸性环境(0.5mol/L H_2SO_4)能够有效降低5-HMF的电催化还原的活化能势垒,按照主要产物的不同,可以将金属催化剂分为以下三类:①主要形成DHMF的金属(Fe、Ni、Cu和Pb);②主要形成DMDHF的金属(Pd、Pt、Al、Zn、In和Sb);③根据施加的电位主要产物不同的金属(Co、Ag、Au、Cd、Sb和Bi)[106]。

美国的威斯康星大学的Roylance等通过比较电偶置换法和溅射镀膜法在铜箔上制备的两种Ag电极,得到了形态不同的催化剂,结果表明电偶置换法具有更好的活性[107]。于-1.3V(vs Ag/AgCl)的恒电位上获得了DHMF选择性99%,法拉第效率99%,表明了通过不同的技术会导致有机基材活性位点的可用性,从而影响电极的性能。除此之外,他们还比较了锌电极在不同pH条件下的5-HMF电催化加氢的活性差别[108]。发现在酸性条件下,5-HMF经过2,5-二甲基呋喃(DMF)途径,醛基和醇基加氢还原为烷烃基,同时呋喃环开环,最终生成2,5-己二酮。而在逐步转变为中性条件的过程中,2,5-己二酮的选择性逐步减少,DHMF的选择性则逐步增加,当pH升高到7.2时,则完全观察不到2,5-己二酮的生成。美国艾奥瓦州立大学的Chadderdon等合成使用双功能的Pd/VN(VN-3D氮化钒)空心纳米球电极,在0.2mol/L $HClO_4$的酸性电解液中,同时在电极两端分别对5-HMF的进行电催化氧化和电催化加氢反应[109]。在阴极,实现了通过DHMF的中间体进一步加氢生成DHMTHF,其选择性超过了88%,法拉第效率达86%,5-HMF转化率则超过了98%。在阳极,使用Pd/VN电极催化氧化5-HMF获得了2,5-呋喃二羧酸(FDCA)96%的选择性、98%的5-HMF转化率,以及84%的法拉第效率。

7.3 小结与展望

就秸秆纤维素电催化资源转化产氢的前景而言,目前的研究已经揭示了初步的可应用性,但是距离实际应用还存在一些亟待解决的问题。首先,因为上述这些研究主要关注于产氢,其生物质原料的氧化产物没有受到足够的重视,产物较为复杂,难以提纯以进行进一步的利用。其次,虽然考虑到生物质生长形成期间光合作用的效应对于大气中二氧化碳的吸收和消耗,生物质原料是一种碳中性的能源,其温室气体的净排放量为零,但是在电化学生物质制氢的过程中确实会释放出二氧化碳。这些二氧化碳可能会与阴极释放出的氢气混合,从而降低产出气体中的氢气浓度,因此在后续研究中可能需要额外添加二氧化碳的捕集系统[110]。除此之外,目前研究中对于生物质的利用还处在小型化阶段,在其规模化、过程化的路径中可能还存在一些未知的问题,因此,今后的研究应注重提高生物质电催化氧化的规模以进行工业化应用[9]。

目前虽然已有一定量的报道关注到了电催化氧化纤维素、5-羟甲基糠醛和葡萄糖等产高附加值的有机物，但是对于这些糖类生物质电催化原料化转化的研究总体上处于刚刚起步的阶段。除了部分反应机制尚不明确之外，还存在产物的电子利用率低及选择性不高等问题，限制了整体系统效率的提高，因此若将其用于实际应用，仍需有针对性地解决以下几个问题：①反应机制的进一步探明。只有探明了电催化氧化纤维素或葡萄糖生产高附加值产物的反应路径和反应机制，才有可能在后续产业化过程中针对性解决流程中出现的各类问题以及更好、更高效地获得目标产物。②产物的提纯。目前技术主要集中于目标产物的产出以及反应路径的探索，反应结束后所得的多是混合物，同时可能需要大量的酸化处理，所以必须进行产物的提纯。③设备的大型化。实验室研究仍停留在小型试验阶段，设备较为模型化、小型化，且电流密度较低，底物的加入量在毫摩尔级，无法满足工业生产的要求。④工艺的循环性和整体性。整体反应的流程需要较好的设计和构造，以满足产业化生产所要求的可持续性、可循环性以及高值化。从目前的研究中可以预见，秸秆纤维素的电催化资源转化相比于其他技术手段，具有绿色、环保、条件温和、效率高、利润转化率高等优点，是一种具有较高潜力的秸秆原料化利用技术手段。

电化学加氢也是一种很有前景的生物质及其衍生物转化技术，与传统的热化学加氢不同，电催化加氢在消耗可持续电能的基础上进行的化学转移反应更加温和。通过外部施加电流或电压，可以有效地控制反应路径和进程。同时，使用不同种类的电催化剂可以提高反应的效率和选择性，不需要考虑高温失活，只需要考虑其在酸性和碱性环境下的耐腐蚀性能。然而，与电化学阴极析氢反应的竞争以及电化学装置的规模化和最终产品分离分析等问题，仍限制着其实际应用，需要更多的研究和解决方案。

综上所述，通过电化学催化直接产氢、阳极催化氧化、阴极催化加氢等方式，能够有效地将秸秆纤维素利用起来。虽然电催化资源转化生物质原料的技术仍同工业化应用存在一定的距离，但从目前的研究成果来看，秸秆纤维素的电催化资源转化是一种非常有前景的策略，值得持续关注和深入研究。

参 考 文 献

[1] Liu W, Cui Y, Du X, et al. High efficiency hydrogen evolution from native biomass electrolysis. Energy & Amp; Environmental Science, 2016, 9 (2): 467-472.

[2] Momirlan M, Veziroglu T. The properties of hydrogen as fuel tomorrow in sustainable energy system for a cleaner planet. International Journal of Hydrogen Energy, 2005, 30

(7): 795-802.

[3] Luo H, Barrio J, Sunny N, et al. Progress and perspectives in photo - and electrochemical - oxidation of biomass for sustainable chemicals and hydrogen production. Advanced Energy Materials, 2021, 11 (43): 2101108.

[4] Hassan I A, Ramadan H S, Saleh M A, et al. Hydrogen storage technologies for stationary and mobile applications: Review, analysis and perspectives. Renewable and Sustainable Energy Reviews, 2021, 149: 111311.

[5] Lepage T, Kammoun M, Schmetz Q, et al. Biomass - to - hydrogen: a review of main routes production, processes evaluation and techno - economical assessment. Biomass and Bioenergy, 2021, 144: 105920.

[6] Hu Z, Wu M, Wei Z, et al. Pt - WC/C as a cathode electrocatalyst for hydrogen production by methanol electrolysis. Journal of Power Sources, 2007, 166 (2): 458 - 461.

[7] Caravaca A, Sapountzi F M, De Lucas Consuegra A, et al. Electrochemical reforming of ethanol - water solutions for pure H_2 production in a PEM electrolysis cell. International Journal of Hydrogen Energy, 2012, 37 (12): 9504 - 9513.

[8] Lamy C, Guenot B, Cretin M, et al. Kineticsanalysis of the electrocatalytic oxidation of methanol inside a DMFC working as a PEM electrolysis Cell (PEMEC) to generate clean hydrogen. Electrochimica Acta, 2015, 177: 352 - 358.

[9] Hibino T, Kobayashi K, Ito M, et al. Efficienthydrogen production by direct electrolysis of waste biomass at intermediate temperatures. Acs Sustainable Chemistry & Engineering, 2018, 6 (7): 9360 - 9368.

[10] Du X, Zhang H, Sullivan K P, et al. Electrochemicallignin conversion. ChemSusChem, 2020, 13 (17): 4318 - 4343.

[11] Liu W, Cui Y, Du X, et al. High efficiency hydrogen evolution from native biomass electrolysis. Energy & Environmental Science, 2016, 9 (2): 467 - 472.

[12] Li Y, Liu W, Zhang Z, et al. A self - powered electrolytic process for glucose to hydrogen conversion. Communications Chemistry, 2019, 2 (1): 67.

[13] Yang L, Liu W, Zhang Z, et al. Hydrogenevolution from native biomass with Fe^{3+}/Fe^{2+} redox couple catalyzed electrolysis. Electrochimica Acta, 2017, 246: 1163 - 1173.

[14] Shiraishi T, Takano T, Kamitakahara H, et al. Studies on electro - oxidation of lignin and lignin model compounds. Part 2: N - hydroxyphthalimide (NHPI) - mediated indirect electro - oxidation of non - phenolic lignin model compounds. Holzforschung, 2012, 66 (3): 311 - 315.

[15] Shiraishi T, Sannami Y, Kamitakahara H, et al. Comparison of a series of laccase mediators in the electro - oxidation reactions of non - phenolic lignin model compounds. Electrochimica Acta, 2013, 106: 440 - 446.

[16] Rochefort D, Bourbonnais R, Leech D, et al. Oxidation of lignin model compounds by

organic and transition metal-based electron transfer mediators. Chemical Communications, 2002 (11): 1182-1183.

[17] Sannami Y, Kamitakahara H, Takano T. TEMPO-mediated electro-oxidation reactions of non-phenolic β-O-4-type lignin model compounds. Holzforschung, 2017, 71 (2): 109-117.

[18] Smith C, Utley J H, Petrescu M, et al. Biomass electrochemistry: anodic oxidation of an organo-solv lignin in the presence of nitroaromatics. Journal of Applied Electrochemistry, 1989, 19 (4): 535-539.

[19] Gao W J, Lam C M, Sun B G, et al. Selective electrochemical CO bond cleavage of β-O-4 lignin model compounds mediated by iodide ion. Tetrahedron, 2017, 73 (17): 2447-2454.

[20] Sugano Y, Kumar N, Peurla M, et al. Specificelectrocatalytic oxidation of cellulose at carbon electrodes modified by gold nanoparticles. ChemCatChem, 2016, 8 (14): 2401-2405.

[21] Sugano Y, Latonen R M, Akieh-Pirkanniemi M, et al. Electrocatalytic oxidation of cellulose at a gold electrode. ChemSusChem, 2014, 7 (8): 2240-2247.

[22] Sugano Y, Vestergaard M D, Yoshikawa H, et al. Direct electrochemical oxidation of cellulose: A cellulose-based fuel cell system. Electroanalysis, 2010, 22 (15): 1688-1694.

[23] Yang Y, Mu T. Electrochemical oxidation of biomass derived 5-hydroxymethylfurfural (HMF): pathway, mechanism, catalysts and coupling reactions. Green Chemistry, 2021, 23 (12): 4228-4254.

[24] Grabowski G, Lewkowski J, Skowroński R. The electrochemical oxidation of 5-hydroxymethylfurfural with the nickel oxide/hydroxide electrode. Electrochimica Acta, 1991, 36 (13): 1995.

[25] Gouda L, Sévery L, Moehl T, et al. Tuning the selectivity of biomass oxidation over oxygen evolution on NiO-OH electrodes. Green Chemistry, 2021, 23 (20): 8061-8068.

[26] Lu Y, Liu T, Dong C L, et al. Tuning the selective adsorption site of biomass on Co_3O_4 by Ir single atoms for electrosynthesis. Advanced Materials, 2021, 33 (8): 2007056.

[27] Vuyyuru K R, Strasser P. Oxidation of biomass derived 5-hydroxymethylfurfural using heterogeneous and electrochemical catalysis. Catalysis Today, 2012, 195 (1): 144-154.

[28] Yi G, Teong S P, Zhang Y. Base-free conversion of 5-hydroxymethylfurfural to 2,5-furandicarboxylic acid over a Ru/C catalyst. Green Chemistry, 2016, 18 (4): 979-983.

[29] Heidary N, Kornienko N. Operando Raman probing of electrocatalytic biomass oxidation on gold nanoparticle surfaces. Chemical Communications, 2019, 55 (80): 11996-11999.

[30] Shi Q, Zhu C, Du D, et al. Robust noble metal-based electrocatalysts for oxygen evolution reaction. Chemical Society Reviews, 2019, 48 (12): 3181-3192.

[31] Chadderdon D J, Xin L, Qi J, et al. Electrocatalytic oxidation of 5-hydroxymethylfurfural to 2,5-furandicarboxylic acid on supported Au and Pd bimetallic nanoparticles. Green Chemistry, 2014, 16 (8): 3778-3786.

[32] Park M, Gu M, Kim B S. Tailorable electrocatalytic 5-hydroxymethylfurfural oxidation and H_2 production: architecture-performance relationship in bifunctional multilayer electrodes. ACS Nano, 2020, 14 (6): 6812-6822.

[33] Formenti D, Ferretti F, Scharnagl F K, et al. Reduction of nitro compounds using 3d-non-noble metal catalysts. Chemical Reviews, 2019, 119 (4): 2611-2680.

[34] Dutta S, Iris K, Tsang D C, et al. Green synthesis of gamma-valerolactone (GVL) through hydrogenation of biomass-derived levulinic acid using non-noble metal catalysts: a critical review. Chemical Engineering Journal, 2019, 372: 992-1006.

[35] Barwe S, Weidner J, Cychy S, et al. Electrocatalytic oxidation of 5-(hydroxymethyl) furfural using high-surface-area nickel boride. Angewandte Chemie International Edition, 2018, 57 (35): 11460-11464.

[36] Zhang N, Zou Y, Tao L, et al. Electrochemicaloxidation of 5-hydroxymethylfurfural on nickel nitride/carbon nanosheets: reaction pathway determined by in situ sum frequency generation vibrational spectroscopy. Angewandte Chemie, 2019, 131 (44): 16042-16050.

[37] Lu Y, Dong C L, Huang Y C, et al. Hierarchically nanostructured $NiO-Co_3O_4$ with rich interface defects for the electro-oxidation of 5-hydroxymethylfurfural. Science China Chemistry, 2020, 63 (7): 980-986.

[38] Heidary N, Kornienko N. Operando vibrational spectroscopy for electrochemical biomass valorization. Chemical Communications, 2020, 56 (62): 8726-8734.

[39] Choi S, Balamurugan M, Lee K G, et al. Mechanistic investigation of biomass oxidation using nickel oxide nanoparticles in a CO_2-saturated electrolyte for paired electrolysis. The Journal of Physical Chemistry Letters, 2020, 11 (8): 2941-2948.

[40] Deng X, Li M, Fan Y, et al. Constructing multifunctional 'Nanoplatelet-on-Nanoarray' electrocatalyst with unprecedented activity towards novel selective organic oxidation reactions to boost hydrogen production. Applied Catalysis B: Environmental, 2020, 278: 119339.

[41] Deng X, Kang X, Li M, et al. Coupling efficient biomass upgrading with H_2 production via bifunctional Cu_xS@ NiCo-LDH core-shell nanoarray electrocatalysts. Journal of Materials Chemistry A, 2020, 8 (3): 1138-1146.

[42] Zhang R, Jiang S, Rao Y, et al. Electrochemical biomass upgrading on CoOOH nanosheets in a hybrid water electrolyzer. Green Chemistry, 2021, 23 (6): 2525-2530.

[43] Liu W J, Dang L, Xu Z, et al. Electrochemical oxidation of 5 - hydroxymethylfurfural with NiFe layered double hydroxide (LDH) nanosheet catalysts. ACS Catalysis, 2018, 8 (6): 5533 - 5541.

[44] Zhang M, Liu Y, Liu B, et al. Trimetallic NiCoFe - layered double hydroxides nanosheets efficient for oxygen evolution and highly selective oxidation of biomass - derived 5 - hydroxymethylfurfural. ACS Catalysis, 2020, 10 (9): 5179 - 5189.

[45] Chadderdon X H, Chadderdon D J, Pfennig T, et al. Paired electrocatalytic hydrogenation and oxidation of 5 - (hydroxymethyl) furfural for efficient production of biomass - derived monomers. Green Chemistry, 2019, 21 (22): 6210 - 6219.

[46] Nutting J E, Rafiee M, Stahl S S. Tetramethylpiperidine N - oxyl (TEMPO), phthalimide N - oxyl (PINO), and related N - oxyl species: electrochemical properties and their use in electrocatalytic reactions. Chemical Reviews, 2018, 118 (9): 4834 - 4885.

[47] Beejapur H A, Zhang Q, Hu K, et al. TEMPO in chemical transformations: from homogeneous to heterogeneous. ACS Catalysis, 2019, 9 (4): 2777 - 2830.

[48] Qin Q, Heil T, Schmidt J, et al. Electrochemical fixation of nitrogen and its coupling with biomass valorization with a strongly adsorbing and defect optimized boron - carbon - nitrogen catalyst. ACS Applied Energy Materials, 2019, 2 (11): 8359 - 8365.

[49] Zhang L, Lin C Y, Zhang D, et al. Guiding principles for designing highly efficient metal - free carbon catalysts. Advanced Materials, 2019, 31 (13): 1805252.

[50] Tao L, Wang Y, Zou Y, et al. Charge transfer modulated activity of carbon - based electrocatalysts. Advanced Energy Materials, 2020, 10 (11): 1901227.

[51] Kokoh K, Belgsir E. Electrosynthesis of furan - 2, 5 - dicarbaldehyde by programmed potential electrolysis. Tetrahedron Letters, 2002, 43 (2): 229 - 231.

[52] Zhou C, Shi W, Wan X, et al. Oxidation of 5 - hydroxymethylfurfural over a magnetic iron oxide decorated rGO supporting Pt nanocatalyst. Catalysis Today, 2019, 330: 92 - 100.

[53] Cao T, Wu M, Ordomsky V V, et al. Selective electrogenerative oxidation of 5 - hydroxymethylfurfural to 2, 5 - furandialdehyde. ChemSusChem, 2017, 10 (24): 4851 - 4854.

[54] Kubota S R, Choi K S. Electrochemical oxidation of 5 - hydroxymethylfurfural to 2, 5 - furandicarboxylic acid (FDCA) inacidic media enabling spontaneous FDCA separation. ChemSusChem, 2018, 11 (13): 2138 - 2145.

[55] Xu G R, Batmunkh M, Donne S, et al. Ruthenium (Ⅲ) polyethyleneimine complexes for bifunctional ammonia production and biomass upgrading. Journal of Materials Chemistry A, 2019, 7 (44): 25433 - 25440.

[56] Cha H G, Choi K S. Combined biomass valorization and hydrogen production in a photoelectrochemical cell. Nature Chemistry, 2015, 7 (4): 328 - 333.

[57] Latsuzbaia R, Bisselink R, Anastasopol A, et al. Continuous electrochemical oxidation

of biomass derived 5 - (hydroxymethyl) furfural into 2, 5 - furandicarboxylic acid. Journal of Applied Electrochemistry, 2018, 48 (6): 611-626.

[58] You B, Liu X, Jiang N, et al. A general strategy for decoupled hydrogen production from water splitting by integrating oxidative biomass valorization. Journal of the American Chemical Society, 2016, 138 (41): 13639-13646.

[59] You B, Jiang N, Liu X, et al. Simultaneous H_2 generation and biomass upgrading in water by an efficient noble - metal - free bifunctional electrocatalyst. Angewandte Chemie International Edition, 2016, 55 (34): 9913-9917.

[60] You B, Liu X, Liu X, et al. Efficient H_2 evolution coupled with oxidative refining of alcohols via a hierarchically porous nickel bifunctional electrocatalyst. ACS Catalysis, 2017, 7 (7): 4564-4570.

[61] Li M, Chen L, Ye S, et al. Dispersive non - noble metal phosphide embedded in alumina arrays derived from layered double hydroxide precursor toward efficient oxygen evolution reaction and biomass upgrading. Journal of Materials Chemistry A, 2019, 7 (22): 13695-13704.

[62] Poerwoprajitno A R, Gloag L, Watt J, et al. Faceted branched nickel nanoparticles with tunable branch length for high - activity electrocatalytic oxidation of biomass. Angewandte Chemie International Edition, 2020, 59 (36): 15487-15491.

[63] Chen X, Zhong X, Yuan B, et al. Defect engineering of nickel hydroxide nanosheets by Ostwald ripening for enhanced selective electrocatalytic alcohol oxidation. Green Chemistry, 2019, 21 (3): 578-588.

[64] Gao L, Liu Z, Ma J, et al. NiSe@NiO_x core - shell nanowires as a non - precious electrocatalyst for upgrading 5 - hydroxymethylfurfural into 2, 5 - furandicarboxylic acid. Applied Catalysis B: Environmental, 2020, 261: 118235.

[65] Heidary N, Kornienko N. Electrochemical biomass valorization on gold - metal oxide nanoscale heterojunctions enables investigation of both catalyst and reaction dynamics with operando surface - enhanced Raman spectroscopy. Chemical Science, 2020, 11 (7): 1798-1806.

[66] Zhang P, Sheng X, Chen X, et al. Paired electrocatalytic oxygenation and hydrogenation of organic substrates with water as the oxygen and hydrogen source. Angewandte Chemie, 2019, 131 (27): 9253-9257.

[67] Taitt B J, Nam D H, Choi K S. A comparative study of nickel, cobalt, and iron oxyhydroxide anodes for the electrochemical oxidation of 5 - hydroxymethylfurfural to 2, 5 - furandicarboxylic acid. ACS Catalysis, 2018, 9 (1): 660-670.

[68] Chen W, Xie C, Wang Y, et al. Activity origins and design principles of nickel - based catalysts for nucleophile electrooxidation. Chem, 2020, 6 (11): 2974-2993.

[69] Cai M, Zhang Y, Zhao Y, et al. Two - dimensional metal - organic framework

nanosheets for highly efficient electrocatalytic biomass 5 - (hydroxymethyl) furfural (HMF) valorization. Journal of Materials Chemistry A, 2020, 8 (39): 20386 - 20392.

[70] Jiang N, You B, Boonstra R, et al. Integrating electrocatalytic 5 - hydroxymethylfurfural oxidation and hydrogen production via Co - P - derived electrocatalysts. ACS Energy Letters, 2016, 1 (2): 386 - 390.

[71] Kang M J, Yu H J, Kim H S, et al. Deep eutectic solvent stabilised Co - P films for electrocatalytic oxidation of 5 - hydroxymethylfurfural into 2, 5 - furandicarboxylic acid. New Journal of Chemistry, 2020, 44 (33): 14239 - 14245.

[72] Weidner J, Barwe S, Sliozberg K, et al. Cobalt - metalloid alloys for electrochemical oxidation of 5 - hydroxymethylfurfural as an alternative anode reaction in lieu of oxygen evolution during water splitting. Beilstein Journal of Organic Chemistry, 2018, 14 (1): 1436 - 1445.

[73] Zhou Z, Chen C, Gao M, et al. In situ anchoring of a Co_3O_4 nanowire on nickel foam: an outstanding bifunctional catalyst for energy - saving simultaneous reactions. Green Chemistry, 2019, 21 (24): 6699 - 6706.

[74] Gao L, Bao Y, Gan S, et al. Hierarchical nickel - cobalt - based transition metal oxide catalysts for the electrochemical conversion of biomass into valuable chemicals. ChemSusChem, 2018, 11 (15): 2547 - 2553.

[75] Kang M J, Park H, Jegal J, et al. Electrocatalysis of 5 - hydroxymethylfurfural at cobalt based spinel catalysts with filamentous nanoarchitecture in alkaline media. Applied Catalysis B: Environmental, 2019, 242: 85 - 91.

[76] Lu Y, Dong C L, Huang Y C, et al. Identifying the geometric site dependence of spinel oxides for the electrooxidation of 5 - hydroxymethylfurfural. Angewandte Chemie International Edition, 2020, 59 (43): 19215 - 19221.

[77] Huang X, Song J, Hua M, et al. Enhancing the electrocatalytic activity of CoO for the oxidation of 5 - hydroxymethylfurfural by introducing oxygen vacancies. Green Chemistry, 2020, 22 (3): 843 - 849.

[78] Nam D H, Taitt B J, Choi K S. Copper - based catalytic anodes to produce 2, 5 - furandicarboxylic acid, a biomass - derived alternative to terephthalic acid. ACS Catalysis, 2018, 8 (2): 1197 - 1206.

[79] Pham H M, Kang M J, Kim K A, et al. Which electrode is better for biomass valorization: $Cu(OH)_2$ or CuO nanowire? Korean Journal of Chemical Engineering, 2020, 37 (3): 556 - 562.

[80] Chen H, Wang J, Yao Y, et al. Cu - Ni bimetallic hydroxide catalyst for efficient electrochemical conversion of 5 - hydroxymethylfurfural to 2, 5 - furandicarboxylic acid. ChemElectroChem, 2019, 6 (23): 5797 - 5801.

[81] Li S, Sun X, Yao Z, et al. Biomassvalorization via paired electrosynthesis over vanadium

nitride-based electrocatalysts. Advanced Functional Materials, 2019, 29 (42): 1904780.

[82] Wang L, Cao J, Lei C, et al. Strongly coupled 3D N-doped MoO_2/Ni_3S_2 hybrid for high current density hydrogen evolution electrocatalysis and biomass upgrading. ACS Applied Materials & Interfaces, 2019, 11 (31): 27743-27750.

[83] Yang G, Jiao Y, Yan H, et al. Interfacial engineering of MoO_2-FeP heterojunction for highly efficient hydrogen evolution coupled with biomass electrooxidation. Advanced Materials, 2020, 32 (17): 2000455.

[84] Cardiel A C, Taitt B J, Choi K S. Stabilities, regeneration pathways, and electrocatalytic properties of nitroxyl radicals for the electrochemical oxidation of 5-hydroxymethylfurfural. Acs Sustainable Chemistry & Engineering, 2019, 7 (13): 11138-11149.

[85] Namkoong Y, Oh J, Hong J I. Electrochemiluminescent detection of glucose in human serum by BODIPY-based chemodosimeters for hydrogen peroxide using accelerated self-immolation of boronates. Chemical Communications, 2020, 56 (55): 7577-7580.

[86] Deng J, Li Y, Deng D, et al. Cu-Pd alloy nanoparticles on carbon paper as a self-supporting electrode for glucose Sensing. ACS Applied Nano Materials, 2021, 4 (12): 14077-14085.

[87] Gao F, Yang Y, Qiu W, et al. Ni_3C/Ni nanochains for electrochemical sensing of glucose. ACS Applied Nano Materials, 2021, 4 (8): 8520-8529.

[88] Wang H, Li Y, Deng D, et al. NiO-Coated $CuCo_2O_4$ nanoneedle arrays on carbon cloth for non-enzymatic glucose sensing. ACS Applied Nano Materials, 2021, 4 (9): 9821-9830.

[89] Borade P A, Ali M A, Jahan S, et al. MoS_2 nanosheet-modified NiO layers on a conducting carbon paper for glucose sensing. ACS Applied Nano Materials, 2021, 4 (7): 6609-6619.

[90] Moggia G, Kenis T, Daems N, et al. Electrochemical oxidation of d-glucose in alkaline medium: impact of oxidation potential and chemical side reactions on the selectivity to d-gluconic and d-glucaric acid. ChemElectroChem, 2019, 7 (1): 86-95.

[91] Ostervold L, Perez Bakovic S I, Hestekin J, et al. Electrochemical biomass upgrading: degradation of glucose to lactic acid on a copper (ii) electrode. RSC Advances, 2021, 11 (50): 31208-31218.

[92] Liu W J, Xu Z, Zhao D, et al. Efficient electrochemical production of glucaric acid and H_2 via glucose electrolysis. Nat Commun, 2020, 11 (1): 265.

[93] Li D, Huang Y, Li Z, et al. Deep eutectic solvents derived carbon-based efficient electrocatalyst for boosting H_2 production coupled with glucose oxidation. Chemical Engineering Journal, 2022, 430: 132783.

[94] Zhang Y, Zhou B, Wei Z, et al. Couplingglucose-assisted Cu(Ⅰ)/Cu(Ⅱ) redox with electrochemical hydrogen production. Adv Mater, 2021, 33(48): e2104791.

[95] Zhou B, Zhang Y, Wang T, et al. Room-temperature chemical looping hydrogen production mediated by electrochemically induced heterogeneous Cu(Ⅰ)/Cu(Ⅱ) redox. Chem Catalysis, 2021, 1(7): 1493-1504.

[96] Fukuoka A, Dhepe P L. Catalytic conversion of cellulose into sugar alcohols. Angewandte Chemie International Edition, 2006, 45(31): 5161-5163.

[97] Kobayashi H, Ito Y, Komanoya T, et al. Synthesis of sugar alcohols by hydrolytic hydrogenation of cellulose over supported metal catalysts. Green Chemistry, 2011, 13(2): 326-333.

[98] Akhade S A, Singh N, Gutierrez O Y, et al. Electrocatalytichydrogenation of biomass-derived organics: A review. Chemical Reviews, 2020, 120(20): 11370-11419.

[99] Kuhn A T. Industrial electrochemical processes. Elsevier Science Limited, 1971.

[100] Bin Kassim A, Rice C L, Kuhn A T. Formation of sorbitol by cathodic reduction of glucose. Journal of Applied Electrochemistry, 1981, 11(2): 261-267.

[101] Pintauro P N, Johnson D K, Park K, et al. The paired electrochemical synthesis of sorbitol and gluconic acid in undivided flow cells. I. Journal of Applied Electrochemistry, 1984, 14(2): 209-220.

[102] Lessard J, Belot G, Couture Y, et al. The use of hydrogen generated at the electrode surface for electrohydrogenation of organic compounds. International Journal of Hydrogen Energy, 1993, 18(8): 681-684.

[103] Kwon Y, Koper M T. Electrocatalytic hydrogenation and deoxygenation of glucose on solid metal electrodes. ChemSusChem, 2013, 6(3): 455-462.

[104] Zhang L, Rao T U, Wang J, et al. A review of thermal catalytic and electrochemical hydrogenation approaches for converting biomass-derived compounds to high-value chemicals and fuels. Fuel Processing Technology, 2022, 226: 107097.

[105] Kwon Y, De Jong E, Raoufmoghaddam S, et al. Electrocatalytichydrogenation of 5-hydroxymethylfurfural in the absence and presence of glucose. ChemSusChem, 2013, 6(9): 1659-1667.

[106] Kwon Y, Birdja Y Y, Raoufmoghaddam S, et al. Electrocatalytichydrogenation of 5-hydroxymethylfurfural in acidic solution. ChemSusChem, 2015, 8(10): 1745-1751.

[107] Roylance J J, Kim T W, Choi K S. Efficient and selective eelectrochemical and photoelectrochemical reduction of 5-hydroxymethylfurfural to 2,5-bis(hydroxymethyl) furan using water as the hydrogen source. ACS Catalysis, 2016, 6(3): 1840-1847.

[108] Roylance J J, Choi K S. Electrochemical reductive biomass conversion: direct conversion of 5-hydroxymethylfurfural (HMF) to 2,5-hexanedione (HD) via reductive ring-opening. Green Chemistry, 2016, 18(10): 2956-2960.

[109] Chadderdon X H, Chadderdon D J, Pfennig T, et al. Paired electrocatalytic hydrogenation and oxidation of 5 - (hydroxymethyl) furfural for efficient production of biomass - derived monomers. Green Chemistry, 2019, 21 (22): 6210 - 6219.

[110] Harrison D P. Sorption - enhanced hydrogen production: a review. Industrial & Engineering Chemistry Research, 2008, 47 (17): 6486 - 6501.

第8章 木质素及其高值转化利用

王洪亮

中国农业大学　农学院

通过生物质炼制从可再生的生物质资源中制取高值产品是各国寻求解决资源和环境危机的重要手段。木质纤维素是产量最大、分布最广的陆生生物质资源，也是生物质炼制的主要对象。然而，无论是基础研究还是产业开发，当前生物质炼制主要侧重于木质纤维素中糖类（纤维素和半纤维素）的转化利用。作为木质纤维素三大组分之一的木质素还未得到充分合理利用。木质素是陆地上仅次于纤维素的第二大可再生资源，相较于纤维素和半纤维素，其在化学结构上有着显著差异，是自然界中唯一可大量获取的含有芳香性可再生资源。除此之外，木质素相比纤维素和半纤维素含有更高的 C/O 比和能量密度。由于其特殊的化学结构和较高的能量密度，木质素被认为是生物质中沉睡着的巨人，在制备高附加值化学品、高品质生物燃料及功能材料方面有着重大的潜力。

木质素作为副产物或废弃资源大量存在于当前的工业过程中。据美国能源部计算，未来几年美国从纤维素燃料乙醇项目中每年至少可产生 6 200 万 t 的木质素副产物。木质素当前缺乏合理的利用途径，大部分作为低品质固体燃料直接被燃烧。更大量的木质素作为固体废渣或废液存在于制浆造纸工业中，其直接排放或燃烧造成了巨大的资源浪费和严重的环境污染。将木质素转化为增值产品不仅可以充分利用自然资源，而且可以提高整个生物质炼制过程的经济性和碳效率。

尽管木质素在生物质炼制中拥有巨大潜力，但其高值转化利用存在许多挑战。归结起来，木质素转化过程中有以下几大关键问题急需解决。首要问题来自木质素复杂、不均质的本征化学结构。木质素不同于纤维素，没有简单重复的结构单元和单一的连接键型，它是由苯丙烷类衍生物通过复杂繁多的 C—O 键和 C—C 键连接而成的三维网状大分子。木质素在生物质中起着交联保护的作用，化学性质稳定，较难通过生物法或化学法降解利用。第二个问题是木质素降解生成的中间产物反应活性很高，副反应严重。木质素在高温等苛刻反应条件下生成的中间产物往往含有苯环、碳碳双键、碳氧双键等活性部件，在反应条件下很容易发生聚合，生成更为稳定的聚合物，严重降低目标产物的产率。第三个问题源于木质素降解所得产物的复杂性，木质素降解产物可多达上百种，直接利用困难。木质素自身结构复杂多变，降解转化条件苛刻，中间产物反应活性高，这些都直接导致最终所得产物种类繁杂。例如，当前大多数木质素转化手段，不管是催化加氢还是氧化降解，都很难将木质素转化成一种或一类产物，往往是同时得到数十种甚至上百种产物。木质素产物的复杂性使得其后续利用成本增高，显著降低了整个生物质炼制过程的经济性。

本章从木质素的结构和物化特性出发，介绍了木质素的研究历程、结构特征、功能特性、分离提取、分级改性及降解转化制液体燃料和高值化学品等内容，同时也较深入地分析了木质素高值化利用中存在的机遇和挑战。

8.1 木质素的结构和物化特性

8.1.1 木质素的结构

早在 1838 年，法国科学家安塞姆·佩恩（Anselme Payen）发现了木材中存在两大类物质：一种是纤维状物质，另一种是包覆在纤维状物质周边的无定型物。佩恩将纤维状物质命名为纤维素（cellulose），而将无定型物称作"包覆物"（encrusting material）[1]。佩恩同时发现"包覆物"相较于纤维素含有更高的 C/O 比和能量密度。1865 年，德国科学家 F. Schulze 分离提取出纯度较高的"包覆物"，并初步探究了其物性，将其命名为"lignin"。"lignin"是从木材的拉丁文"lignum"衍生而来的，中文译为木质素或木素。三年之后，E. Erdmann 利用碱从木材中提取木质素时，发现木质素解聚可生成大量的邻苯二酚和原儿茶酸类物质，由此推测木质素是由芳香性物质构成。1890 年，Benedikt 和 Bamberger 仔细研究了木质素的结构，证明木质素芳香环上存在大量的甲氧基[2]。之后，Peter Klason（1848—1937 年）对木质素的分离提取及结构解析做了大量工作，建立了 Klason 木质素定量分析法，提出了木质素源于松柏醇（coniferyl alcohol）的学说[3]。同一时期的科学家 Freudenberg 在木质素化学领域也做出了杰出的贡献，他的研究证明了木质素的基本结构单元是苯丙烷类衍生物，指出木质素是由这类物质通过 C—O 键和 C—C 键连接而成[4]。之后，经过几代科学家的不懈努力，尤其是到了 20 世纪 90 年代末，光谱技术（如二维核磁）在木质纤维素结构解析方面得到了深入应用，木质素的结构和性质变得越来越清晰[5]。进入 21 世纪后，木质素的高值化利用也日益受到重视，木质素转化制备先进燃料、高值化学品及功能材料等方面的研究已取得了很大进展，木质素基减水剂、黏结剂、分散剂等产品被陆续开发出来并应用到实际生产中[6,7]。

木质素是木质纤维素类生物质中第二大组成成分，其含量仅次于纤维素，一般占植物干重的15%～30%，也是世界上唯一可大量获取的芳香性可再生资源[8]。木质素与纤维素和半纤维素一样，都是由碳、氢、氧三种元素构成。不同的是，木质素不属于糖类，其中的碳元素质量占比较高，一般超过了60%，使得木质素的能量占比在木质纤维素中超过了40%[9]。从化学结构上来说，木质素是以苯丙烷类物质为结构单元，通过C—O键和C—C键连接而成的三维网状无定型高分子聚合物。木质素的化学结构具有高度的复杂性、异质性和多变性。近几十年来，虽然对木质素的结构研究越来越深入，但木质素的本征结构仍不清晰。木质素在软木（softwood）、硬木（hardwood）和草木（herbaceous plant）中的占比和结构都不同。同一品种的植物在不同的生长环境和生长时期，其中的木质素含量和结构也有不同，甚至在同一细胞的不同壁层之间，木质素的结构也存在差异[7]。此外，木质素在提取过程中容易发生降解、缩合和衍生化反应，使得分离所得到的木质素和天然木质素在结构和物化特性上存在一定差异。总的来说，木质素的化学结构受植物种类、植物部位、生长时期、生长环境以及分离方法等因素的影响。因此，木质素并不代表单一的物质，而是代表植物中具有相似结构和共同性质的一类物质。

木质素的苯丙烷结构单元一般有三种类型，分别是愈创木基型（guaiacyl，简称G型）、紫丁香基型（syringyl，简称S型）和对羟苯基型（p-hydroxyphenyl，简称H型），其合成前体分别为松柏醇、芥子醇和香豆醇，木质素的代表性结构、基本结构单元及常见连接键如图8-1所示。硬木木质素属于G-S型木质素，其中含有25%～50%的G型结构单元和50%～75%的S型结构单元，以及少量的H型结构单元。软木木质素属于G型木质素，G型结构单元占比达到了90%～95%，此外还有少量的H型结构单元（0.5%～4%）和S型结构单元（0～1%）。草木木质素为G-S-H型木质素，其中G型结构单元占比为25%～50%，S型结构单元占比为25%～50%，H型结构单元占比为10%～25%。软木和硬木中木质素侧链连接键型及频率见表8-1。通常C—O键的比例超过了65%，在此当中β-O-4结构占绝对优势（软木中为43%～50%，硬木中为50%～65%）。β-O-4结构中的C—O键的键解离能相对较低，因此其含量越高，木质素越容易降解转化。另外，因β-O-4结构容易在木质素分离提取过程中被破坏，其含量的高低也常用来评价所提取木质素是否接近天然木质素[9]。相比于C—O键，C—C键的键解离能较高，含有高比例C—C键的木质素缩合度高，一般难以降解和转化。S结构单元苯环上有两个甲氧基，阻碍了相邻苯环间C—C键（如5-5′键）的形成，因此 S 结构单元含量高的木质素缩合度低，并且相对呈线性结构，更易于降解和转化，相反 G 型木质素（软木木质素）5-5′键含量很高，降解转化较困难。值得注意的是，近几年在一些植物（如香草兰）种子壳中，发现了一种新的木质素（C-lignin），这种木质素结构单元和连接键型都十分规整，大分子呈现出高度线性结构，在制备高值化学品和碳纤维方面有巨大潜力[11]。

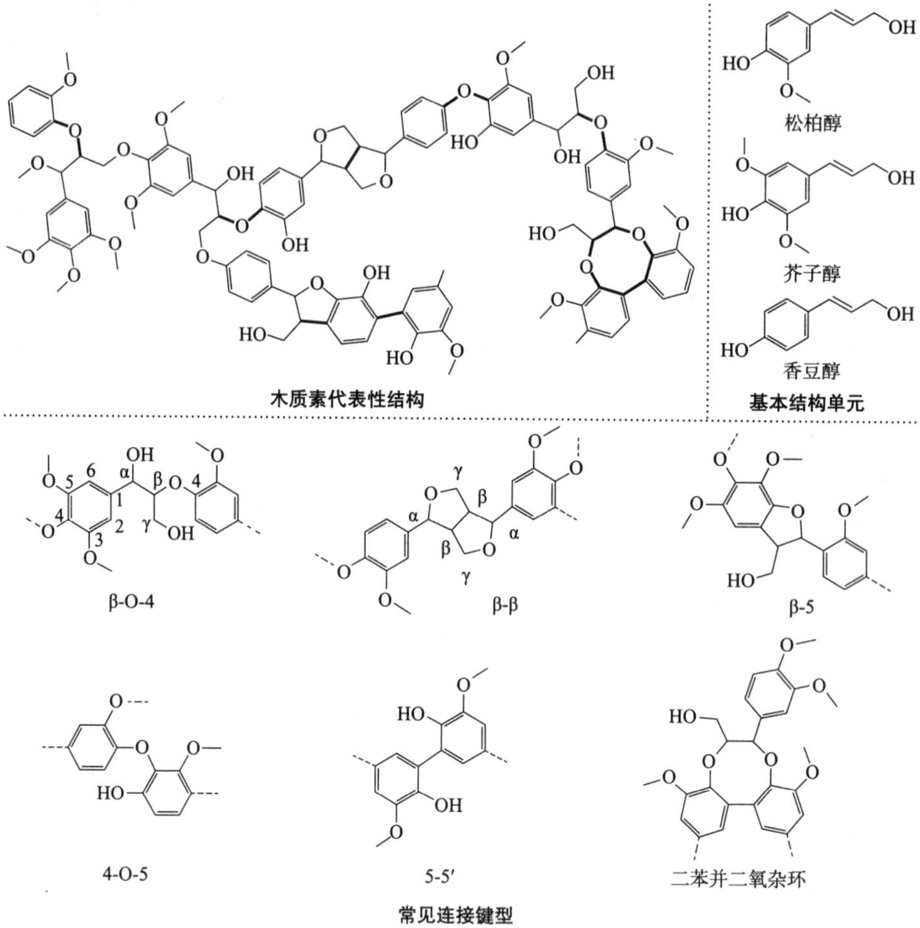

图 8-1　木质素的代表性结构、基本结构单元及常见连接键[10]

表 8-1　软木和硬木中木质素侧链连接键型及频率（按每 100 结构单元计算）

连接键	软木	硬木
β-O-4	43～50	50～65
α-O-4	6～8	4～8

(续)

连接键	软木	硬木
β-β	2～4	3～7
5-5′	10～25	4～10
4-O-5′	4	6～7
β-1	3～7	5～7
C-6, C-2	3	2～3

8.1.2 木质素的物化特性

从木本植物中提取分离的木质素的相对密度介于 1.30～1.50 g/cm³，不同植物来源和提取方法所得木质素的密度会有所差别。天然木质素的颜色为白色或接近白色。从制浆造纸等工业得到的木质素的颜色介于淡黄色至黑褐色，这是因为在木质素的提取和分离过程中其结构遭到了不同程度的破坏，高分子发生了解聚和缩合，同时生成了不同种类和数量的发色基团和助色基团。天然木质素在水及常规的有机溶剂中都较难溶解，以各种方法分离所得的木质素其溶解性取决于其分子质量的大小、极性官能团的多少、氢键结合能等因素[12]。一般来说，分子质量小、极性官能团多、氢键结合能大，则溶解性好。制浆造纸的原理就是利用酸性物质或碱性物质，在一定的温度下使木质素发生解聚，同时在其大分子结构中引入极性官能团（如磺酸基、酚羟基、羧基等），将木质素溶解，促使它和纤维素分离。木质素的分子质量大小因植物种类和提取方法而不同，且分布较宽，通常为 500～50 000u。

木质素是一种无定形高分子，在热性质上表现为热塑性。由于木质素结构的高度异质性，其玻璃化转变温度（T_g）相对较宽，一般为 90～170℃。当温度低于 T_g 时，木质素分子间的运动被冻结，呈现玻璃状固体；当温度高于 T_g 时，分子链的布朗运动加剧，木质素被软化，同时产生黏着力。T_g 直接影响木质素的加工和使用性能。分子质量、官能团和吸附水的量对 T_g 均有影响。木质素的分子运动随其分子质量和分子间氢键密度的增加而减小。因此，分子质量高、极性基团含量高的木质素通常具有较高的 T_g。少量吸附在木质素上的水，可以起到增塑剂的作用，破坏木质素分子间的氢键，从而提高木质素的分子迁移率，降低其 T_g[3]。木质素羟基的化学修饰，如醚化、酯化或烷基化，也可以打破氢键，降低木质素的 T_g。分解温度（T_d）是评价木质素热性质的另一个重要指标。由于木质素具有多种官能团和连接键型，键解离能分布较宽，木质素的热降解温度范围也较宽（150～550℃）[13]。木质素热降解是一个复杂的、连续化过程，在 150～200℃ 范围内，以羟基脱水为起始步骤。醚键的裂解，特别是 α-O-4 和 β-O-4 侧链中醚键的裂解是木质素降解的主要步骤，反应温度一般为 150～300℃。木质素单元间 C—C 键断裂一般发生在 350～400℃。超过 300℃时，苯环上的甲氧基开始断裂、脱落。当温度进一步升高至 500℃以上时，木质素碳骨架发生重排，生成生物质炭和低分子挥发性产物[14]。

8.2 木质素的提取和分级

8.2.1 木质素的提取

木质素的提取方法大致可分为两类：①将生物质中的木质素溶解或降解，并将纤维素及半纤维素作为固体物质分离；②将生物质中的纤维素和半纤维素溶解或降解，并将木质素作为不溶性残留物分离。在制浆造纸工业中，木质素主要以第一类方法被分离，而在纤维素燃料乙醇工业中，木质素主要以第二类方法被分离。木质素作为制浆造纸工业的副产物，全球每年产量达 5 000 万 t。随着生物质炼制工业的发展，预计未来每年会有 4 000 万～7 000 万 t 的木质素产出[15]。根据生产工艺不同，工业木质素（technical lignin）主要分为硫酸盐木质素（kraft lignin）、木质素磺酸盐（lignin sulfonate）、碱木质素（alkali lignin）、有机溶剂木质素（organosolv lignin）、酶解木质素（cellulolytic enzyme lignin）等[16]。

硫酸盐木质素是硫酸盐法制浆的副产物。在传统的硫酸盐法制浆过程中，氢氧化钠和硫化钠的水溶液与木质纤维素在一个大型压力容器中发生反应，木质素被部分裂解，并在丙烷侧链 β 位置引入硫醇基团，从而从木质纤维素中溶解出来。木质素磺酸盐是一种水溶性木质素衍生物，是亚硫酸盐制浆的副产品，由疏水的芳香骨架和亲水的磺酸基组成。在亚硫酸盐制浆过程中，木质素的 β-O-4 醚键被破坏，并在丙烷侧链 α 位置引入磺酸基，从而具备了水溶性。双亲性赋予木质素磺酸盐显著的界面活性和润湿性、吸附性、分散性等物理化学性质，可作为有效的表面活性剂应用于许多工业领域[17]。需要注意的是硫酸盐木质素和碱木质素是碱法制浆的副产物。在 170℃高温下，木材与烧碱溶液反应，发生一定程度碱性水解，木质素大分子的破裂与苯丙烷单元连接键的断裂同时发生，并伴随着自由酚羟基的产生。与此同时，木质素分子中的侧链氧化并产生羧基，聚合物破碎成较小的碱溶性片段。碱木质素在碱性环境下，酚羟基和羧基的电离作用增强，使其亲水性增强，从而能在碱性溶液中溶解。有机溶剂木质素是以乙醇等醇类或与其他试剂的混合物作为溶剂，在高温、高压条件下，从生物质中分离出的木质素。由于木质素在有机溶剂中未经过剧烈反应，因而木质素的结构单元之间的断裂、缩合程度比较低，酚羟基和羧基的含量较低，可以生产出高质量的木质素[9]。酶解木质素来源于生物法炼制乙醇后剩余的残渣。酶解木质素未经过碱或亚硫酸处理，在温和的条件下通过选择性地打开木质素与糖类的结合键而制得，因而降解率低，产量更高，也更能代表木材中天然木质素的结构。

8.2.2 木质素的分级

由于不同来源的木质素结构性质差异较大，同一来源和不同分离方法所得的木质素结构也不均一，给其后续转化利用带来了较大困难。因此，有大量的研究致力于木质素的分级[18]。分级可将不同结构和物化特性的木质素筛分出来，使木质素变得均一，降低其后续高值化利用的难度。现有分级方法主要有膜过滤分级、有机溶剂溶解分级、梯度调控pH沉淀分级和水热分级等。

有机溶剂溶解分级是较常用的木质素分级方法，用到的有机溶剂主要有乙醇、甲醇、二氯甲烷、二氧六环、正丙醇、丙酮等。在这方面，有研究不同的有机溶剂对同一木质素进行的分级，有利用同一有机溶剂在不同的水浓度下对同一木质素进行的分级，也有利用同一有机溶剂对不同的木质素原料进行的分级等。其原理主要是利用木质素在不同溶剂中的溶解度差异，对木质素进行筛分。有机溶剂分级的优势在于分级效果较好、所用溶剂可以循环利用、分级后所得木质素的纯度较高。然而，利用有机溶剂对木质素进行分级，存在试剂的成本较高及环境污染等问题。

沉淀分级则主要利用不同结构的木质素在不同pH条件下的水溶液中溶解度不同，通过调控溶液的pH梯度使得不同结构的木质素依次沉淀分离[19]。碱木质素在酸性溶液或碱性溶液中的溶解度有很大的差异性，因此，从高到低调控木质素水溶液的pH，可将高分子木质素和低分子木质素逐级分离出来。该方法操作简单有效，但也存在明显不足，即不同分子质量的木质素在调控溶液pH降至2.0时会发生共沉淀，进一步分离困难。

对膜过滤分级的研究比较成熟，膜过滤分级是通过超滤膜等膜筛分对木质素进行分级，获得具有确定分子质量分布的木质素馏分。膜过滤分级的优势在于其简便、易操作、能耗少，但较高的设备投资和运行成本影响了该技术的产业化。此外，膜分级中用到的膜价格较高，膜的耐久性存在一些问题，因此此方法成本也比较高。

离子液体（ILs）在生物质组分的分离、溶解和纯化等方面应用较广。与有机溶剂和酸沉淀分级相比，离子液体具有可燃性差、热稳定性高和溶剂化性能良好等优点，利用离子液体对木质素进行分级更为绿色环保。

在不引入新的有机溶剂或其他化学试剂的条件下，以水作为溶剂，通过加热加压将木质素进行分级即为木质素的水热分级。通常，碱法制浆和硫酸盐法制浆所得到的黑液是高碱性溶液（pH＝13～14）。通过调节水的比例，可在加热加压下利用黑液中的碱有效断裂木质素中未断裂完全的化学键，之后经过离心或过滤可分离得到水溶性和水不溶性两种级分。该方法只能达到对碱木质素的粗略分级，同时具有一定的水解、降解效果，使得不同级分的木质素均一性能得到一定程度的改善。

几种常见的木质素分级方法见表8-2。

表8-2 几种常见的木质素分级方法

分级方法	原理	优点	缺点
有机溶剂分级	不同有机溶剂中的木质素溶解性有差异	产品纯度较高，操作简单	溶剂回收费用高，耗时长，操作复杂
酸沉淀分级	木质素结构及官能团 pK_a 值差异使得溶解性具有差异性	能耗低，时间短，过程简单	成本及污染较高，需要用到抗腐蚀性设备
膜分级	不同孔径大小的膜截留不同分子质量的木质素	节能、简单、效率高，无二次污染	设备昂贵，维修、分离成本高，膜寿命短
离子液体分级	利用溶解性差异	绿色、高效、节能	基础薄弱，待发展
水热分级	利用黑液中的残碱，施加高温进行自水解	绿色、高效、节能	基础薄弱，待发展

8.3 木质素的功能特性和修饰改性

8.3.1 木质素的功能特性

木质素具有苯丙烷芳香骨架，同时大分子中含有酚羟基、醇羟基、羰基、甲氧基、羧基、芳香基等活性基团，因此具备多种功能特性，包括抗氧化活性、抗菌性、抗紫外线性、表面活性等，这为木质素的高值化利用奠定了良好的基础[7]。

木质素作为天然的多酚大分子，具有清除自由基的能力，因此具有良好的抗氧化性能。木质素大分子结构中的酚羟基及甲氧基的含量决定了其抗氧化能力的大小，由于S结构单元在C3、C5位置上有两个甲氧基，G结构在C3位置上有一个甲氧基，H结构没有甲氧基，因此S结构单元含量高的木质素抗氧化性较强。木质素具有一定的抗菌性，在制备抗菌材料方面具有较好的应用前景。研究表明，木质素的抗菌活性受酚类成分及侧链α、β位的化学基团所控制，当侧链引入含氧官能团时，其抗菌活性会降低。除此之外，木质素的来源及提取方法也会对抗菌性产生影响,例如硫酸盐木质素对青霉有显著的抑制作用,而其他木质素的抑菌能力相对较弱。关于木质素的抗菌机制,有研究认为是高分子中的多酚结构破坏了微生物的细胞膜,导致细胞内容物流出[3]。相比于木质素大分子,木质素纳米颗粒表现出更优越的抗菌性能,这可能是由于木质素纳米颗粒具有更高的比表面积[20]。

木质素具有芳香性,在紫外光谱范围内具有很强的吸光能力。目前,人们普遍认为木质素中的大量不饱和双键可以与苯环形成共轭体系,由于共轭体系中活跃的 π 电子以及羟基、氨基、醚键、羧基等生色基团的存在,使得木质素在紫外光谱中具有很宽的吸收带[21]。生物相容性是评价一种材料应用于生物医学领域的重要特性。近年来,在木质素纳米药物、乳剂、水凝胶等一系列领域的研究表明,木质素对细胞活性没有负面影响。然而,由于天然木质素的异质性,还不确定木质素的所有组分都具有良好的生物相容性。木质素大分子中含有众多含氧官能团,使得其能吸附、螯合多种多价金属离子,如 Fe^{3+}、Zn^{2+}、Cu^{2+} 等。木质素与金属离子的络合能力主要与酚羟基、羧基有关,此外,木质素的螯合能力也取决于木质素的类型。木质素对金属的强吸附、螯合作用使得其在土壤改良、金属回收、水处理等方面具有广阔的应用前景[22]。

木质素具有苯丙烷疏水性骨架和极性含氧官能团,因此具有表面活性[23]。天然木质素中的极性官能团含量较少,亲水性较差。木质素在分离提取或加工过程中会形成分子质量相对低的碎片,同时会引入羟基、磺酸基、羧基等官能团,表面活性会得到改善。相较于其他工业木质素,木质素磺酸盐含有较多的亲水性磺酸基团,在水中的溶解性较好,作为高分子表面活性剂已实现了工业化应用。此外,生产上常常通过磺化、氧化、接枝共聚等方法对木质素进行改性,提高其表面活性以达到应用要求。

目前,木质素作为表面活性剂已经在染料分散剂、混凝土减水剂、采油牺牲剂、水煤浆分散剂等很多领域有报道[24]。木质素作为聚合阴离子表面活性剂,也可以与其他类型的表面活性剂复配。虽然阴、阳离子表面活性剂混合后由于静电作用极易形成沉淀,但如果对外界条件进行适当的控制,阴、阳离子表面活性剂的混合会形成胶束、纳米微球、囊泡、液液相分离等具有特殊性质的复配体系[17]。体系的电荷性质和疏水性是影响聚集行为改变的根本原因,当 ζ 电位为零的时候,聚集体的粒径达到最大。因此,具有相反电荷的表面活性剂对木质素在水溶液中的溶解和聚集行为会产生很大的影响。

8.3.2 木质素的修饰改性

木质素特殊的化学结构决定了其拥有多种功能特性,在制备燃料、化学品及功能材料方面具有重大应用潜力。木质素可以直接填充到一些聚合物基质中，以降低材料的制备成本或改善材料的应用性能，包括提升材料的抗氧化、抗紫外线、抗菌和阻燃性能等[13]。然而，工业木质素有效官能团含量不足，与合成材料相容性差，致使其规模化应用受到很大限制。此外，大部分工业木质素存在水溶性差、异质性高、反应活性低等缺点，导致出现定向转化难、产品品质差等一系列问题。因此，为了实现木质素规模化高值利用，同时扩大木质素的应用范围，通常需要对其进行修饰改性。根据应用目的和反应类型，木质素的改性主要可分为以下三种类型：①木质素衍生化，即在木质素大分子中引入新的官能团和活性位点；②木质素接枝共聚，即在木质素在大分子中引入新的功能聚合物模块；③木质素解聚，即将木质素大分子降解成小的功能片段。

木质素具有酚羟基、醇羟基和苯环等活性位点，基于这些位点可以进行多种化学反应，包括羟甲基化、胺甲基化、磺化、硝化、卤化、烷基化、缩聚及接枝共聚等[25]。木质素的酚羟基与芳环具有p-π共轭效应，因此其邻位和对位变得很活泼，能参与多种亲电反应，包括羟甲基化、胺甲基化、磺化、硝化等，木质素修饰改性常见策略如图8-2所示。木质素酚羟基的对位通常被苯丙烷侧链所占据，因此这些反应往往发生在邻位位点。木质素β-O-4侧链的C_α和C_β位置具有醇羟基，这些羟基也可以作为活性位点，通过各种反应引入新的官能团。当然，酚羟基作为木质素中普遍存在且反应活性较高的官能团，基于它也能进行大量衍生化反应，包括烷基化、酚化、醚化、酯化等，从而引入新的官能团和活性位点。

木质素在碱性或酸性介质中可与甲醛发生羟甲基化反应。工业木质素一般在碱性体系中具有较好的溶解性，当pH大于9时，木质素苯环上的游离酚羟基被电离，同时酚羟基的邻位被活化，能与甲醛反应，在苯环上引入羟甲基，因木质素S结构单元的两个邻位都有甲氧基，所以不能进行羟甲基化反应。羟甲基化常被用作木质素进一步改性的活化反应。例如，羟基化木质素可与Na_2SO_3、$NaHSO_3$或SO_2发生磺化反应，使得改性后的木质素亲水性更强，可作为染料分散剂、水泥减水剂、高分子材料增强剂以及离子交换树脂等功能产物。

胺甲基化（曼尼希反应，Mannich reaction）是指含有活泼氢的化合物与甲醛及胺的缩合反应，该反应的基本特征是化合物中的活性氢原子被甲基胺所取代[26]。木质素是一种酚类大分子，苯环上π键的共轭使其具有亲核性，易被亲电的Mannich试剂攻击。在没有取代基的情况下，胺甲基化反应主要发生在酚羟基的邻位上，否则该反应发生在酚羟基的对位上。胺改性可以增加木质素中活性氢的数量，从而提高木质素的反应活性。值得一提的是，木质素曼尼希反应通常使用小分子有机胺，然而长碳链脂肪胺制备的曼尼希反应产物的

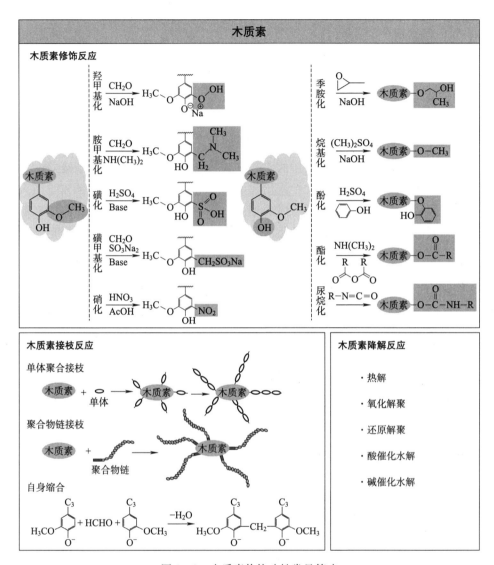

图 8-2 木质素修饰改性常见策略

表面活性更好，应用范围更广。

磺化是研究最早、应用最多的木质素衍生化方法，主要有高温磺化、磺甲基化和氧化磺化等方法[3]。传统的高温磺化是在木质素侧链中引入磺酸基团，以获得更好的水溶性产物，如利用亚硫酸钠和甲醛在高温和碱性条件下对木质素进行磺甲基化处理。氧化磺化是指将木质素降解成低分子质量碎片，然后进行磺化反应，之后磺化片段通过偶联剂偶联，可得到高磺化度、高分子质量的产物。磺化木质素的分子质量和磺化度是其应用的两个关键参数，例如当其应用于电池时，使用低分子质量的木质素磺酸盐效果较好；在制备絮凝剂方面，高分子质量的木质素磺酸盐更合适。磺化木质素还可用于聚苯乙烯、酚醛树脂、离子交换树脂和水凝胶等复合材料的制备中，其新的应用方向值得深入探究[25]。

木质素作为工业表面活性剂应用前景广阔，但大部分工业木质素缺乏理想的亲油基团和亲水基团，导致其表面活性较差。磺化等反应可以增强木质素的亲水性，而改善木质素的亲油性则需要烷基化改性。烷基化反应是在木质素结构中引入烷基的一类反应，常用的烷基化试剂包括卤代烷烃、环氧化合物、醇类等。酚化是指木质素通过酸性催化剂与酚类物质进行反应，在木质素中引入更多酚羟基，以提高木质素的反应活性[27]。酚化木质素通常作为原料用来制备木质素硫酸盐和酚醛树脂，酚化木质素制备的树脂材料可与商业酚醛树脂相媲美。此外，木质素酚羟基的增加有利于提高其抗氧化和抗紫外活性，因此在包装材料、化妆品等增值产品的制备中具有明显的优势。木质素可与酸酐进行酯化反应，酯化木质素在聚合物共混中表现出更好的相容性，可应用于一次性包装、3D打印油墨和可降解塑料。

木质素的接枝共聚改性是单体在引发剂的作用下，在木质素高分子上发生聚合反应，使得两种性质不同的聚合物接枝到一起。接枝方法一般分为三类：自由基聚合、开环聚合和离子型聚合。木质素在 $Cl-H_2O_2$、$Fe^{2+}-H_2O_2$、过氧硫酸盐、Ce^{4+} 等化学引发剂的促进下可与丙烯酰胺、丙烯酸、甲基丙烯酸甲酯或其他乙烯基单体发生共聚反应，其中丙烯酰胺是研究最多的接枝剂。接枝反应的溶剂有硫酸二甲酯、水、吡啶、二甲基乙酰胺、二甲基甲酰胺、1-甲基-2-吡咯烷酮、1,4-二氧乙烷等，通常硫酸二甲酯收率最高。在相同条件下，软木、硬木、草本木质素与丙烯酰胺接枝效果的排序为：硬木＞软木＞草本木质素，这可能主要是甲氧基含量的差异造成的。甲氧基含量越高，接枝率越高。

高能辐射，包括α射线、β射线和γ射线，也能诱导自由基聚合。然而，高能辐射引发木质素接枝聚合需要特殊的设备，目前仅限于实验室研究，在工业上尚未被引用。近年来，利用紫外（UV）光引发聚合的研究日益增多，该技术已被应用于纤维素的接枝共聚反应，而用于木质素共聚的研究较少。生物酶也能引发木质素接枝共聚反应，主要涉及三种酶：木质素过氧化物酶、锰过氧化物酶和多酚氧化酶（如漆酶）[28]。漆酶催化是研究最多的一类酶，它能诱导木质素产生自由基（主要是苯氧自由基），但苯氧自由基不足以与丙烯酰胺聚合，因此必须与其他过氧化物共同作用才能获得高的接枝收率。生物酶诱导的接枝共聚反应具有反应条件温和、选择性高的优点。

8.4 木质素转化制备燃料和化学品

很长一段时期,绝大多数使用纤维素及半纤维素为原料的工业生产过程都将木质素视为副产物或废弃物,如纸浆造纸厂将木质素作为燃料燃烧来供热及回收化学试剂。然而,由于木质素的能量密度比低阶煤还低,而且富含木质素的废弃物通常水分含量很高,因此木质素作为固体燃料的价值被限制在50美元/t以下[9]。如前所述,木质素是自然界唯一可大量获取的含有苯环的可再生资源,将木质素转化为更高价值的化学品和液体燃料可显著提高生物质炼制的经济性和竞争力。木质素具有苯丙烷类单体结构和较高的C/O比,使得它在制备芳香醛、芳香酸、苯酚、烷基苯、环烷烃等高值产物中具有很大潜力,木质素可制得的高值产品如图8-3所示。木质素转化路径在某些方面与石油炼制的路径相似。C—O键或C—C键选择性地裂解,官能团定向去除或生成是木质素转化研究中的重点,热解气化、热解液化、酸解、碱解、还原及氧化转化等方法被广泛研究并用于木质素转化制备燃料和化学品[16]。

8.4.1 木质素热解转化

热解转化是在高温、无溶剂的条件下断裂木质素中的化学键,使之转化成气体、液体或固体产物的过程,主要包括气化和液化[29]。木质素气化通常是在有限氧的气氛下加热木质素至600~1 200℃以生成合成气($CO+H_2$)为主要产物的转化方法。该方法可避免昂贵的生物质预处理过程,技术比较简单,条件易于控制,生成的合成气可以使用石化炼制技术(如费托合成和甲醇合成等)进一步转化为燃料或化学品。

热解液化是在无氧或有限氧的条件下将木质素或整个生物质迅速加热至450~650℃,使之析出挥发分,获得以生物油为主要产物的热化学过程。在快速升温后,高达75%的原料可以转化为挥发分,挥发分冷凝后可获得生物油,剩余的不可冷凝小分子气体和固体生物质炭为副产品。生物油是由数百至上千种含氧有机物构成的不稳定混合物,里面包括单酚(如苯酚、丁香酚、愈创木酚和儿茶酚等)、苯及烷基苯、酮、醛和酸等物质。生物油因其含氧量高、挥发性低、黏度大和酸度高等问题,不宜直接用作燃料,后续需要通过催化裂解或加氢脱氧等对其进行精制[30]。此外,在热解过程添加金属或酸催化剂,对生成的生物油进行原位炼制,也是一种非常实用的提升生物油品质的策略。木质素热解产生的不可凝气体主要有CO、CO_2和一些低分子烷烃(CH_4、C_2H_4、C_2H_2、C_3H_6)等产物。热解后的固体残渣称为生物质炭,它是木质素降解中间体分子内和分子间重排形成的固体产物,通常含有苯环。生物质炭可

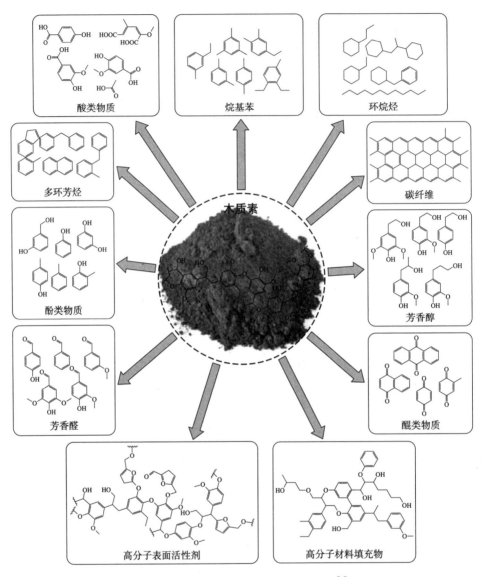

图 8-3 木质素转化可制得的高值产品[9]

用作生物肥料、催化剂载体和吸附剂等产品。

总的来说,热解转化技术壁垒低、易于放大,但产物选择性低,反应过程不易调控。木质素是一种相对分子质量可达数万的生物聚合物,因此对于热解以外的其他策略,木质素转化的第一步通常涉及选择性解聚,将大分子可控裂解成小片段。在大多数情况下,如加氢裂化和水解,产生的木质素小片段需要进行第二步精炼,以制得一些结构规整的最终产物。木质素也可以通过一锅法直接转化为高值产品，但这需要精心设计的催化剂、调控催化反应条件。

8.4.2 木质素酸及碱催化转化

酸催化较早用于木浆和生物质预处理过程中，用于破坏木质素中的芳基醚键（如α-芳基醚键和β-芳基醚键），以分离糖类。近年来，木质素的酸催化转化已成为其选择性转化制备化学品的常见策略[31]。因α-芳基醚键和β-芳基醚键占木质素总键数的70%以上且键能较低，将这两种键有效水解可使木质素充分解聚成酚类单体或二聚体。α-芳基醚键的酸水解反应比β-芳基醚键快得多（约100倍），这是因为前者的活化能（80～118kJ/mol）显著低于后者（148～151kJ/mol）。各种类型的酸，包括液体无机酸（如 HCl、H_2SO_4、H_3PO_4、$ZnCl_2$、$AlCl_3$等），液体有机酸（如苯磺酸、三氟甲磺酸等）、固体酸（如金属氧化物、分子筛等）和酸性离子液体（ILs）等已被广泛应用于木质素的酸催化转化。液体酸催化效率较高，但存在腐蚀性大及分离回收困难等问题。高效固体酸的开发近几年成为木质素转化研究的热点[31]，但需考虑反应过程中的传质问题和结焦问题。近几年，离子液体在木质素的转化中引起了广泛关注[32]，它们可以同时起到溶剂和催化剂的作用，其溶解性和催化活性可以通过调变阴离子和阳离子的种类来调节。大多数ILs中的木质素水解遵循典型的Brönsted酸催化反应机制，向ILs中添加一些金属氯化物可进一步提升木质素的转化效果。

除了催化剂外，溶剂及底物结构也会对木质素酸催化产生重要影响。醇类、酚类和烷基苯类溶剂一般可以提高木质素单体收率，改变产物分布[33]。一些溶剂（如低碳醇）还能原位参与反应，起到封端剂的作用，提升木质素解聚物的溶解性和稳定性，从而提升酚类产物的收率。木质素芳环上的羟基、甲氧基以及烷基侧链上的取代基会影响木质素的水解活性。在酸催化水解过程中，当木质素侧链对位含有酚羟基时，其β-O-4侧链上 C—O 键断裂的反应速率相较对位不含酚羟基的底物可以加快两个数量级[34]。此外，甲氧基是木质素中常见的取代基，其存在可以阻止酸催化过程中形成稳定的苯基-二氢苯并呋喃类化合物，进而促进β-O-4键的裂解。也有报道称木质素烷基侧链上α-碳羟基的甲基化，可使得β-O-4酸水解反应的速率提高一个数量级。

碱催化剂，如 NaOH、KOH、$Mg(OH)_2$ 和 $Ca(OH)_2$ 等，也被广泛用于木质素降解转化[35]。与酸催化反应类似，碱催化也旨在裂解木质素中最常见的化学键（β-O-4），以生成酚类产物为主要目的。不同化学结构的底物在碱催化中具有不同的反应活性，产物分布也有很大差别。研究人员在碱水溶液中测试了几种木质素模型物（苯酚、苯甲醚和丁香酚）的反应行为，发现取代基较多的丁香酚似乎比取代基较少的苯甲醚更不稳定。NaOH与木质素的比值也是影响木质素转化的主要因素，在NaOH与木质素物质的量比为1.5~2时，木质素降解所得目标产物收率最高。此外，木质素碱催化解聚产物的选择性和产率也取决于溶剂、温度、时间和碱的种类等因素。一般来说，木质素在酚类或醇类溶剂中的反应速度比在水中快，这是由于在这些溶剂中的溶解效果较好。除了液体碱性催化剂，一些固体碱催化剂，如层状双氢氧化物（LDHs），也被用于木质素降解转化[36]。

8.4.3 木质素还原催化转化

如上所述，热解、酸解和碱解都可用于木质素的降解转化，但是生成的产物氧含量高，用作燃油品质较低。此外，这些含氧化合物在反应过程中不稳定、易于重聚，导致最终产物选择性差且收率较低。木质素还原催化转化，特别是以H_2为共反应物的液相加氢脱氧（hydrodeoxygenation，HDO）转化，是木质素高值转化利用中最有前途的策略之一[37]。木质素HDO将解聚、加氢和脱氧反应整合在一个过程中，从而生产出稳定且热值更高的产物，这类产物适合直接用作生物燃料或燃料添加剂。木质素HDO过程涉及氢解、裂化、加氢、脱水、脱羧、异构化和聚合等多个反应过程。理想的HDO过程应该将木质素选择性地降解成单体或二聚体并以水的形式除去分子中的氧，同时尽量减少碳和氢的损失[38]。

催化剂在木质素HDO转化过程中起着非常重要作用。贵金属（如Ru、Pt、Pd、Re、Rh等）及廉价过渡金属（如Ni、Co、Mo、Cu、Fe、Zn等）制成的均相和多相催化剂被广泛应用于木质素的HDO反应[16]。为了提高催化活性或调节产物的选择性，一些双金属（如Ni-Ru、Co-Mo催化剂）和双功能催化剂（如金属-酸双功能催化剂）近几年被陆续开发出来[39,40]。所有的这些尝试都致力于获得高活性、廉价和稳定的催化剂，使得木质素能高效、定向地转化成一种或一类产物，同时降低反应温度、减少H_2的消耗。双金属催化剂因表现出比单一金属更强的催化性能，近几年备受重视。有研究表明，在Pt/C催化剂中添加Zn后，催化剂对木质素及其β-O-4模型化合物的HDO催化转化性能显著提升，芳香单体产物收率明显提高[41]。也有学者合成了一系列NiM（M=Ru、Rh和Pd）双金属催化剂，用于木质素C—O键的选择性氢解，他们发现$Ni_{85}Ru_{15}$催化剂在催化β-O-4氢化水解中展现出很高的活性，其可在相对较低的温度（100℃）和H_2压力（0.1MPa）下实现对相关木质素模型化合物的完全转化[42]。双功能催化剂，尤其是金属-酸催化剂，在木质素HDO反应中也展现出卓越的催化活性。在金属-酸催化剂中，金属催化的加氢和氢解反应与酸催化的水解和脱水反应能够很好地协同，在温和的条件下可实现对木质素及其衍生物的选择性转化。研究表明，将贵金属催化剂（Ru/Al$_2$O$_3$）与酸性分子筛（HY）联合用于木质素 HDO 催化，可显著提升航油段环烷烃类产物的收率[43]。金属位点与酸位点之间的位置关系（如距离）对催化剂的活性具有重要影响，两类位点间的纳米级邻近效应是实现其高效协同催化的重要前提。利用一些热稳定性较好的有机酸对金属催化剂进行修饰是制备高活性双功能催化剂的重要策略。

影响木质素还原反应效果的因素很多，除了催化剂外，溶剂是重要的影响因素。在木质素转化过程中，溶剂的溶解性、极性、质子性、氢转移能力以及 Lewis 酸碱度等性质不仅能够对反应物的溶解和传质产生重要影响，有时也会对转化路径和产物的选择性起决定性作用。在加氢反应中，有些溶剂（如甲醇、异丙醇、四氢化萘等）还能原位提供活泼氢，使得还原反应在不需要氢气的条件下能高效进行，这类溶剂被称为供氢溶剂[44]。常用于木质素还原转化的溶剂体系有水相体系、醇相体系及混合溶剂体系，其中醇相体系因其对木质素有较好的溶解度和供氢性能而应用较多。

近些年，木质素还原催化转化制备航空燃油成为了其高值转化利用的热点。从木质素到航油段芳烃及航油段环烷烃需要经过高分子解聚和解聚产物选择性加氢脱氧两个重要步骤，木质素加氢脱氧转化制备航空燃油反应路线如图 8-4 所示。在反应过程中存在诸多挑战，如木质素结构复杂、稳定、多变，其高效、可控解聚难度较大；木质素解聚产物化学性质活泼、不稳定，含有苯环、双键、醛基、酚羟基等活性基团，在解聚环境中容易通过生成新的 C—C 键缩合成更难降解的高分子。木质素解聚产物多且性质差异大，定向催化转化制备芳烃或环烷烃难度很大，产物调控困难。针对上述挑战，国内外科研工作者进行了大量的研究，并取得了一定的进展。例如在木质素解聚方面，研究人员通过活化木质素侧链（选择性氧化木质素侧链上 α 位或 γ 位的羟基为羰基来降低 β-O-4 键的键能）[45]，以及在木质素解聚过程中加入封端剂（如甲醛、硼酸等）来稳定解聚产物[46]，以提高解聚效率和产物收率。通过以上策略，木质素解聚产物收率可由 10%～20% 提升至 90% 左右。木质素解聚产物选择性加氢脱氧转化难度很大，但近年来也取得了一定进展，包括反应机理挖掘、催化剂设计及反应工艺开发等。然而，在加氢脱氧过程中，如何精准调控"加氢"和"脱氧"反应，在高效裂解 C—O 键的同时使得芳环选择性氢化或不氢化，实现木质素解聚物到芳烃和环烷烃类产物高选择性转化仍充满挑战。

8.4.4　木质素氧化催化转化

在木质素的各种催化转化方法中，氧化催化法由于具有高效性、温和性和

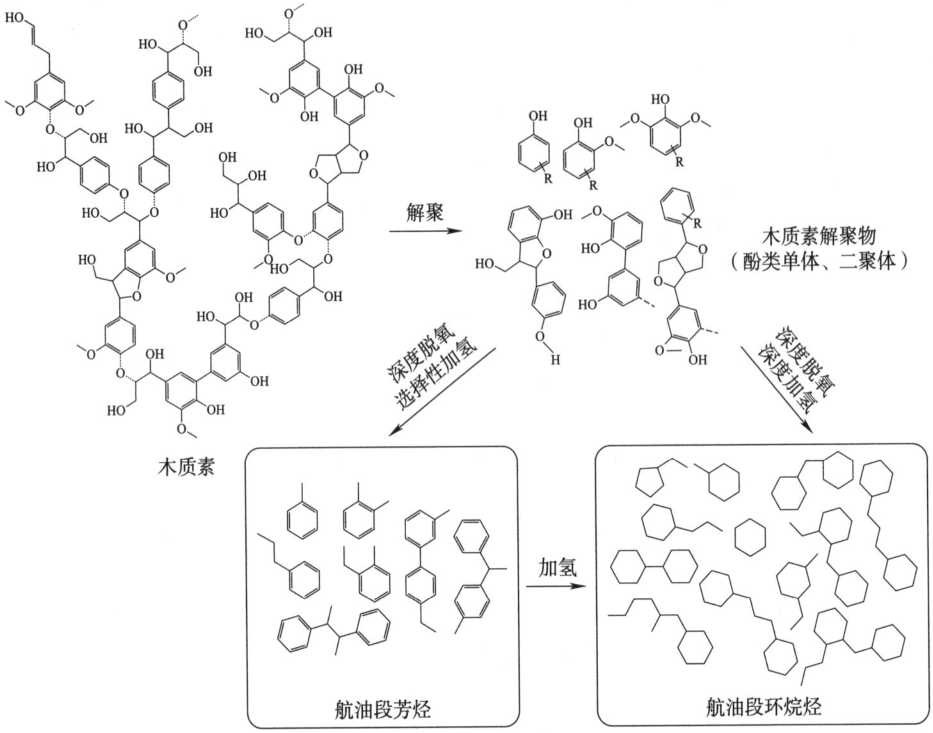

图 8-4 木质素加氢脱氧转化制备航空燃油反应路线

经济性很早就被用来商业化制备香兰素等高值产物[47]。氧化剂和催化剂对木质氧化转化具有决定性的影响,常用的氧化剂有氧气、硝基苯、过氧化氢、臭氧和含氯的过氧酸(包括二氧化氯)等,涉及亲电反应、亲核反应和自由基反应[48]。以硝基苯为氧化剂,木质素氧化转化可制得较高收率(>20%)的芳香醛(如香兰素)类产物,但该氧化剂具有毒性,而且会影响产物的分离和提纯。通常,氧气作为氧化剂,木质素氧化转化主要以自由基或亲电反应为主,生成的产物主要有香草醛/酸、丁香醛/酸和对羟基苯甲醛/酸等。以过氧化氢作为氧化剂时,虽然与 O_2 作为氧化剂生成的产物相似,但其机理通常遵循自由基和亲核反应。从经济性和操作性来看,O_2 或空气是最有前景的氧化剂,在以往的报道中得到了广泛研究。O_2 参与下的木质素氧化过程中,$O_2·$、$HOO·$、HOO^- 和 $HO·$ 会与 O_2 共存,对木质素的解聚和氧化发挥着重要作用。木质素在氧化作用下主要发生如下三类反应:①木质素侧链氧化断裂;②苯环氧化裂解;③苯环氧化偶联生成新的 C—C 键,木质素氧化反应的主要路径[48]如图 8-5 所示。

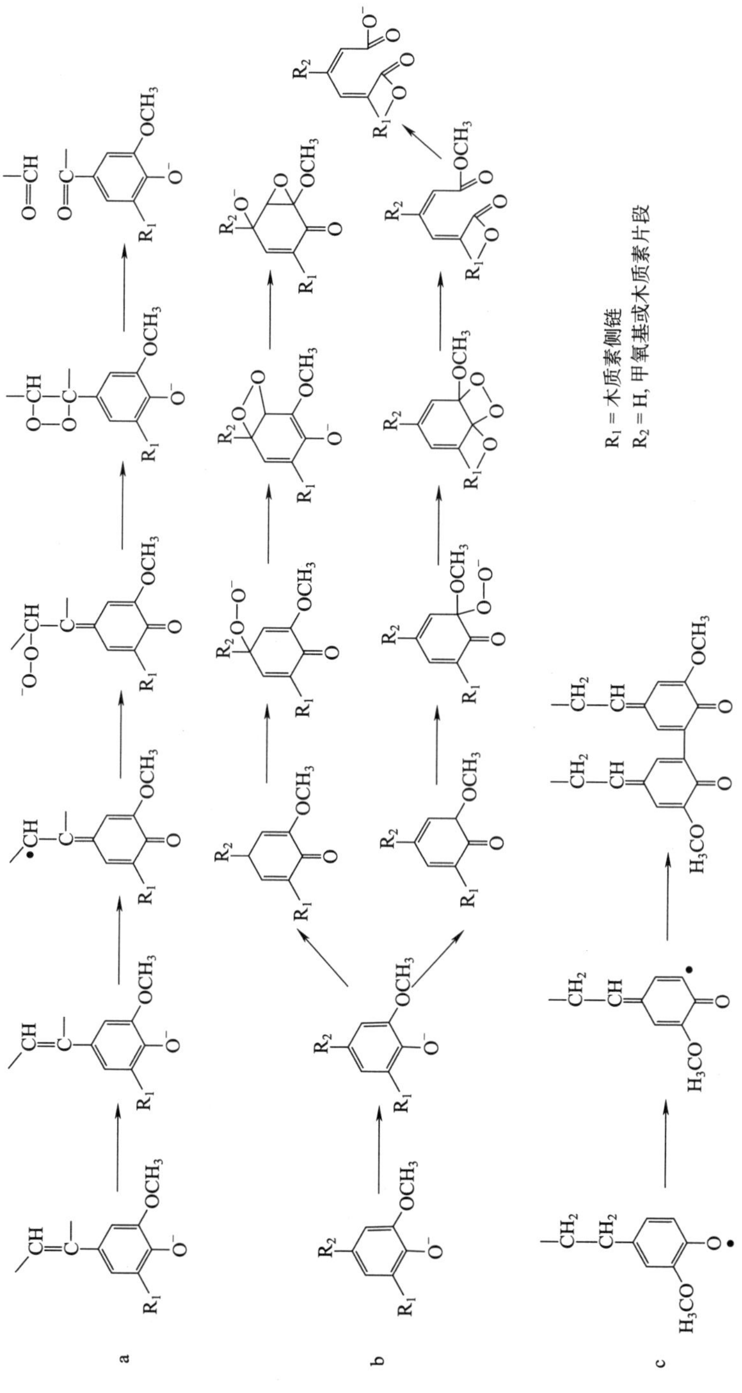

第8章 木质素及其高值转化利用

图 8-5 木质素氧化反应的主要路径
a. 共轭侧链氧化 b. 开环氧化 c. 氧化缩聚

R_1 = 木质素侧链
R_2 = H, 甲氧基或木质素片段

木质素氧化转化的催化剂种类众多，一般可分为无机金属催化剂、有机金属催化剂和有机非金属催化剂三大类。用于木质素氧化转化的无机金属催化剂包括金属单质、金属离子、金属氧化物、复合金属氧化物和多金属氧酸盐等，生成的产物有酚、醛、酮和酸类物质[49]。如前所述，金属单质催化剂被广泛用于木质素的加氢脱氧转化，但由于大部分过渡金属在高温下容易在氧气气氛中被氧化，而一些贵金属（如 Pt、Pd 等）相对稳定，可以参与氧化反应，所以只有少数贵金属单质催化剂被用于木质素的氧化转化。金属离子催化剂较多采用第 4 周期过渡金属的离子（如 Cu^{2+}、Fe^{3+} 等），这些过渡金属在离子状态下具有 4d 空轨道，从而具有较高的氧化催化活性。以金属离子为催化剂，以氧或过氧化氢为氧化剂时，木质素氧化转化可以制得高产率的芳香醛和芳香酸类产物。

金属氧化物由于具有高活性、低成本和易于操作等优点，被认为是最有前途的生物质氧化催化剂。作为非化学计量化合物，氧化物中的阴离子或阳离子空位可形成催化活性位点。金属氧化物催化剂的金属-氧键强度与普通化合物不同，它可以通过亲电机制激活催化底物。复合金属氧化物（如多金属氧酸盐），顾名思义，包括至少两种不同的活性金属，由于其多成分的协同效应，通常对木质素氧化表现出优异的催化性能，可以调节不同金属位点上原子电负性来调节催化剂的性能[47]。另外，不同的金属位点对木质素不同化学键的裂解表现出不同的催化选择性，从而提高了木质素的转化效率和目标产物收率。例如，经典的稀土(碱、碱土和大离子阳离子)-过渡金属类型 ABO_3 钙钛矿型、金红石、纤锌矿和黄铜矿都被报道显示出较强的木质素催化氧化解聚活性。

用于木质氧化转化的溶剂主要有有机溶剂（如甲苯、甲醇、乙腈、吡啶等）、碱性水溶液和离子液体等。值得注意的是，在氧化氛围下，有机溶剂具有一定的危险性（易燃、易爆）。为了降低风险，可以降低反应气氛中氧气的浓度，但低的氧气浓度会对反应产生不利影响。NaOH 和 KOH 的水溶液是较常用的木质素氧化转化溶剂，木质素在碱溶液中具有较好的溶解性且能高选择性地转化成香兰素等芳香醛类产物，但强碱溶液存在腐蚀性且后续产物提取过程中需要中和酸化，需要消耗大量的酸。近年来，离子液体因其对木质素及 O_2 具有很好的溶解性而被用于木质素氧化转化，但离子液体价格较高且有的氧化稳定性较差。开发新型、绿色适用于木质素高效转化的溶剂（如超临界流体、低共熔溶剂等）近年来成为生物质炼制的热点和重点。

8.4.5　木质素高值转化中存在的挑战和机遇

近十年来，研究人员在木质素的高值转化利用方面做出了巨大的努力，并

第8章　木质素及其高值转化利用

取得了显著进展。然而，要充分释放木质素的潜力，将其规模化转化成高附加值产品，仍面临众多挑战。清晰认识木质素的结构和物化特性是实现其高值转化利用的重要前提。天然木质素的结构已经被研究了上百年，但仍然存在许多谜团。木质素的提取、分离通常会对其大分子结构产生不同程度的破坏，从而使得到的木质素失去了本征结构。为了有利于后续分析和转化，理想的木质素提取方法应在温和的条件下获得高收率和高纯度的木质素，并且尽量不破坏其本征结构。传统的制浆造纸工艺得到的木质素含有或多或少的杂质以及高度缩合结构，这为其后续转化利用带来了不少困难。目前的生物质炼制工艺（如纤维素燃料乙醇工艺）主要侧重于糖类的转化，在此过程中木质素的结构也会发生改变，不利于后续转化利用。尽管研究人员已经开发了一些旨在分离具有天然结构的木质素的方法，例如利用球磨联合二氧六环/水溶液提取的Bjorkman木质素（也称为球磨木质素）被认为对天然木质素的结构改变较少，但其制备过程能耗高且木质素产率低（<30%），难以规模化放大。纤维素酶水解法提取的木质素也能较大程度地保留木质素的本征结构，然而该方法虽然木质素得率较高，但由于糖类酶解不彻底，提取的木质素纯度较低。木质素中的杂质，包括糖类及其衍生物，对后续加氢脱氧等转化有显著的负面影响。开发新的生物质预处理方法，将其中的三素成分高效分离、活化，仍值得深入研究。

　　木质素高值化利用中另一重大的挑战在于其难以选择性转化或定向转化。木质素是一种天然黏胶剂，其存在确保了植物结构的稳定性和完整性。在生物合成过程中，木质素单体通过自由基聚合过程随机偶联，这使得木质素成为一种稳定的三维网状高聚物，特别耐生物降解或化学降解。木质素的复杂、相对稳定及非均质结构为其定向转化成某一种或某一类产品带来了不小困难。不同的原料及分离方法得到的木质素结构相差迥异。木质素单体及其连接键型较多，键解离能（BDE）分布较宽，这给木质素的选择性转化带来了挑战。木质素丰富的官能团，如甲氧基、酚羟基和少量的末端醛基，也会影响其反应活性和转化路径。木质素具有较高的分子质量和非晶态结构，导致其在常温下难以溶于常规溶剂。木质素降解中间体反应活性很高，容易发生副反应，因此很难获得高收率的产物。此外，到目前为止，还没有一种有效的方法来准确测定木质素的结构和理论转化率。以上这些挑战严重阻碍了木质素规模化高值利用。

　　机遇往往与挑战并存。木质素特殊的芳香结构及较高的能量密度使得它成为一种制备高密度液体燃料、高值化学品和先进功能材料的理想原料。目前，大部分工业木质素直接被燃烧，用于供热或发电，造成了严重的资源浪费。利用木质素生产高密度液体燃料（如航空煤油）具有广阔前景，不仅能充分利用木质素资源，也能显著提高整个生物质炼制过程的经济性，有利于促进"双碳"目标的达成。木质素最具前景的应用可能在于制备高价值化学品，如苯、甲苯、二甲苯（BTX）和苯酚。当前BTX年需求量超过了1亿t，平均价格约为1 200美元/t，BTX市场份额超过了1 000亿美元。与BTX类似，苯酚是工业生产过程中的另一种重要的平台化学品，全球年产量达到了800万t，市场份额超过了120亿美元。在未来10年，苯酚市场预计将以3.9%的复合年增长率增长。木质素是一种酚基生物聚合物，可作为大分子在工业制造过程中取代苯酚或降解生成苯酚，前景广阔。此外，将木质素转化为碳纤维、活性炭、纳米材料、复合材料等功能材料也具有广阔的应用前景。这些材料在先进制造、能源储存、催化、农业、医药和环保等领域得到了广泛的应用。2020年，全球对碳纤维的需求量已达到14万t，市场价值超过了45亿美元。美国能源部（DOE）报告称，在美国使用10%的木质素可以生产足够的碳纤维，能取代国内乘用车中一半的钢材。

基于木质素巨大的潜力，越来越多的科研人员投入到木质素高值化利用研究中，现已开发出多种高效转化策略，包括木质素优先策略（lignin‑first strategy）[50]、预氧化活化策略[12]、原位封端策略[51]及三素协同转化策略[52]等。这些策略不仅提高了木质素到目标产物的收率，也加深了人们对木质素转化过程的认识，相信未来会有更多的策略被开发出来，也相信在不久的将来木质素基高值产品会广泛出现在工业生产和居民生活中。

参 考 文 献

[1] Adler E. Lignin chemistry‑past, present and future. Wood Science and Technology, 1977, 11 (3)：169‑218.

[2] Benedikt R, Bamberger M. Uber eine quantitative reaction des lignins. Monatshefte Fur Chemie‑Chemical Monthly, 1890, 11 (1)：260‑267.

[3] Laurichesse S, Avérous L. Chemical modification of lignins：towards biobased polymers. Progress in Polymer Science, 2014, 39 (7)：1266‑1290.

[4] Freudenberg K, Chen C, Harkin J, et al. Observation on lignin. Chemical Communications (London), 1965, (11)：224‑225.

[5] Sette M, Wechselberger R, Crestini C. Elucidation of lignin structure by quantitative 2D NMR. Chemistry‑a European Journal, 2011, 17 (34)：9529‑9535.

[6] Moreno A, Sipponen M. Lignin‑based smart materials：a roadmap to processing and synthesis for current and future applications. Materials Horizons, 2020, 7 (9)：2237‑2257.

[7] Li C, Zhao X, Wang A, et al. Catalytic transformation of lignin for the production of chemicals and fuels. Chemical Reviews, 2015, 115 (21)：11559‑11624.

[8] 宋国勇. "木质素优先"策略下林木生物质组分催化分离与转化研究进展. 林业工程学

报，2019，4（5）：1-10.

[9] Wang H, Pu Y, Ragauskas A, et al. From lignin to valuable products - strategies, challenges, and prospects. Bioresource Technology, 2019, 271, 449-461.

[10] Sun Z, Fridrich B, Santi A, et al. Bright side of lignin depolymerization: Toward new platform chemicals. Chemical Reviews, 2018, 118 (2): 614-678.

[11] Chen F, Tobimatsu Y, Havkin-Frenkel D, et al. A polymer of caffeyl alcohol in plant seeds. Proceedings of the National Academy of Sciences, 2012, 109 (5): 1772-1777.

[12] Yu X, Wei Z, Lu Z, et al. Activation of lignin by selective oxidation: An emerging strategy for boosting lignin depolymerization to aromatics. Bioresource Technology, 2019, 291: 121885.

[13] Gillet S, Aguedo M, Petitjean L, et al. Lignin transformations for high value applications: towards targeted modifications using green chemistry. Green Chemistry, 2017, 19 (18): 4200-4233.

[14] Fan L, Zhang Y, Liu S, et al. Bio-oil from fast pyrolysis of lignin: effects of process and upgrading parameters. Bioresource Technology, 2017, 241: 1118-1126.

[15] Ragauskas A, Beckham G T. Biddy M, et al. Lignin valorization: improving lignin processing in the biorefinery. Science, 2014, 344 (6185): 709-720.

[16] Zakzeski J, Bruijnincx P, Jongerius A, et al. The catalytic valorization of lignin for the production of renewable chemicals. Chemical Reviews, 2010, 110 (6): 3552-3599.

[17] Wang J, Fan Y, Wang H, et al. Promoting efficacy and environmental safety of photosensitive agrochemical stabilizer via lignin/surfactant coacervates. Chemical Engineering Journal, 2022, 430: 132920.

[18] Jaaskelainen A, Liitia T, Mikkelson A, et al. Aqueous organic solvent fractionation as means to improve lignin homogeneity and purity. Industrial Crops and Products, 2017, 103: 51-58.

[19] 王冠华. 木质素分级方式及其对产品性能的影响. 生物产业技术, 2015 (5): 14-20.

[20] Figueiredo P, Lintinen K, Hirvonen, et al. Properties and chemical modifications of lignin: Towards lignin-based nanomaterials for biomedical applications. Progress in Materials Science, 2018, 93: 233-269.

[21] Qian Y, Qiu X, Zhu S. Lignin: a nature-inspired sun blocker for broad-spectrum sunscreens. Green Chemistry, 2015, 17 (1): 320-324.

[22] 张召慧, 吴朝军, 于冬梅, 等. 木质素基吸附剂的研究进展. 中国造纸, 2021, 40 (1): 106-116.

[23] Ghavidel N, Fatehi P. Pickering/non-pickering emulsions of nanostructured sulfonated lignin derivatives. ChemSusChem, 2020, 13 (17): 4567-4578.

[24] 王瑞珍, 宋留名, 刘朋, 等. 木质素基表面活性剂研究现状. 生物质化学工程, 2020, 54 (3): 61-68.

[25] Upton B, Kasko A. Strategies for the conversion of lignin to high-value polymeric

materials: review and perspective. Chemical Reviews, 2016, 116 (4): 2275-2306.

[26] Du X, Li J, Lindstrom M. Modification of industrial softwood kraft lignin using Mannich reaction with and without phenolation pretreatment. Industrial Crops and Products, 2014, 52: 729-735.

[27] Yin J, Wang H, Yang Z, et al. Engineering lignin nanomicroparticles for the antiphotolysis and controlled release of the plant growth regulator abscisic acid. Journal of Agricultural and Food Chemistry, 2020, 68 (28): 7360-7368.

[28] Cajnko M, Oblak J, Grilc M, et al. Enzymatic bioconversion process of lignin: mechanisms, reactions and kinetics. Bioresource Technology, 2021, 340: 125655.

[29] Hu J, Wu S, Jiang X, et al. Structure-reactivity relationship in fast pyrolysis of lignin into monomeric phenolic compounds. Energy & Fuels, 2018, 32 (2): 1843-1850.

[30] Saidi M, Samimi F, Karimipourfard D, et al. Upgrading of lignin-derived bio-oils by catalytic hydrodeoxygenation. Energy & Environmental Science, 2014, 7 (1): 103-129.

[31] Deepa A, Dhepe P. Lignin depolymerization into aromatic monomers over solid acid catalysts. ACS Catalysis, 2014, 5 (1): 365-379.

[32] Yan N, Yuan Y, Dykeman R, et al. Hydrodeoxygenation of lignin-derived phenols into alkanes by using nanoparticle catalysts combined with Bronsted acidic ionic liquids. Angewandte Chemie-International Edition, 2010, 49 (32): 5549-5553.

[33] Oregui Bengoechea M, Gandarias I, Arias P, et al. Unraveling the role of formic acid and the type of solvent in the catalytic conversion of lignin: a holistic approach. ChemSusChem, 2017, 10 (4): 754-766.

[34] Sturgeon M, Kim S, Lawrence K, et al. A mechanistic investigation of acid-catalyzed cleavage of aryl-ether linkages: implications for lignin depolymerization in acidic environments. ACS Sustainable Chemistry & Engineering, 2014, 2 (3): 472-485.

[35] Katahira R, Mittal A, McKinney K, et al. Base-catalyzed depolymerization of biorefinery lignins. ACS Sustainable Chemistry & Engineering, 2016, 4 (3): 1474-1486.

[36] Kruger J, Cleveland N, Zhang S, et al. Lignin depolymerization with nitrate-intercalated hydrotalcite catalysts. ACS Catalysis, 2016, 6 (2): 1316-1328.

[37] Wang H, Ruan H, Pei H, et al. Biomass-derived lignin to jet fuel range hydrocarbons via aqueous phase hydrodeoxygenation. Green Chemistry, 2015, 17 (12): 5131-5135.

[38] Wang H, Feng M, Yang B. Catalytic hydrodeoxygenation of anisole: an insight into the role of metals in transalkylation reactions in bio-oil upgrading. Green Chemistry, 2017, 19 (7): 1668-1673.

[39] Wang H, Ruan H, Feng M, et al. One-pot process for hydrodeoxygenation of lignin to alkanes using Ru-based bimetallic and bifunctional catalysts supported on Zeolite Y. ChemSusChem, 2017, 10 (8): 1846-1856.

[40] Wang H, Wang H, Kuhn E, et al. Production of jet fuel-range hydrocarbons from

[40] hydrodeoxygenation of lignin over super Lewis acid combined with metal catalysts. ChemSusChem, 2018, 11 (1): 285-291.

[41] Parsell T, Owen B, Klein I, et al. Cleavage and hydrodeoxygenation (HDO) of C—O bonds relevant to lignin conversion using Pd/Zn synergistic catalysis. Chemical Science, 2013, 4 (2): 806-813.

[42] Zhang J, Teo J, Chen X, et al. A series of NiM (M = Ru, Rh, and Pd) bimetallic catalysts for effective lignin hydrogenolysis in water. ACS Catalysis, 2014, 4 (5): 1574-1583.

[43] Chen S, Wang W, Li X, et al. Regulating the nanoscale intimacy of metal and acidic sites in Ru/γ-Al$_2$O$_3$ for the selective conversions of lignin-derived phenols to jet fuels. Journal of Energy Chemistry, 2022, 66: 576-586.

[44] Hu J, Zhang S, Xiao R, et al. Catalytic transfer hydrogenolysis of lignin into monophenols over platinum-rhenium supported on titanium dioxide using isopropanol as in situ hydrogen source. Bioresource Technology, 2019, 279: 228-233.

[45] Chen S, Lu Q, Han W, et al. Insights into the oxidation-reduction strategy for lignin conversion to high-value aromatics. Fuel, 2021, 283: 119333.

[46] Shuai L, Amiri M, Questell-Santiago Y, et al. Formaldehyde stabilization facilitates lignin monomer production during biomass depolymerization. Science, 2016, 354 (6310): 329-333.

[47] Jeon W, Choi I, Park J, et al. Alkaline wet oxidation of lignin over Cu-Mn mixed oxide catalysts for production of vanillin. Catalysis Today, 2020, 352: 95-103.

[48] Ma R, Xu Y, Zhang X. Catalytic oxidation of biorefinery lignin to value-added chemicals to support sustainable biofuel production. ChemSusChem, 2015, 8 (1): 24-51.

[49] Vangeel T, Schutyser W, Renders T, et al. Perspective on lignin oxidation: advances, challenges, and future directions. Topics in Current Chemistry, 2018, 376 (4): 30.

[50] Abu-Omar M, Barta K, Beckham G, et al. Guidelines for performing lignin-first biorefining. Energy & Environmental Science, 2020, 14 (1): 262-292.

[51] Huang X, Korányi T, Boot M, et al. Ethanol as capping agent and formaldehyde scavenger for efficient depolymerization of lignin to aromatics. Green Chemistry, 2015, 17 (1): 4941-4950.

[52] Liao Y, Koelewijn S, Van den Bossche G, et al. A sustainable wood biorefinery for low-carbon footprint chemicals production. Science, 2020, 367 (6484): 1385-1390.

第9章 木质纤维素基单体及其高分子聚合

朱慧娥[1]，裴福云[2]

[1]Tohoku University，[2]中节能铁汉生态环境股份有限公司

工业革命以来，化石资源的大规模使用带来了各种严峻的环境问题，如温室效应、大气污染、土壤及海洋污染等。廉价、轻便且用途广泛的高分子材料是人们日常生活中必不可缺的重要材料，但是绝大多数的高分子材料的生产制备依然高度依赖石油化学工业[1]。因此，高分子材料工业不仅面临着原料枯竭的问题，同时生产过程也会对环境造成不可逆的负面影响。例如，研究表明每生产1kg聚丙烯和聚乙烯的等效二氧化碳排放量分别为1.34kg和1.48kg[2]。除此之外，只有14%的塑料包装在使用后被收集起来进行回收利用，大量的塑料包装逃逸到了环境中[3]，导致了白色污染和温室效应等，为产业发展和材料研发带来了前所未有的挑战。在此背景下，通过绿色可再生植物资源的高效利用，实现生物基聚合物材料的大规模生产和应用，是解决上述问题最有潜力的手段之一。在高效率生物基单体制备、新型高分子聚合方法和高效催化剂制备等方面，生物基聚合物材料的研究开发成为近年来的研究热点。

根据来源不同，生物基聚合物材料主要包括天然高分子和通过生物基单体聚合而成的高分子（生物基聚合物）两大类[4,5]。其中天然高分子的代表是广泛存在于植物和动物机体中的蛋白质、多肽、淀粉、甲壳素、纤维素、木质素等。生物基合成高分子（生物基聚合物）的主要原料单体是木质纤维素、植物油等生物质通过各种化学反应过程转化而来的生物基单体。

木质纤维素作为地球上含量最丰富的可再生资源，在硬木（如白杨）、软木（如松针）、农产品废弃物（如麦秆）以及草本植物中广泛存在。它的主要成分是纤维素、半纤维素和木质素[6]。根据生物质的种类不同，各个组分的含量也会发生变化[4]。在硬木和软木等木材原料中，纤维素的含量较高（可达50%以上），而在农业废弃物（如秸秆等）中，纤维素的含量为28%~40%。木材原料在建筑结构材料中具有重要应用，为了避免生物质资源开发而占用食品资源，利用非可食用农业废弃物进行可聚合单体的高效转化是制备生物基聚

第9章 木质纤维素基单体及其高分子聚合

合物更为有潜力的发展方向之一。

生产基于木质纤维素的新型聚合物大致需要以下五个步骤[7,8]：①将木质纤维素分馏成纤维素、半纤维素和木质素；②分馏得到的纤维素、半纤维素和木质素解聚成糖类和芳香族化合物；③将解聚后的糖类和芳香族化合物经过催化或热转化形成平台化学品；④将上述平台化学品进一步转化为所需的生物基单体；⑤将上述生物基单体通过合适的聚合方法制备成生物基聚合物。前面的章节关于秸秆纤维素和木质素的高值转化已经做了非常详细的介绍，本章将着重介绍木质纤维素由来生物基单体的最新研究进展，尤其是5-羟甲基糠醛衍生的生物基单体的制备方法及其聚合方法，并且对相关生物基聚合物材料的最新研究进展和应用场景进行介绍。最后，对生物基聚合物的未来研究方向和发展趋势进行了展望。

9.1 木质纤维素由来的生物基单体

9.1.1 基于纤维素/半纤维素的C5/C6糖

纤维素是葡萄糖的均聚物，主要存在于植物的细胞壁中。纤维素的水解产物主要为六元糖的葡萄糖（C6糖）。半纤维素的解聚产物不仅包括葡萄糖，还可以用来生产其他五元糖（C5糖，如木糖、阿拉伯糖）和六元糖（C6糖，如甘露糖、半乳糖、鼠李糖）。C5/C6糖的化学结构式见图9-1。这些糖类中间体可以用来制备各种第一代呋喃衍生物，其中糠醛（HMF）和5-羟甲基糠醛（5-HMF）是最常见的平台化学品，用于制备生产生物基聚合物的各种单体。葡萄糖脱水制备5-羟甲基糠醛的反应路径见图9-2。

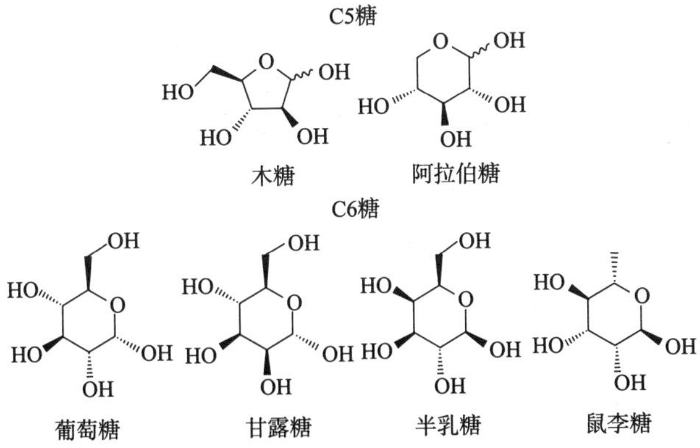

图9-1 C5/C6糖的化学结构式

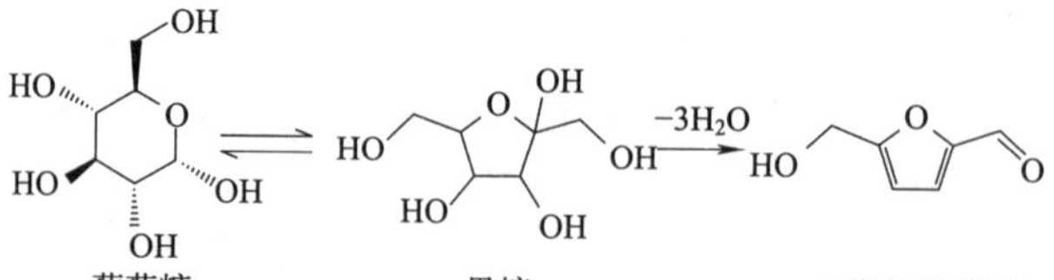

图 9-2 葡萄糖脱水制备 5-羟甲基糠醛的反应路径

大部分生物基聚合单体的制备都是基于 5-HMF、HMF、糠醇（FA）等。其中 5-HMF 是美国能源部生物质计划于 2004 年选定的 12 种核心化学品之一，也是最通用的中间体之一。5-HMF 可以从六元糖（如果糖）中高选择性地制备，C6 糖中最初存在的所有 6 个碳原子都被保留在 5-HMF 的分子结构中。2009 年来自威斯康星大学的科学家[9]报道了一种含有氯化锂（LiCl）的 N,N-二甲基乙酰胺（DMA）的特殊溶剂，利用它能够在低温（≤140℃）下通过一锅法反应高效地制备 5-HMF。反应机理研究表明，DMA-LiCl 离子对中松散的卤素离子对反应的顺利进行起到了至关重要的作用。此外，Dumesic 等[10]在含有有机萃取相的双相系统中，将无机盐添加到浓缩的果糖水溶液（30%）中，通过增加 5-HMF 在萃取相中的分配可以提高其产率。另外，通过溶剂筛选，四氢呋喃作为有机萃取相在 150℃ 时表现出较高的选择性（83%）和萃取能力。日本爱媛大学的研究团队设计了一种高温高压微波反应器，可以实现反应溶液温度在 0.01s 内从室温到 400℃ 的急速升温，反应结束后体系可以急速降温的特殊反应操作，从而有效抑制反应升温、降温过程中副反应的产生，将 5-HMF 的产率提高到了 70%。5-HMF 作为平台化学品可以转化为多种衍生物，这些衍生物是生物基聚合物的重要原料。已报道的衍生物种类可以根据衍生物中呋喃环结构是否保持不变来分为两类：一类是不含呋喃环结构的 5-HMF 由来生物基单体；另一类是含有呋喃环结构的 5-HMF 由来生物基单体。

9.1.2 不含呋喃环结构的 5-HMF 由来生物基单体

5-HMF 结构中的呋喃环可以进行各种反应，例如与亲电试剂、亲核试剂、氧化剂、还原剂、环加成以及金属和金属衍生物的反应，以制备各类生物基单体以及前驱体[11]。不含呋喃环结构的 5-HMF 由来生物基单体见图 9-3。使用间氯过氧苯甲酸作为氧化剂，可以将 5-HMF 的呋喃环氧化为 2,5-己二酮衍生物（2,5-hexanedione）[12]。马来酸酐（Maleic anhydride）是一种用途广泛的化学中间体，用于生产各种化合物（如 1,4-丁二醇、富马酸和四氢呋喃等）和聚酯聚合物。中国科学院大连化学物理研究所的徐杰研究院团队[13]通过使用 VO(acac)$_2$ 作为催化剂，在 90℃ 乙腈中反应 4h 制备了马来酸酐，产率高达52%。乙酰丙酸（levulinic acid）是一种重要的生物质由来平台化学品，可作为制备琥珀酸等聚合物单体的中间产物。5-HMF的酸催化分解制备乙酰丙酸的研究报道较多，但是大多还存在产率和经济效益不高的问题。最近，青岛科技大学于世涛教授团队[14]提出了一种利用双功能Brønsted路易斯酸（HScCl$_4$）作为催化剂高效绿色制备乙酰丙酸的新策略。此外，使用Pd/Al$_2$O$_3$催化剂可将5-HMF催化氢化得到顺式和反式结构比例为9∶1的2,5-四氢呋喃二甲醇（THFDM）[15]。利用水滑石负载的金纳米颗粒催化剂（约2%）在水中氧化THFDM可得到2,5-四氢呋喃二羧酸（THFDCA）[16]，该化合物也是一种在聚合物工业中具有潜在应用的生物基单体。1,6-己二醇（HDO）是一种高价值且非常重要的化合物，在分子末端具有两个羟基。这种结构使其成为合成聚酯、聚氨酯、黏合剂和不饱和聚酯等聚合物的理想单体。生物基HDO也可以通过5-HMF的催化转化来制备，例如使用Pd/ZrP催化剂以及甲酸作为氢源在140℃温度下反应21h后可直接将5-HMF催化氢化转化为HDO，产率为43%[17]。另外，在固定床反应器中[18]，采用Pd/SiO$_2$+Ir-ReO$_x$/SiO$_2$双层催化剂，也可以直接催化转化5-HMF制备HDO。在最佳反应条件下[373 K，7.0MPa H$_2$，水（40%）和四氢呋喃（60%）混合溶剂]，HDO的产率为57.8%。此外，直接将5-HMF转化为己内酯（caprolactone）较为困难，因此主要采用间接的方法。HDO是重要的中间产物之一，可以通过氧化环化制备己内酯。通过与氨反应将己内酯转化为己内酰胺（caprolactam）是一个较为成熟的反应过程并已经在工业生产上广泛应用。

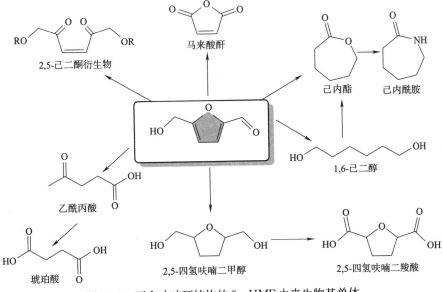

图9-3 不含呋喃环结构的5-HMF由来生物基单体

9.1.3 含有呋喃环结构的 5-HMF 由来生物基单体

呋喃环结构保持不变的情况下，也可以选择性地对 5-HMF 分子结构中的羟基和醛基进行化学修饰，制备各种生物基单体，用来作为聚酰胺、聚酯、聚氨酯、聚碳酸酯、聚酰亚胺以及聚脲等缩合聚合的单体。图 9-4 展示了含有呋喃环结构的 5-HMF 衍生生物基单体[11]。2,5-呋喃二甲酸（FDCA）、2,5-呋喃二甲醛（DFF）、2,5-呋喃二甲醇（BHF）是最常见的 5-HMF 由来生物基单体，具有对称的化学结构。FDCA、DFF、BHF 等基础化学品，也可以作为中间体设计合成具乙烯基、乙炔基、胺基、环氧基等反应基团的生物基单体。

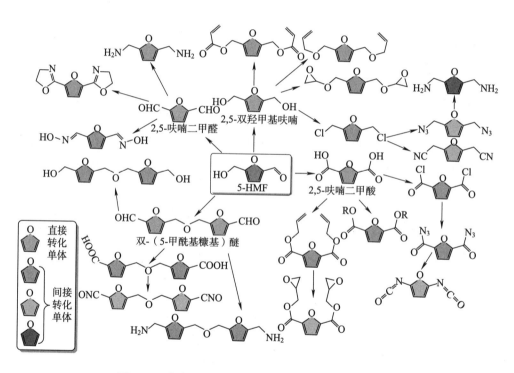

图 9-4 含有呋喃环结构的 5-HMF 衍生生物基单体

FDCA 是最关键的平台化学品之一[19]，估计价值为 505 亿美元，被认为是一种可替代石油基对苯二甲酸（TPA）的生物基单体，用于生产可再生聚酯材料，如聚乙烯 2,5-呋喃二甲酸酯（PEF）。通过氧化法，将生物基 5-HMF 高效转化为 FDCA 的相关研究备受关注，目前报道的方法主要包括好氧催化氧化、电化学催化氧化和生物催化等反应工程。好氧催化氧化方法中最常用的催化剂是贵金属氧化物(例如,钯催化剂:Pd-Bi-Te/C[20];铂催化剂:CeCP@Pt[21];负载在金属氧化物上的金纳米粒子:Au/CeO$_2$[22]、Au-Cu/TiO$_2$[23]和Au/Ce$_{1-x}$Bi$_x$O$_{2-\delta}$[24]),但贵金属催化剂存在成本较高、反应条件苛刻(较高的反应温度以及反应压力)、不具备普适性和不可回收等问题,因此阻碍了其在工业上的大规模应用。最近,天津大学的李永丹教授课题组[25]的研究表明,在氧气氛围下利用PdO/AlPO$_4$-5催化剂,可以在无溶剂、无碱的温和反应体系中实现5-HMF向FDCA的高效转化。利用该反应体系,在80℃、5h反应条件下可以获得高达83.6%的FDCA选择性。机理研究表明,与水相反应中先将醛基氧化不同,该反应体系中5-HMF的羟基先被氧化。过渡金属氧化物是贵金属催化剂的潜在替代品,例如,南开大学的胡同亮教授课题组[26]利用二维Mn$_2$O$_3$纳米薄片作为催化剂,实现了5-HMF向FDCA接近100%的转化效率和高达99.5%的FDCA产率。与催化氧化方法对比,电化学催化氧化5-HMF制备FDCA的方法具有独特的优点,包括:①常温常压反应条件;②不使用高压氧气;③不使用有毒氧化剂;④使用天然丰富且价格低廉的非贵金属催化剂。但是,一般情况下,电化学催化氧化的催化剂具有较小的表面积,导致整体电催化活性较低,开发具有电活性中心和高孔隙率的新型催化剂是提高反应效率的有效途径[27]。为了解决这个问题,Pila等[27]在多孔金属有机框结构材料ZIF-67表面上负载Co(OH)$_2$薄层,实现了优异的催化性能,转化率高达90.9%,FDCA产率为81.8%,法拉第效率为83.6%。重要的是,该反应的外加电位低至1.42V(vs RHE),为已报道的最低电位之一。生物催化工艺是另外一种合成方法,可以在温和的反应条件下制备FDCA。5-HMF氧化酶和芳基醇氧化酶可以催化5-HMF完全氧化为FDCA。使用半乳糖氧化酶M$_{3-5}$和醛氧化酶PaoABC的串联酶[28]通过一锅反应也可将5-HMF转化为纯度较高的FDCA,分离产率为74%。Birmingham等[29]制备的半乳糖氧化酶变体对5-HMF具有非常高的活性,具有较高的氧气吸附力和非常高的生产能力,可以将5-HMF选择性氧化为2,5-二甲酰基呋喃。该生物催化剂和反应条件的成功开发为进一步设计高效酶催化剂提供了蓝图,也促进了从可持续原料中制备呋喃基化合物的大规模生物催化技术的发展。

与FDCA类似,2,5-呋喃二甲醛(DFF)也是5-HMF氧化转化的主要产物之一,可作为化学中间体用作合成配体、药物、农药抗真菌剂、荧光材料和新型高分子材料的起始原料[30-32]。5-HMF向DFF的氧化转化过程伴随着许多副反应,例如DFF过度氧化成FDCA、醛基氧化成5-羟甲基-2-呋喃甲酸（HMFCA）、脱羰和交叉-聚合产生不需要的副产物。因此，选择性地将 5-HMF 氧化成 DFF 仍然是一个挑战。已报道的可将 5-HMF 选择性氧化成 DFF 的催化剂包括氧化锰基催化剂[33]、石墨化碳氮化物（g-C$_3$N$_4$）基催化剂[34]、负载型 Ru 催化剂[35]和钒基催化剂[36]等。最近，山东大学的黄柏标教授团队[34]开发的可见光催化剂获得了 95% 的 DFF 选择性和良好的循环稳定性。中国科学院宁波材料研究所的张建研究员团队[37]开发的原位氧化 Co$_3$O$_4$ 电化学催化剂由于具有独特的缺陷结构和丰富的电活性位点，取得了 5-HMF 向 FDCA 的 100% 转化，产率高达 93.2%。更值得关注的是，上述反应过程同时产生氢气，因此可以在获得高值化学品的同时制备清洁的氢能，是实现双碳目标的重要途径之一。

此外，5-HMF 催化加氢制备 2,5-双羟甲基呋喃（BHMF）也是生物质高值转化的一个非常重要的反应。BHMF 可作为生物基聚酯、聚碳酸酯等可再生聚合物的原料。该反应常见的催化剂为金属氧化物负载的铂催化剂（MO/Pt），根据金属氧化物的类型不同，其反应选择性也差异很大。碱性金属氧化物如 MgO/Pt 可以获得高达 99% 的 BHMF 选择性，而酸性的负载氧化物如 TiO$_2$/Pt 的 BHMF 选择性则较低[38]。

9.1.4 木质素基平台化合物及其生物基单体的制备

木质素具有芳香结构，其降解产物为芳香族的平台化合物，具有独特的甲氧基苯酚结构单元。但是，由于其结构的复杂性和不均一性，将其选择性催化降解得到高产率、高选择性的化学品是一项十分具有挑战性的工作。木质素解聚反应的方法主要包括热化学反应（如水解法、气化法、水热液化法、微波法等）、化学反应（如酸碱催化法、离子液体/超临界流体法、氧化法）以及生物技术（细菌、真菌、酶）等途径[39]。获得的平台化合物可以通过 C—O 键的选择性断裂得到结构更为简单的化学结构，然后经过选择性修饰特定的官能团制备新型精细化学品和生物基单体。香草醛是木质素转化而来的最主要的平台化合物之一，它同时含有醛基和羟基，易于功能化。其可作为多种生物基单体的前驱体化合物，基于香草醛的基础平台化合物见图 9-5。香草醛是目前仅有的工业上可用的生物基芳香族化合物之一，因此备受聚合物研究和产业界的广泛关注，可以作为原料制备各种香草醛基聚合物，如酚醛树脂、苯并噁嗪树脂、聚酯、丙烯酸酯和甲基丙烯酸酯聚合物，其衍生物甲基丙烯酸香草醛酯作为生物基单体，也可以用于设计合成含醛基多孔材料。此外，香草醛也可与环氧氯丙烷反应，得到含有醛基的环氧化合物，用于制备环氧树脂。

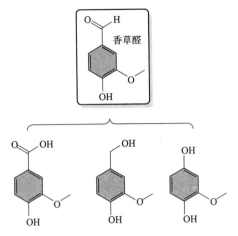

图 9-5 基于香草醛的基础平台化合物

9.2 生物基单体常用的聚合方法

为了降低石油基聚合物的生产和使用对环境造成的负面影响，非常有必要将上述可再生平台化合物用于可循环且可生物降解的聚合物的生产制备。跟石油基单体类似，根据 Flory[40] 在 1953 年提出的按照反应机理不同对聚合反应的分类方法，生物基单体的聚合方法可以分为连锁聚合和逐步聚合。连锁聚合的反应是从活性中心开始，由链引发、链增长、链终止等基元反应组成，各个阶段的反应速率和活化能差别较大。常见的自由基聚合、离子聚合、配位聚合都属于连锁聚合的范畴。逐步聚合则是缓慢且逐步进行的，每步反应的速率和活化能大致相同。缩合聚合、聚加成、开环聚合属于逐步聚合。由于大多数生物基单体含有羟基、胺基、羧基等官能团，因此缩合聚合是最常见的生物基聚合物的合成方法。开环聚合则是己内酯等环状分子的聚合方法。一些含有双键反应基团的生物基单体则采用自由基聚合的方式来制备生物基聚合物，例如在 5-HMF 中引入 C=C 双键等不饱和官能团作为反应基团。

9.2.1 缩合聚合和聚加成反应

缩合聚合是将双官能团的单体通过脱去小分子形成聚合物，因此聚合物中的重复单元的分子质量小于单体的分子质量，如二羧基单体与二元醇的脱水缩合聚合。而聚加成反应则是在反应过程中不脱去小分子，聚合物中的重复结构单元的分子质量与单体相同，如二元异氰酸酯与二元醇生成聚氨酯的反应。图 9-6 展示了 5-HMF 衍生生物基单体可制备的聚合物种类，包括聚酯（PEt）、聚酰胺（PA）、芳香族树脂（AR）、酚醛树脂（PhR）、聚酰亚胺（PI）以及聚氨酯（PU）等。

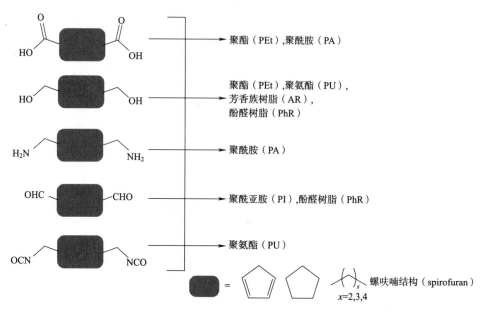

图9-6 5-HMF衍生生物基单体可制备的聚合物种类

在所有的5-HMF基单体中，FDCA是最有潜力的石油基单体的替代品，与对苯二甲酸（PTA）具有相同的官能团以及相近的芳香性、反应活性，可以与二醇或二胺等通过缩聚反应制备高性能生物基聚合物材料。有关FDCA的缩合聚合，2009年之前，受限于原料的纯度和单体价格，基于FDCA的聚合物开发发展缓慢。近年来，随着生物技术和化工行业的快速发展，FDCA原料的经济性和纯度都得到较大的提高。2009年，Gandini等[41]利用锑催化剂（Sb_2O_3，70~200℃高真空下）通过FDCA与乙二醇的酯交换和缩合反应制备了聚2,5-呋喃二甲酸乙二醇酯（PEF），获得了较高的分子质量（聚合度：250~300）。随后，各种不同的二元醇（如1,3-丙二醇、1,4-丁二醇、1,6-己二醇和1,8-辛二醇等）也被作为单体与FDCA进行缩合反应，制备含有不同烷基链长的生物基聚酯。

FDCA衍生的生物基聚酯具有无毒、可再生、可控降解等优点，与石油基PTA和二元醇的缩合聚合物具有相似的玻璃化转变温度（T_g）、熔点（T_m）、热分解温度（T_d）、杨氏模量（η）、拉伸强度（σ）、数均分子量（M_n）等性能。表9-1[42,43]对比了PEF与聚对苯二甲酸丁二醇酯（PET）、聚2,5-呋喃二甲酸丁二醇酯（PBF）和聚对苯二甲酸丁二醇酯（PBT）的性质。尽管

FDCA 与 PTA 具有非常类似的结构（见表 9-1 中的结构式），但是二者的环结构尺寸、分子极性和分子对称性仍然存在差异，例如 PTA 中两个羧基之间的距离为 5.731Å，而在 FDCA 中这个数值小于 4.830Å。此外，两个羧酸基之间的夹角也不同，在 PTA 中这个角度为 180°，而在 FDCA 中，该角度为 129.4°。这些结构上的差别也导致了 PEF 在某些方面具有更优越的性质，如在气体阻隔性能方面 PEF 优于 PET，O_2 阻隔性比 PET 提高 6 倍，CO_2 阻隔性比 PET 提高 14 倍甚至更高，因此其在高性能食品包装材料等方面应用潜力巨大。

在全球环境问题的日益凸显和碳中和背景下，各大化工企业也大力推进生物基聚合物代替传统材料的应用，美国可口可乐、杜邦、德国 BASF、日本三菱、荷兰 Avantium 等公司都致力于 PEF 及其共聚物的商业化。其中，Avantium 公司通过两步法催化工艺将糖转化为 FDCA，进而开发了 100% 生物基 PEF（YXY 技术），已经用于生产可再生饮料瓶、纤维以及薄膜等商品[4]。

表 9-1　PEF 与 PET、PBF、PBT 的各项性能对比

聚合物	T_g/℃	T_m/℃	T_d/℃	η/GPa	σ/MPa	M_n/(kg/mol)
PEF	82～89	210～250	389	2.5～2.8	67～85	83～105
PET	71～79	246～260	407	2.0～2.5	65～72	6.4
PBF	36～44	169～172	373	1.8～2.0	55～62	11.8～17.8
PBT	24～48	220～227	384	1.4～1.6	51～56	17.7～44

9.2.2　开环聚合

环状生物基单体通过开环聚合制备聚合物是一种常见的生物基聚合物生产方法，其中己内酯的开环聚合研究最为广泛。己内酯的开环聚合产物为脂肪族聚酯，其具有生物降解性、与其他聚合物良好的相容性、易加工性，可作为 FDA 批准的可供人体使用的材料，因此在树脂改性、涂料、载药材料、黏结剂等方面具有广泛的应用[44]。根据引发剂不同，其聚合反应机理（如基于阴离子引发剂的阴离子开环聚合机理、阳离子引发的阳离子聚合机理和酸致活化单体机理等）也不尽相同[45]。

阴离子开环聚合是内酯聚合的机理之一。有机金属、醇盐和醇之类的亲核试剂在该反应系统中用作引发剂。其聚合机理如图9-7a所示，其中醇盐等引发剂攻击内酯单体中的羰基碳打开内脂的环状结构并产生一个阴离子增长链端。值得注意的是，该反应会产生一些副反应，如分子间和分子内的酯交换反应，导致聚合物链的缩短或延长，从而导致分子质量分布增大。此外，也会发生一些逆向的尾咬反应，从而导致低聚大环分子的形成。

与阴离子开环聚合机理不同，阳离子开环聚合中阳离子引发剂首先亲电攻击羰基氧原子以产生碳氧鎓离子，其在中心sp^2杂化的碳原子上连有氧取代基，并且能够在中心碳原子和氧原子之间通过π键离域分散而携带正电荷的阳离子。随着新的单体的接近，碳氧鎓离子中的烷基氧产生裂解并导致开环，进而产生一个新的碳氧鎓离子。最终通过这种氧鎓离子与单体的持续反应实现链增长（图9-7b）。因为生长的聚合物链端带有一个带正电的末端，阳离子机理也称为活性链端机理。

与阳离子机理中增长的活性链端不同，活化单体机理中是将酸致活性单体添加到链端上（图9-7c）。首先，质子化的内酯阳离子受到链端的羟基亲核试剂接近后，打开C=O双键并导致开环。通过活化单体机理进行的开环反应由于不具有带电链端，因而不易受到副反应或分子重排的影响。

9.2.3 自由基聚合

自由基聚合是在引发剂的作用下，利用自由基连续加成的方法合成聚合物的一种反应，是高分子工业最常用的聚合方法，例如传统的聚苯乙烯、聚甲基丙烯酸甲酯等都是通过自由基聚合得来的。5-HMF作为直接原料在自由基聚合中的应用较为少见。但是，5-HMF中的醛基可以被选择性地改性为其他适用于自由基聚合物的化学结构，如乙烯基、乙炔基等。2008年Yoshida等[46]通过Wittig反应将5-HMF转化为2-羟甲基-5-乙烯基呋喃（5-HMVF）和2-甲氧基甲基-5-乙烯基呋喃（5-MMVF），可用作生物基无溶剂黏合剂。5-HMVF和5-MMVF生物基单体的制备路线及其自由基聚合见图9-8。5-MMVF需要经过一步甲基化反应将羟基转化为甲氧基。聚合反应是在70℃、氮气氛围下，使用偶氮二异丁腈（AIBN）作为引发剂下实现的。最终得到的聚合物PHMVF和PMMVF的数均分子量（M_n）分别为2 170g/mol和2 890 g/mol，属于低聚物。

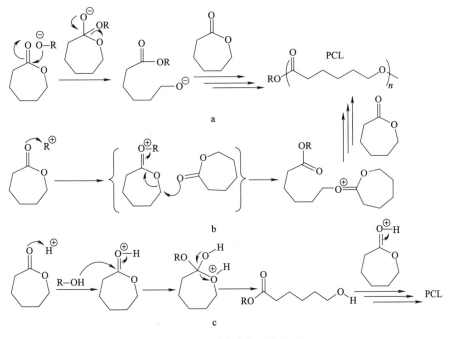

图9-7 开环聚合的反应机理
a. 阴离子机理 b. 阳离子机理 c. 酸致活化单体机理

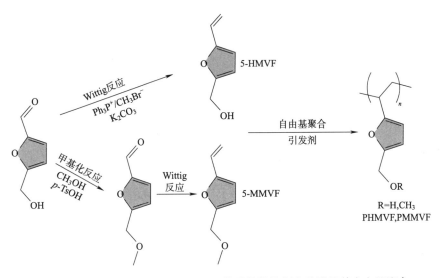

图9-8 5-HMVF和5-MMVF生物基单体的制备路线及其自由基聚合

9.3 生物基聚合物的未来展望

发展生物基聚合物材料是解决高分子材料可持续发展的重要研究方向之一。对于任何新材料而言，从概念到市场推出都是一项挑战，需要克服许多障碍，包括扩大生产、加工材料所需的技术等。近年来，生物基单体和聚合物的开发取得了飞跃性的进展，在机理研究和商业化进程方面也取得了飞跃性的提升，如 PEF 的商业化等。虽然如此，至今生物基聚合物产品的市场份额只有 1% 左右，因此生物基聚合物的普及和推广仍然任重道远，这也进一步需要在生物基单体大规模和高效率制备、与石油基聚合物性能相当甚至更优越的生物基聚合物的开发以及新的合成技术的建立等方面加大研发力度。

在生物基单体方面，针对不同木质纤维素原料的转化研究、高效率生产装置的开发以及新催化系统的设计可能有助于实现生物基单体的生产，甚至获得比石油基单体更高的效率和经济性。

在聚合物性能方面，已经商业化或者接近商业化的生物基聚合物在高性能方面依然欠缺，因此需要更进一步的优化设计。在石油基聚合物材料设计中，硬单体可以提供聚合物较高的力学强度和耐热温度。近年来，生物基硬单体的设计合成也开始成为发展高性能聚合物材料的一个有效途径。因此，也涌现了一些围绕生物基硬单体的研究成果，获得了较高玻璃化转变温度的生物基聚合物，如由 5-羟甲基糠醛衍生的 Spiro 呋喃基新型可聚合单体（图 9-9）。

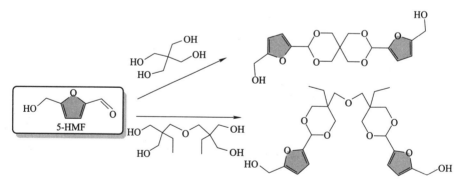

图 9-9　由 5-羟甲基糠醛衍生的 Spiro 呋喃基新型可聚合单体

除此之外，在生物基单体结构设计方面也可以利用先进的计算方法（如通过建模探索聚合物结构-性能关系的材料信息学方法），在众多分子结构中快速高效地筛选出合适的生物基单体，并设计合理的聚合路线。

参 考 文 献

[1] Serrano-Ruiz J C, Luque R, Sepúlveda-Escribano A. Transformations of biomass-derived platform molecules: from high added-value chemicals to fuelsvia aqueous-phase processing. Chemical Society Reviews, 2011, 40 (11): 5266-5281.

[2] Alsabri A, Tahir F, Al-Ghamdi S G. Life-cycle assessment of polypropylene production in the gulf cooperation council (GCC) region. Polymers, 2021, 13 (21): 3793.

[3] MacArthur E. Beyond plastic waste. Science, 2017, 358 (6365): 843.

[4] Isikgor F H, Becer C R. Lignocellulosic biomass: a sustainable platform for the production of bio-based chemicals and polymers. Polymer Chemistry, 2015, 6: 4497-4559.

[5] Cywar R M, Rorrer N A, Hoyt C B, et al. Bio-based polymers with performance-advantaged properties. Nature Reviews Materials, 2022, 7 (2): 83-103.

[6] Wu X, Luo N, Xie S, et al. Photocatalytic transformations of lignocellulosic biomass into chemicals. Chemical Society Reviews, 2020, 49 (17): 6198-6223.

[7] Delidovich I, Hausoul P J C, Deng L, et al. Alternative monomers based on lignocellulose and their use for polymer production. Chemical Reviews, 2016, 116 (3): 1540-1599.

[8] Ahmed S F, Mofijur M, Chowdhury S N, et al. Pathways of lignocellulosic biomass deconstruction for biofuel and value-added products production. Fuel, 2022, 318: 123618.

[9] Binder J B, Raines R T. Simple chemical transformation of lignocellulosic biomass into furans for fuels and chemicals. Journal of the American Chemical Society, 2009, 131 (5): 1979-1985.

[10] Román-Leshkov Y, Dumesic J A. Solvent effects on fructose dehydration to 5-hydroxymethylfurfural in biphasic systems saturated with inorganic salts. Topics in Catalysis, 2009, 52 (3): 297-303.

[11] Zhang D, Dumont M J. Advances in polymer precursors and bio-based polymers synthesized from 5-hydroxymethylfurfural. Journal of Polymer Science Part A: Polymer Chemistry, 2017, 55 (9): 1478-1492.

[12] Lichtenthaler F W, Brust A, Cuny E. Sugar-derived building blocks. Part 26. Hydrophilic pyrroles, pyridazines and diazepinones from D-fructose and isomaltulose. Green Chemistry, 2001, 3 (5): 201-209.

[13] Du Z, Ma J, Wang F, et al. Oxidation of 5-hydroxymethylfurfural to maleic anhydride with molecular oxygen. Green Chemistry, 2011, 13 (3): 554-557.

[14] Liu S, Cheng X, Sun S, et al. High-yield and high-efficiency conversion of HMF to levulinic acid in a green and facile catalytic process by a dual-function Brønsted-Lewis acid HScCl$_4$ catalyst. ACS Omega, 2021, 6 (24): 15940-15947.

[15] Kumalaputri A J, Bottari G, Erne P M, et al. Tunable and selective conversion of 5-

HMF to 2, 5 - furandimethanol and 2, 5 - dimethylfuran over copper - doped porous metal oxides. ChemSusChem, 2014, 7 (8): 2266 - 2275.

[16] Yuan Q, Hiemstra K, Meinds T G, et al. Bio - based chemicals: selective aerobic oxidation of tetrahydrofuran - 2, 5 - dimethanol to tetrahydrofuran - 2, 5 - dicarboxylic acid using hydrotalcite - supported gold catalysts. ACS Sustainable Chemistry & Engineering, 2019, 7 (5): 4647 - 4656.

[17] Tuteja J, Choudhary H, Nishimura S, et al. Direct synthesis of 1, 6 - hexanediol from HMF over a heterogeneous Pd/ZrP catalyst using formic acid as hydrogen source. ChemSusChem, 2014, 7 (1): 96 - 100.

[18] Xiao B, Zheng M, Li X, et al. Synthesis of 1, 6 - hexanediol from HMF over double - layeredcatalysts of Pd/SiO_2 + Ir - ReO_x/SiO_2 in a fixed - bed reactor. Green Chemistry, 2016, 18 (7): 2175 - 2184.

[19] Long L, Ye B, Wei J, et al. Structure and enhanced mechanical properties of biobased poly (ethylene 2, 5 - furandicarboxylate) by incorporating with low loadings of talc platelets. Polymer, 2021, 237: 124351.

[20] Ahmed M S, Mannel D S, Root T W, et al. Aerobic oxidation of diverse primary alcohols to carboxylic acids with a heterogeneous Pd - Bi - Te/C (PBT/C) catalyst. Organic Process Research & Development, 2017, 21 (9): 1388 - 1393.

[21] Gong W, Zheng K, Ji P. Platinum deposited on cerium coordination polymer for catalytic oxidation of hydroxymethylfurfural producing 2, 5 - furandicarboxylic acid. RSC Advances, 2017, 7 (55): 34776 - 34782.

[22] Casanova O, Iborra S, Corma A. Biomass into chemicals: aerobic oxidation of 5 - hydroxymethyl - 2 - furfural into 2, 5 - furandicarboxylic acid with gold nanoparticle catalysts. ChemSusChem, 2009, 2 (12): 1138 - 1144.

[23] Pasini T, Piccinini M, Blosi M, et al. Selective oxidation of 5 - hydroxymethyl - 2 - furfural using supported gold - copper nanoparticles. Green Chemistry, 2011, 13 (8): 2091 - 2099.

[24] Miao Z, Zhang Y, Pan X, et al. Superior catalytic performance of $Ce_{1-x}Bi_xO_{2-\delta}$ solid solution and $Au/Ce_{1-x}Bi_xO_{2-\delta}$ for 5 - hydroxymethylfurfural conversion in alkaline aqueous solution. Catalysis Science & Technology, 2015, 5 (2): 1314 - 1322.

[25] Yu L, Chen H, Wen Z, et al. Solvent - and base - free oxidation of 5 - hydroxymethylfurfural over a $PdO/AlPO_4$ - 5 catalyst under mild conditions. Industrial & Engineering Chemistry Research, 2021, 60 (37): 13485 - 13491.

[26] Bao L, Sun F Z, Zhang G Y, et al. Aerobic oxidation of 5 - hydroxymethylfurfural to 2, 5 - furandicarboxylic acid over holey 2D Mn_2O_3 nanoflakes from a Mn - based MOF. ChemSusChem, 2020, 13 (3): 548 - 555.

[27] Pila T, Nueangnoraj K, Ketrat S, et al. Electrochemical production of 2, 5 - furandicarboxylic from 5 - hydroxymethylfurfural using ultrathin $Co(OH)_2$ on ZIF - 67.

ACS Applied Energy Materials, 2021, 4 (11): 12909-12916.

[28] McKenna S M, Leimkühler S, Herter S, et al. Enzyme cascade reactions: synthesis of furandicarboxylic acid (FDCA) and carboxylic acids using oxidases in tandem. Green Chemistry, 2015, 17 (6): 3271-3275.

[29] Birmingham W R, Toftgaard P A, Dias G M, et al. Toward scalable biocatalytic conversion of 5-hydroxymethylfurfural by galactose oxidase using coordinated reaction and enzyme engineering. Nature Communications, 2021, 12 (1): 4946.

[30] Liu X, Xiao J, Ding H, et al. Catalytic aerobic oxidation of 5-hydroxymethylfurfural over VO^{2+} and Cu^{2+} immobilized on amino functionalized SBA-15. Chemical Engineering Journal, 2016, 283: 1315-1321.

[31] Liu B, Zhang Z. One-pot conversion of carbohydrates into furan derivatives via furfural and 5-hydroxylmethylfurfural as intermediates. ChemSusChem, 2016, 9 (16): 2015-2036.

[32] Lai J, Liu K, Zhou S, et al. Selective oxidation of 5-hydroxymethylfurfural into 2,5-diformylfuran over VPO catalysts under atmospheric pressure. RSC Advances, 2019, 9 (25): 14242-14246.

[33] Dhingra S, Chhabra T, Krishnan V, et al. Visible-light-driven selective oxidation of biomass-derived HMF to DFF coupled with H_2 generation by noble metal-free $Zn_{0.5}Cd_{0.5}S/MnO_2$ heterostructures. ACS Applied Energy Materials, 2020, 3 (7): 7138-7148.

[34] Bao X, Liu M, Wang Z, et al. Photocatalytic selective oxidation of HMF coupled with H_2 evolution on flexible ultrathin $g-C_3N_4$ nanosheets with enhanced N—H interaction. ACS Catalysis, 2022, 12 (3): 1919-1929.

[35] Antonyraj C A, Jeong J, Kim B, et al. Selective oxidation of HMF to DFF using Ru/γ-alumina catalyst in moderate boiling solvents toward industrial production. Journal of Industrial and Engineering Chemistry, 2013, 19 (3): 1056-1059.

[36] Grasset F L, Katryniok B, Paul S, et al. Selective oxidation of 5-hydroxymethylfurfural to 2,5-diformylfuran over intercalated vanadium phosphate oxides. RSC Advances, 2013, 3 (25): 9942-9948.

[37] Chen C, Zhou Z, Liu J, et al. Sustainable biomass upgrading coupled with H_2 generation over in-situ oxidized Co_3O_4 electrocatalysts. Applied Catalysis B: Environmental, 2022, 307: 121209.

[38] Wang J, Zhao J, Fu J, et al. Highly selective hydrogenation of 5-hydroxymethylfurfural to 2,5-bis (hydroxymethyl) furan over metal-oxide supported Pt catalysts: the role of basic sites. Applied Catalysis A: General, 2022, 643: 118762.

[39] Khan R J, Lau C Y, Guan J, et al. Recent advances of lignin valorization techniques toward sustainable aromatics and potential benchmarks to fossil refinery products. Bioresource Technology, 2022, 346: 126419.

[40] Flory P J. Principles of polymer chemistry. New York: Cornell University Press, 1953.
[41] Gandini A, Silvestre A J D, Neto C P, et al. The furan counterpart of poly (ethylene terephthalate): an alternative material based on renewable resources. Journal of Polymer Science Part A: Polymer Chemistry, 2009, 47 (1): 295-298.
[42] Burgess S K, Leisen J E, Kraftschik B E, et al. Chain mobility, thermal, and mechanical properties of poly (ethylene furanoate) compared to poly (ethylene terephthalate). Macromolecules, 2014, 47 (4): 1383-1391.
[43] Fei X, Wang J, Zhu J, et al. Biobased poly (ethylene 2, 5-furancoate): No longer an alternative, but an irreplaceable polyester in the polymer industry. ACS Sustainable Chemistry & Engineering, 2020, 8 (23): 8471-8485.
[44] Thakur M, Majid I, Hussain S, et al. Poly (ε-caprolactone): A potential polymer for biodegradable food packaging applications. Packaging Technology and Science, 2021, 34 (8): 449-461.
[45] Grobelny Z, Golba S, Jurek-Suliga J. Mechanism of ε-caprolactone polymerization in the presence of alkali metal salts: investigation of initiation course and determination of polymers structure by MALDI-TOF mass spectrometry. Polymer Bulletin, 2019, 76 (7): 3501-3515.
[46] Yoshida N, Kasuya N, Haga N, et al. Brand-new biomass-based vinyl polymers from 5-hydroxymethylfurfural. Polymer Journal, 2008, 40 (12): 1164-1169.

第10章 木质素基有序介孔碳制备技术

漆新华[1]，王晓琦[2]

[1]南开大学，[2]河北工业大学

有序介孔碳（OMC）是近年来新兴材料之一，它具有许多理想的特性，如长程有序的孔道、较大的介孔尺寸，以及高的孔体积、化学惰性，在催化剂载体、吸附、传感器和超级电容器电极领域具有潜在的应用前景[1-3]。经优化合成条件或后处理，有序介孔碳可具有很好的热稳定性和化学稳定性。有序介孔碳具有规则的外形，可在微米尺寸内保持高度的孔道有序性，因而广泛应用于非均相催化领域。木质素作为可再生、低成本和高含碳量的芳香化合物，是制备有序介孔碳材料的高质量碳源[4]。本章主要讨论以木质素合成功能化有序介孔碳并将其用于生物质催化转化为高值化学品的研究。

10.1 木质素基有序介孔碳的合成方法

目前，有序介孔碳的合成主要有硬模板法和软模板法两种方法[5]。硬模板法本质上是一种反向刚性复制的技术，需要先合成有序介孔模板，通常为介孔二氧化硅（如 MCM-48、SBA-15 等），再使木质素碳前体通过浸渍或化学气相沉积进入二氧化硅的介孔孔道，经过高温炭化以得到含有硬模板和前驱体的复合物，最后脱除模板得到木质素基有序介孔碳材料，如图 10-1a 所示。该方法去除模板的过程较为耗时，并且还会用到腐蚀性较强的 NaOH/HF 浸泡，对材料的结构造成一定的破坏，并导致制作成本的增加以及环境的污染，不利于介孔碳材料的工业化生产[6]。为了克服硬模板法的这些缺点，Zhao[7] 和 Tanaka[8] 等提出了软模板方法，该方法通过碳前体与三嵌段共聚物之间的自组装来制备有序介孔碳材料。到目前为止，通过软模板方法制备 OMC 已经取得了很大的进展。例如，利用酚类化合物（苯酚、间苯二酚或间苯三酚）等作为碳前体与醛类交联剂（甲醛或乙二醛）交联，通过高温除去表面活性剂以合成有序介孔结构[9-11]（图 10-1b）。

与硬模板法相比，软模板法具有显著的优势。合成过程中需要较少的步

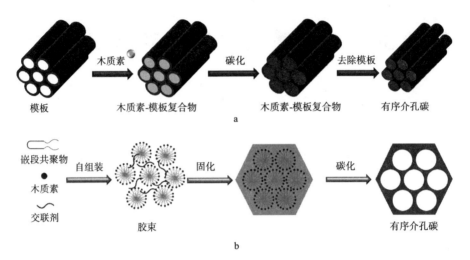

图 10-1 硬模板法和软模板法合成木质素基有序介孔碳
a. 硬模板法 b. 软模板法

骤，所得材料中的孔径分布均匀且可调。此外，经过自组装的碳结构框架更为稳定，并且整个制备过程更为简单、方便，适合大规模生产[12]。然而，软模板法大都会用到苯酚和甲醛等毒性较大的化合物作为碳前体和交联剂，不符合绿色化学的要求，极大地阻碍了 OMC 材料的合成与发展。因此，近年来，人们致力于寻找绿色和可持续的替代原料来生产 OMC 材料。例如，用从特定植物（如橡树、漆树和含羞草）的果实或树皮中提取的单宁酸[13]、没食子酸[14]等替代酚类碳前体，通过溶剂蒸发诱导自组装（EISA）或机械化学方法合成功能化 OMC，但由于单宁酸和没食子酸的提取工艺复杂，成本较高，生产能力有限，限制了其应用和发展，因此，探索绿色环保、可持续且分布广泛的碳前体来生产 OMC 材料很有必要。

木质素是自然界中仅次于纤维素的第二大天然含碳有机物，依据植物种类的不同，其在植物中的含量为 15%~35%。木质素储量丰富，成本低廉，容易获得[15]。木质素独特的分子结构使得它具有丰富的—OH 基团，因此与苯酚具有相似性，成为生产 OMC 的潜在理想碳前体。由于木质素的结构复杂，并且分子质量巨大且不均一，因此在制备有序介孔碳的过程中受到了一定的阻碍。如 Saha 等[16]以木质素为碳前体，甲醛为交联剂，采用软模板法制备了用于能量存储和药物传递的介孔碳材料，但只能获得无序的介孔碳。Qin 等[4]利用不同分子质量的木质素合成了有序介孔碳，发现分子质量是获得高度有序通道、高比表面积的有序介孔碳的重要因素。Wang 等[17]利用由甲醛和羟酚化处理的碱木质素合成了有序介孔碳，但仍旧需要外源添加毒性较强的苯酚和甲醛。Herou 等[10]利用木质素取代部分间苯三酚，并利用乙二醛替代甲醛成功合成了有序介孔碳，极大地降低了整个反应体系的毒性，该有序介孔碳在超级电容器中具有较强的电化学性能。因此，利用木质素作为碳源合成有序介孔碳是实现木质素资源化的一条新途径。

10.2 木质素基有序介孔碳催化转化半纤维素到糠醛

木质纤维素生物质储量丰富，资源可再生，是获取洁净能源和高附加值化学品的重要原料。木质纤维素主要由纤维素、半纤维素和木质素三个主要成分组成，每种成分具有不同的特性。其中，半纤维素是一种纤维状无定形杂多糖，主要由不同的戊糖（C5）和少量己糖、糖醛酸和糖单体组成[18]。木聚糖是半纤维素的主要成分，是由木糖单元通过糖苷键连接组成。作为木糖的脱水产物，糠醛是一种具有高附加值的平台化合物，其用途广泛，可用于树脂和石油润滑剂的生产，以及各种增值化学品，如糠醇、四氢呋喃、2-甲基呋喃、γ-戊内酯（GVL）和乙酰丙酸/酯等[19]的生产。糠醛被美国能源部指定为十二种有价值的生物质基平台化合物之一。通过木聚糖和木糖向糠醛的选择性转化对于木质纤维素生物质中半纤维素组分的利用非常重要。因此，本章中探究以木质素为碳前驱体合成有序介孔碳，并通过一定的方法改性获得磺化 OMC，并将其用于催化木糖和木聚糖转化为糠醛的反应。

10.2.1 试验材料与方法

在连续磁力搅拌下将醇溶山毛榉木质素和间苯三酚以及三嵌段共聚物 F127 溶于丙酮中，然后将 40%乙二醛溶液加入上述混合液中，搅拌均匀后将混合溶液倒入聚四氟乙烯 PTFE 容器中，在室温下蒸发丙酮，然后将其在 100℃的烘箱中放置 24h 以完成交联和聚合反应。交联后，将得到的膜从容器中取出并切成小块置于刚玉坩埚中，于管式炉中在 N_2 保护下以 600℃煅烧 2h。之后，将样品在氮气流中冷却至室温。得到的样品命名为有序介孔碳（OMC）。

将合成后的 OMC 以一定比例加入浓硫酸于高压釜反应器中，并在 130℃烘箱中水热磺化。将得到的固-液混合物用热水洗涤以去除多余的硫酸，然后将固体产物烘干得到 OMC-SO_3H。

木糖脱水到糠醛的反应在有聚四氟乙烯内衬的不锈钢高压釜中进行。在典型的催化实验中，将木糖、催化剂 OMC-SO_3H 和一定溶剂的混合物装入不锈钢反应器中，然后将反应器加热至给定温度，并保持一定反应时间。反应后，将反应器在流动的冷水中迅速冷却至室温，并通过超高效液相色谱法以外标法进行分析。木糖转化率、糠醛收率和糠醛选择性计算如下：

$$木糖转化率（\%）=\frac{反应的木糖摩尔数}{初始木糖摩尔数}\times100\%$$

$$糠醛收率（\%）=\frac{生成的糠醛摩尔数}{初始木糖摩尔数}\times100\%$$

$$糠醛选择性（\%）=\frac{生成的糠醛摩尔数}{反应的木糖摩尔数}\times100\%$$

10.2.2 结果与讨论

木质素基有序介孔固体酸催化剂 OMC-SO$_3$H 通过两步法制备。首先两亲性表面活性剂 F127 分子（EO$_{106}$PO$_{70}$EO$_{106}$）在丙酮中形成胶束，其中 F127 的非极性聚环氧丙烷（PPO）片段聚集在胶束内部，形成胶束的核心，而 F127 的极性聚环氧乙烷（PEO）片段则暴露于胶束的外部并与溶剂分子相互作用。当加入间苯三酚和木质素后，间苯三酚和木质素的—OH 基团与 F127 的 PEO 片段中的—O—基团之间通过氢键作用在 PEO 单元周围自组装。当在溶液中加入乙二醛时，胶束通过间苯三酚或木质素与乙二醛之间缩聚而被乙二醛交联。通过热解去除模板剂后即可获得 OMC，再通过简单的磺酸化处理得到富含—SO$_3$H 的 OMC-SO$_3$H。

为了尽可能减少外源酚的加入，考察了不同木质素和间苯三酚质量比（1∶0、1∶1、2∶1、3∶1、4∶1 和 5∶1）对有序介孔碳形成的影响。发现质量比从 1∶1 到 4∶1 均可以生成完美有序的介孔碳。当进一步提高木质素与间苯三酚的质量比到 5∶1，或仅以木质素用作前体时，将无法形成有序介孔形貌。因此，利用醇溶木质素实现了最高可替代 80% 的间苯三酚作为前体用于合成有序介孔碳。通过对交联之前和之后样品混合物的红外光谱（FT-IR）分析，发现在 3 400cm^{-1} 处峰值对应木质素和间苯三酚的—OH 拉伸振动。加入 F127 后，—OH 基团的振动带出现明显的红移，这主要是由于—OH 与—O—之间通过氢键相结合而引起的拉伸。热处理后，材料变得更稳定，可以经受超过 400℃ 的炭化过程。在惰性气体气氛中热解炭化去除了软模板 F127 后，成功获得了木质素基有序介孔碳。

通过对比 OMC 和 OMC-SO$_3$H 的形貌和多孔结构（图 10-2a、图 10-2b），可以看出 OMC 和 OMC-SO$_3$H 样品显示出具有二维六方孔结构（$p6mm$）和完美的长程有序通道，证实了材料具有有序的二维介孔特征。经过硫酸磺化的 OMC-SO$_3$H 在形貌上并没有发生变化，说明有序介孔的形貌并没有被硫酸破坏。

N$_2$ 吸附-解吸等温线显示 OMC 和 OMC-SO$_3$H 样品的具有典型的 Ⅳ 型曲线，在 p/p_0=0.40～0.60 时具有 H2 型磁滞回线（图 10-2c），表明材料具有介孔结构[20]。图10-2d 显示了两种材料的孔径分布。尽管峰值强度降低了，但 OMC-SO$_3$H 的中心孔径仍与 OMC 一致，约为 5.0nm。尽管将—SO$_3$H 基团接枝到 OMC 样品上不会破坏材料的有序介孔结构，但比表面积从 674m^2/g 减少到 607m^2/g，孔体积从 0.62cm^3/g 减少到 0.47cm^3/g。

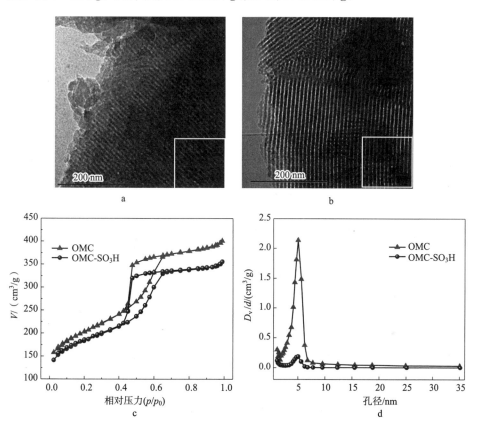

图 10-2 OMC 和 OMC-SO$_3$H 的 TEM 图以及 N$_2$ 吸附-解吸等温线图、孔径分布曲线

a. OMC 样品的 TEM 图 b. OMC-SO$_3$H 的 TEM 图，插图为样品的 FFT

c. N$_2$ 吸附-解吸等温线图 d. 孔径分布曲线

通过分析 OMC 和 OMC-SO$_3$H 的 FT-IR 光谱，发现 OMC 和 OMC-SO$_3$H 样品具有相似的 FT-IR 谱带，但 OMC-SO$_3$H 在 1 035cm^{-1} 处具有吸收峰，这对应于 O=S=O 拉伸振动带，表明—SO$_3$H 基团已经成功地嫁接到 OMC 材料中[11]。

对 OMC 和 OMC-SO$_3$H 进行了元素分析和 XPS 光谱测定，其中，OMC-SO$_3$H 样品中的 S 含量约为 2.2%，对应于—SO$_3$H 浓度为 0.61mmol/g（图 10-3a）。图 10-3b 显示了 OMC 和 OMC-SO$_3$H 样品的小角 X 射线衍射

(XRD)图。可以看出，两种材料在0.88°处均显示出强衍射峰，而在1.2°附近则显示出一个弱峰，可以将其表示为与2D六边形孔规则性（空间群p6mm）相关的（100）和（110）反射[21]。与OMC相比，所得OMC-SO_3H样品在形态上没有观察到明显差异，这与TEM观察到的结果一致，这表明磺化过程并未影响OMC材料的结构和孔隙度。

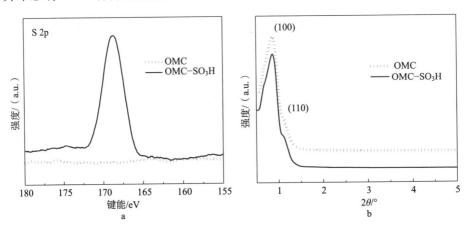

图10-3 OMC和OMC-SO_3H的XPS光谱和小角X射线衍射图
a. S 2p的高分辨率XPS光谱图　b. 小角X射线衍射图

综上所述，以木质素和间苯三酚为碳前驱体，通过溶剂蒸发诱导的自组装法，成功制得有序介孔碳，将所得的OMC样品成功接枝磺酸基制备了固体酸催化剂，并可将其用作催化剂催化木糖转化为糠醛反应。

10.2.3　催化性能测试

溶剂是决定反应环境的关键因素，影响木糖的转化以及糠醛产物的形成、分布、降解和分离[22]。科研人员探究了不同溶剂中木糖催化转化为糠醛性能，发现在γ-戊内酯溶剂体系（GVL）中糠醛产率最高，其次是四氢呋喃、丙酮、二甲基亚砜、2-丙醇、1-丙醇、甲醇和水。GVL和四氢呋喃溶剂中高收率归因于它们的极性非质子性质，这可能会改变酸性质子相对于质子化过渡态的稳定性。由于在水中木糖转化为糠醛具有较高的活化能，约为145kJ/moL，因此糠醛收率最低，而使用GVL作为溶剂可使木糖转化为糠醛的活化能降至114kJ/moL，从而提高了糠醛的收率[23]。

通常，一定量的水有益于木糖的水解，并且生成的糠醛易溶于GVL有机相，有利于糠醛与溶剂的分离，因此科研人员探究了不同GVL与水的比例对木糖催化转化为糠醛的影响[23]。在纯GVL中，木糖完全转化并获得了58.6%的糠醛收率。当向GVL中加入5%的水时，糠醛的收率提高到69.5%，提高

GVL 中的水量至 15%，糠醛的最大收率可提高至 76.7%。然而，当 GVL 中的水含量进一步提高到 25% 时，糠醛收率降低到 59%。因此，在 GVL 中适度加水有益于由木糖生产糠醛，但是过量的水添加对木糖转化是不利的，因为水中的表观活化能（145kJ/mol）比 GVL 中的表观活化能（114kJ/mol）高。此外，由于糠醛在水中的降解活化能（85kJ/mol）比 GVL 中的降解活化能（105kJ/mol）低，因此形成的糠醛产物趋于通过裂解、缩合和酯化等反应以降低其产率。后续研究中均以 GVL - H_2O（85∶15，V/V）混合物为溶剂进行研究。

研究了不同反应温度和反应时间对 OMC - SO_3H 在 GVL - 水混合物（85∶15，V/V）中木糖催化转化为糠醛的影响，结果如图 10 - 4 所示。当反应温度为 160℃时，在 90min 的反应时间内木糖转化率可以达到 60%，糠醛产率可达 30%。随着反应温度的提高，木糖转化率和糠醛的产率逐渐升高，当反应温度升至 200℃时，糠醛产率在 45min 的反应时间内，木糖可以完全转化，糠醛的产率提高至 77%。将反应温度进一步提高到 220℃时虽然可以加速木糖的转化，但是糠醛产率在 30min 的反应时间内降至 74%，这是因为过高的反应温度不仅会促进木糖向糠醛的转化，还会促进副反应的发生。根据不同反应温度下的木糖转化率，通过绘制 ln($l-X$) 对反应时间的关系图，对 GVL - H_2O（85∶15，V/V）中的木糖转化率进行了动力学分析，以获得反应速率常数（图 10 - 4c）。从图 10 - 4d 所示的 Arrhenius 图中公式可以得到在 OMC - SO_3H 催化剂上木糖转化为糠醛的活化能 E_a 为 81.8kJ/mol。

研究了催化剂用量对 OMC - SO_3H 催化木糖向糠醛催化转化的影响。在无催化剂的情况下，在 200℃的 GVL - H_2O（85∶15，V/V）中，反应 90min 的时间，可以观察到有 29.5% 的木糖转化率以及较低的糠醛产率（3.3%），这是由于水在高温下离解所产生的质子提供了一定的酸性。当加入 40mg OMC - SO_3H 催化剂反应 45min 时，木糖转化率和糠醛产率大大提高，分别为 100% 和 72%。当使用 60mg 催化剂时，糠醛产率在 45min 内增至 76.7%。催化剂进一步增加至 80mg，最大糠醛产率降低至 74.6%，这是由于过量的酸性位点导致了糠醛的降解，从而降低了其产率[24]。

循环利用性是探究非均相催化剂性能的一项重要研究指标。由图 10 - 5 可以看出，经过三个循环后，木糖转化率和糠醛产率分别下降至 91% 和 59%。测量了使用 3 次后催化剂中的硫（S）元素含量，发现仅有痕量 S 浸出。这可能是由于反应过程中生成的腐殖质在催化剂中的积累，影响了底物与催化活性位点的接触。因此，将重复使用 3 次的催化剂用乙醇和水反复洗涤 3 次后，木糖转化率和糠醛产率又分别重新提高到 95% 和 69%，证明了该催化剂在催化反应中的稳定性。

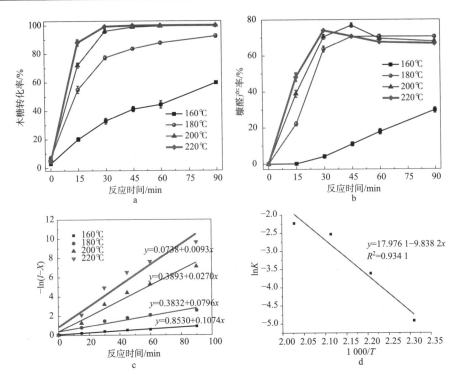

图 10-4 不同反应温度和反应时间对木糖向糠醛转化的影响以及动力学研究

a. 反应温度和时间对木糖转化率的影响　b. 反应温度和时间对糠醛产率的影响
c. 木糖催化转化为糠醛的动力学研究（X 为木糖转化率；T 为温度；K 为反应速率常数）
d. 不同温度下木糖催化转化的 Arrhenius 图

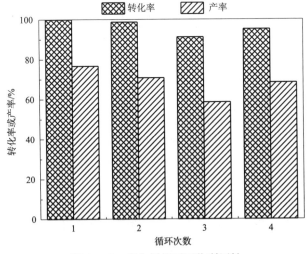

图 10-5 催化剂的可回收利用性

10.2.4 OMC-SO₃H 催化木聚糖转化为糠醛

木聚糖是半纤维素的主要成分，是木糖单元通过糖苷键连接组成的聚合体。因此，以 OMC-SO₃H 为催化剂探究由木聚糖催化转化为糠醛的性能尤为重要。通过图 10-6 可以看出，在较低的反应温度（180℃）下反应 60min 可以得到 58.0% 的糠醛产率。随着反应温度的升高，糠醛产率逐渐提高，在 220℃ 下持续 30min 可以达到 75.3%，这与木糖脱水转化为糠醛的产率（76.7%）相当。由此可知，OMC-SO₃H 催化剂也同样适用于由半纤维素作为原料生产糠醛。

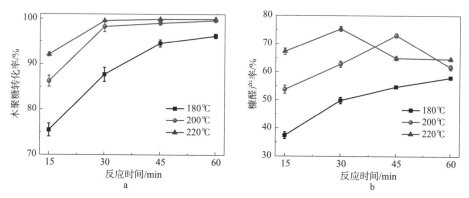

图 10-6　不同反应温度和时间对木聚糖催化转化为糠醛的影响

a. 反应温度和时间对木聚糖转化率的影响　b. 反应温度和时间对糠醛产率的影响

10.2.5 小结

在这项工作中，以木质素和间苯三酚为碳前体，以乙二醛为交联剂，通过溶剂蒸发诱导自组装法合成了有序介孔碳（OMC）。OMC 通过简单的磺化处理可以获得有序介孔固体酸催化剂（OMC-SO₃H），该材料在木糖催化转化为糠醛中具有出色的反应性能，最高可实现木糖 100% 的转化率和 76.7% 的糠醛产率。OMC-SO₃H 催化剂也适用于木聚糖的转化，并显示出良好的稳定性和可回收性。

10.3　木质素基有序介孔碳催化转化糠醛到四氢糠醇

上述研究中，我们利用木质素为碳源合成有序介孔碳，但仍旧需要外源添加一定的酚羟基，说明酚羟基的含量在木质素合成有序介孔碳中起着重要的作用，因此利用酚羟基含量更高的木质素可能会解决上述问题。木质素主要由 G

型醇单体（愈创木基）和 S 型醇单体（紫丁香基）以及 H 型醇单体（对羟基苯基）构成，其中 H 型醇单体中具有两个酚羟基，因此具有 H 构型的木质素可能具有更多的酚羟基，有利于有序介孔碳的合成[25]。研究表明，山毛榉木为典型的硬木，其分子主要由 G 型、S 型醇单体构成，而核桃壳主要由 G 型、S 型、H 型醇单体构成，这可能会为核桃壳木质素提供更多的酚羟基[26]。因此，在本工作中，提出了一种以核桃壳木质素为前驱体，在无须添加其他任何的苯酚类共前驱体的情况下，以金属 Ni^{2+} 的络合作用替代传统的醛为交联剂，通过 EISA 方法，一锅制备负载金属的有序介孔碳材料。将所得的材料应用于生物质基糠醛催化加氢转化为四氢糠醇中，并显示出优越的催化性能和可重复利用性。

10.3.1　试验材料与方法

将醇溶核桃壳木质素（WSL）与表面活性剂 F127（F）溶于丙酮中，并将硝酸镍加入上述溶液中搅拌一定时间。随后将所得的溶液倒入聚四氟乙烯 PTFE 板上，在通风橱中于室温下蒸发溶剂，在 100℃烘箱中加热以促进材料固化。交联后的样品置于管式炉中加热煅烧以获得相应的碳材料。样品命名为 Ni@WOMC-x，其中 x 代表炭化温度。

糠醛加氢制备四氢糠醇的反应在 30mL 不锈钢高压釜中进行。在典型的催化测试中，高压釜中装有一定镍基催化剂（Ni@WOMC）、糠醛及溶剂。在反应器中添加 H_2 到指定压力，并在搅拌的同时加热到指定温度并保持一定的反应时间。反应后，将不锈钢高压釜在流动水中快速冷却至室温，并将所得液体产物通过气相色谱测定。糠醛（FF）转化率以及糠醇（FAL）、四氢糠醇（THFA）的产率计算方式如下：

$$糠醛转化率（\%）=\frac{反应的糠醛物质的量}{初始糠醛物质的量}\times100\%$$

$$糠醇（或四氢糠醇）产率（\%）=\frac{生成的糠醇（或四氢糠醇）物质的量}{初始糠醛物质的量}\times100\%$$

10.3.2　结果与讨论

图 10-7 显示了不同硝酸镍添加量（0~0.5g）在 600℃下碳化所得材料的 TEM 图。可以看出，不添加硝酸镍的材料不能够形成有序结构（图 10-7a），当硝酸镍添加量为 0.1g 时，材料显示部分有序（图 10-7b），添加 0.2g 和 0.5g 硝酸镍的材料均显示出完美的有序结构，但由于硝酸镍过量的添加，使得 $Ni_{0.5}$@WOMC-600 中的金属颗粒明显团聚，这表明金属离子在有序的介孔碳的形成中起着至关重要的作用。

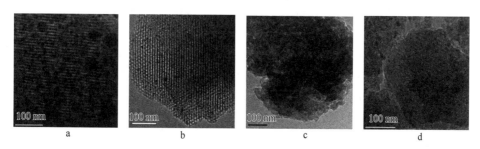

图 10-7 不同硝酸镍添加量在 600℃下炭化所得材料的 TEM 图
a. 0g b. 0.1g c. 0.2g d. 0.5g

以 0.2g 硝酸镍作为最佳的金属盐添加量进一步探究了不同炭化温度（450℃、600℃和 750℃）条件下碳材料的形貌和性能。如图 10-8a 所示，450℃热处理 WSL-F127-Ni 聚合物时，可以观察到一定的有序介孔结构，但是不明显，这可能是由于 F127 的不完全分解所致。当煅烧温度分别提高到 600℃和 750℃时，所得碳材料表现出典型的 2D 六方的有序介孔结构（图 10-8b、图 10-8c）。另外，Ni 颗粒均匀地分布在三个样品中，但是掺杂的 Ni 颗粒的尺寸随着煅烧温度的升高而增加。在 450℃下 Ni 的尺寸约为 4.4nm，在 600℃时为 6nm，但当温度提高至 750℃时，由于金属颗粒在高温下团聚，此时金属颗粒尺寸增至 13nm。

图 10-8 不同煅烧温度所得碳材料的 TEM 图像（插图显示了相应的金属粒度分布）
a. 450℃ b. 600℃ c. 750℃

通过对比三种材料的小角 X 射线衍射谱图可以看出，三种材料在 0.64°、0.88°和 1.2°位置有峰对应二维六方晶格，说明材料具有有序结构。通过广角 XRD 图，在 44.5°、51.8°和 76.4°处特征峰分别对应于元素 Ni 的（111）、（200）和（220）晶面（JCPDS 卡号 04#-0850），说明金属已经被还原为金属单质。通

过 N_2 吸脱附曲线，计算出材料的比表面积、孔体积和孔径。Ni@WOMC-450 和 Ni@WOMC-600 的比表面积分别为 $524m^2/g$ 和 $537m^2/g$。比表面积的增加归因于在 600℃ 时 F127 的完全分解。炭化温度的进一步升高导致 Ni@WOMC-750 样品的比表面积减小至 $481m^2/g$，这可能是由于有序介孔碳骨架略微收缩导致，同时 Ni 粒子的表面迁移和烧结使得 Ni 颗粒平均直径增大。

为了进一步了解材料交联过程，探究了木质素、木质素-F127 和木质素-F127-Ni^{2+} 聚合物的 FT-IR 光谱。与木质素分子的 FT-IR 光谱相比，$3\,400cm^{-1}$ 处—OH 基团的振动有明显的红移，这是由于 F127 亲水性 PEO 段中的—O—基团与木质素分子中的—OH 基团之间的氢键相互作用[27]。木质素-镍聚合物在 $3\,400cm^{-1}$ 处酚羟基振动带减弱可以证实 Ni^{2+} 和胶束周围木质素分子中酚羟基之间的配位相互作用。

木质素和金属盐通过 EISA 法合成 M@OMC 的典型过程见图 10-9。在丙酮溶剂中，两亲性 F127 分子形成胶束，将木质素作为碳前体添加到溶剂中后，木质素分子通过木质素的—OH 基团与 F127 的 PEO 片段中的—O—基团之间的氢键相互作用在 PEO 单元周围自组装。当溶液中添加 Ni^{2+} 时，由于木质素分子与金属 Ni^{2+} 离子之间的配位络合作用，胶束之间发生交联。将混合物在 100℃ 的烘箱中加热以进行固化，最终在惰性气体气氛中通过热解炭化除去软模板 F127，得到了 Ni 掺杂的有序介孔碳（Ni@WOMC）。并且由于碳的可还原性，金属 Ni^{2+} 离子可直接还原为 Ni 原子，而无须进一步使用 H_2 还原。

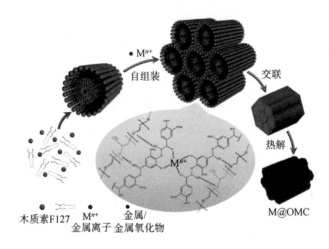

图 10-9　木质素和金属盐通过 EISA 法合成 M@OMC 的典型过程

10.3.3 催化性能测试

不同炭化温度（450℃、600℃、750℃）下催化剂对糠醛加氢反应的影响见表10-1。使用450℃和600℃条件下煅烧的催化剂，糠醛能够在短时间内完全转化，以 Ni@WOMC-450 为催化剂，反应1h糠醛转化率即可达到93.6%，产物以 FAL 为主（占67.3%），次要产物为 THFA（占20.9%），反应3h后糠醛完全转化，但糠醇产率从67.3%下降至55.9%，且几乎全部转化为 THFA。而以 Ni@WOMC-600 为催化剂，1h的反应时间糠醛即可完全转化，反应3h后 THFA 的产率可达64.7%。相较于 Ni@WOMC-450，尽管 Ni@WOMC-600 金属粒径更大，但由于其表现出更规则的有序介孔通道，更有利于物质的传递和扩散。根据 N_2 吸附-解吸等温线的结果，Ni@WOMC-600 具有更大的比表面积，可以提供更多的吸附位促进糠醛的加氢反应。Ni@WOMC-750 虽然具有较好的孔道，但金属团聚较为严重，金属粒径更大，并且堵住了部分孔道，影响其有效接触反应物的面积，因此糠醛转化率低，其主要副产物为糠醛与异丙醇之间缩聚而成的醚（异丙基糠基醚）。可以看出材料的活性是由金属粒径以及有序的孔道共同决定的。综合以上实验结果，可采用 Ni@WOMC-600 为目标催化剂对糠醛加氢制备 THFA 进行进一步的研究。

表10-1 不同炭化温度（450℃、600℃、750℃）下催化剂对糠醛加氢反应的影响

催化剂种类	反应时间/h	糠醛转化率/%	FAL产率/%	THFA产率/%
Ni@WOMC-450	1	93.6	67.3	20.9
Ni@WOMC-450	3	100	55.9	42.5
Ni@WOMC-600	1	100	49.3	46.1
Ni@WOMC-600	3	100	28.0	64.7
Ni@WOMC-750	1	39.4	10.0	—
Ni@WOMC-750	3	75.0	20.6	4.5

注：反应条件为催化剂0.1g，糠醛0.1g，异丙醇溶剂10mL，反应温度180℃，3MPa氢气压力。

表10-2条目1~9展示了在3种不同溶剂（乙醇、正丙醇和异丙醇）中 Ni@WOMC 在不同温度条件下对糠醛加氢性能的影响，可以看出在乙醇溶剂中随着反应温度的升高糠醛转化率逐渐升高，其主要加氢产物为 FAL，伴有少量 THFA 生成。当溶剂换成正丙醇和异丙醇时，在160℃反应3h，糠醛转化率即能够达到100%，这可能是由于正丙醇和异丙醇较乙醇C链更长，更容

易供氢，并且 H_2 在这两种溶剂中的溶解度更高[28]，在此温度条件下两种溶剂中的产物都以 FAL 为主，THFA 为辅，当温度升高到 180℃ 时，正丙醇中 FAL 仍为主要产物，而在异丙醇中则以 THFA 为主，FAL 为辅，这是由于异丙醇是公认较好的氢供体，在催化加氢的反应中为更优的溶剂选择[29]。当温度达到 200℃ 时，正丙醇和异丙醇中的产物均主要以 THFA 为主，而且在异丙醇中 THFA 产率更高（61.7%）。因此，以异丙醇作为该反应的溶剂探究了氢气压力的影响，为了限制溶剂在釜体内挥发，向封闭的反应器施加 3MPa 的初始总气压（包括设定的 H_2 压力），并使用惰性氮气作为补充气体。可以看出，在不存在氢气的情况下（表 10-2 条目 10），糠醛转化率能够达到 36.2% 且有 23.0% 的 FAL 生成，这是由于异丙醇既能够作为溶剂，又能够作为氢源，当氢气压力提高至 1MPa 时，3h 反应时间即能够使糠醛完全转化，并且 FAL 和 THFA 的产率分别能够达到 57.7% 和 31.7%，当初始氢气压力增至 3MPa 时，THFA 为主要产物，产率为 64.7%。

表 10-2　溶剂和氢气压力对糠醛加氢的影响

条目	溶剂	温度/℃	H_2压力/MPa	糠醛转化率/%	FAL 产率/%	THFA 产率/%
1	乙醇	160	3	58.2	40.5	5.5
2	乙醇	180	3	92.0	61.0	6.7
3	乙醇	200	3	97.0	60.6	9.3
4	正丙醇	160	3	100	59.8	26.8
5	正丙醇	180	3	100	41.4	35.9
6	正丙醇	200	3	100	28.7	47.2
7	异丙醇	160	3	100	52.2	36.6
8	异丙醇	180	3	100	28.0	64.7
9	异丙醇	200	3	100	6.0	66.7
10	异丙醇	180	0	36.2	23.0	0
11	异丙醇	180	1	100	57.7	31.7
12	异丙醇	180	2	100	49.1	47.3

注：反应条件为催化剂 0.1g，糠醛 0.1g，异丙醇溶剂 10mL，总计 3MPa 气体压力（不足则用氮气补齐），反应 3h。

温度是液相加氢反应的重要影响因素之一，因此探究在 160～200℃ 下，Ni@WOMC-600 在异丙醇中对糠醛催化加氢反应的影响。当在 160℃ 下反应

3h，糠醛即可完全转化，随着反应时间和温度的提高，FAL 含量逐渐降低，THFA 含量逐渐升高。在 180℃下反应 6h，FAL 即可完全转化，THFA 产率最高可达 95.6%；而延长反应时间到 12h，产物只有 THFA（100%）。提高反应温度至 200℃反应 1h，FAL 产率能够达到 34.8%，THFA 产率为 59.6%，延长反应时间，FAL 含量逐渐降低，6h 后 FAL 完全消失，部分转化为中间体异丙基糠基醚（糠醇与异丙醇的缩合产物），部分则由 THFA 过度氢化为 2-MF 和 2-MTHF，因此 THFA 产率与 3h 没有差异。在 200℃、反应时间为 9h 时，THFA 最高产率为 84.7%，此时副产物 2-MF 和 2-MTHF 产率分别为 9.1% 和 6.3%，当延长反应时间至 12h 时，THFA 产率降至 79.7%，而 2-MF 和 2-MTHF 产率分别提高至 12.7% 和 7.6%。

探究了不同催化剂用量（0~0.1g）对糠醛催化加氢的影响。在 180℃、3MPa H_2 压力条件下，不添加催化剂对照组只有少部分糠醛转化，反应 3h 后有痕量（1.3%）的 FAL 生成，这可能是由于溶剂提供的少量氢促进了糠醛的加氢反应。当加入 0.02g 催化剂时，反应 1h，糠醛转化率即可达到 57.0%，FAL 和 THFA 产率分别可达 45.5% 和 9%，可以看出催化剂对糠醛加氢起着主要的作用。反应 3h 后糠醛转化率接近 90%，此时 FAL 为主产物，收率为 66.4%，随着催化剂用量的增加，THFA 变为主要产物，当催化剂用量为 0.1g 时，反应 3h 可获得 64.7% 的 THFA。

镍基催化剂已被证实具有较好的催化加氢效果[30]。但是，镍在热处理或反应过程中会发生团聚影响其催化活性、稳定性和可回收性。因此，探究了 Ni@WOMC-600 的循环利用性（图 10-10）。在 180℃、3MPa H_2 压力下反应 6h，新鲜的 Ni@WOMC-600 催化剂 THFA 收率为 95.9%；在第二次使用时，THFA 的产率保持在 91.4%；在使用 4 次后，THFA 的产率仍保持在 82% 以上。该结果表明 Ni@WOMC-600 催化剂保持了回收期间的稳定性和活性。对用过的 Ni@WOMC-600 样品进行 TEM 表征，结果表明新鲜催化剂和使用 4 次的催化剂之间有序介孔结构几乎没有变化，碳骨架中 Ni 粒子仍然均匀地分布于碳骨架中，其金属粒径仍保持在 6.2nm，几乎没有团聚，这说明木质素基有序介孔碳作为一种纳米反应器将金属 Ni 限制在孔道中使其不易团聚。另外，对使用 4 次后 Ni@WOMC-600 的 Ni 含量进行了 ICP-OES 分析，表明约 2% 的 Ni 从催化剂中浸出，可能是在搅拌过程中，浮于材料表面的金属脱落导致，这也是随着使用次数的增加，四氢糠醇产率降低的原因。因此，通过木质素分子与金属 Ni^{2+} 离子之间的配位自组装，可以使 OMC 中的 Ni 颗粒限制在碳骨架中，从而保持较好的稳定性。

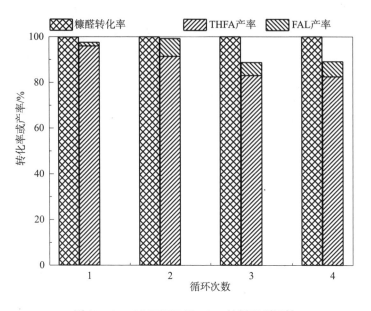

图 10-10 Ni@WOMC-600 的循环利用性

10.3.4 材料的普适性

通过研究 Ni@WOMC-600 催化其他生物质加氢反应的普适性，发现该催化剂催化乙酰丙酸加氢到 γ-戊内酯（GVL）以及葡萄糖加氢到山梨醇中均表现出良好的活性。在未优化的反应条件下，GVL 的收率在 160℃下 4h 可以接近 100%，山梨醇的收率在 150℃下 3h 可以达到 76%。

为了探索一锅法直接合成金属掺杂的 OMC 的普适性，在木质素作为碳前体的情况下，使用与上述实验中的 $Ni(NO_3)_2$ 同等摩尔质量的金属盐［如 $Mg(NO_3)_2$、$FeCl_3$、$Co(NO_3)_2$、$Zn(NO_3)_2$］替代 Ni^{2+} 作为交联剂制备 OMC，其结果如图 10-11 所示。可以看出该方案适用于其他金属离子合成掺杂各种不同金属颗粒的 OMC，并且可以获得具有良好介孔结构的金属/金属氧化物掺杂的 OMC 材料。所得的 OMC 中掺杂的金属形态取决于所施加的煅烧温度下碳对金属物种的还原性。此外，通过该方法，可以使用具有不同物质的量比（1∶1、4∶1 和 9∶1）的 $Ni(NO_3)_2$ 和 $Co(NO_3)_2$ 的混合物合成双金属 Ni-Co 掺杂的 OMC。OMC 中的金属粒径随负载金属盐摩尔比的变化而变化。当使用诸如 Zn 之类的挥发性金属时，在制备过程中使用不同的煅烧温度（600℃和 900℃）可获得金属掺杂及无金属掺杂的 OMC。

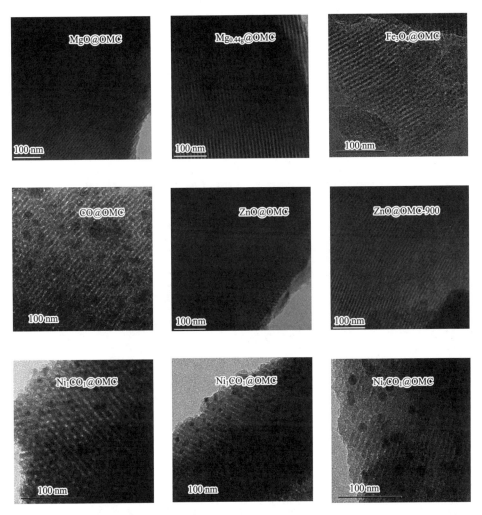

图 10-11 一锅法合成的 OMC 材料的 TEM 图,以核桃壳木质素为碳前体,各种金属离子为交联剂 [$Mg_{0.44g}$ 表示添加了 $Mg(NO_3)_2 \cdot 6H_2O$ 0.44g;ZnO@OMC-900 表示炭化温度为 900℃ 的 OMC,与 ZnO@OMC 炭化温度(600℃)不同,目的是获得无金属的 OMC]

此外,该方法同样适用于不同来源的木质素(澳洲坚果壳木质素、烟秆木质素)用于合成 OMC。如图 10-12 所示,使用澳洲坚果壳木质素和烟秆木质素为碳源,以金属 Ni^{2+} 为交联剂,成功合成了 OMC(图 10-12a、图 10-12b),并且利用不同金属(如 Co^{2+}、La^{3+}、Ce^{4+})为交联剂,同样能够获得有序介孔结构,它们具有良好的普适性。

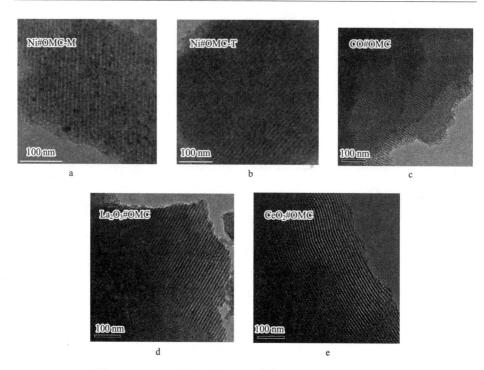

图 10-12 以不同木质素为碳前体合成 OMC 材料 TEM 图

a、c. 以澳洲坚果壳木质素为碳前体，Ni^{2+}、Co^{2+} 为交联剂合成 OMC 材料的 TEM 图

b、d、e. 以烟秆木质素为碳前体，Ni^{2+}、La^{3+}、Ce^{4+} 为交联剂合成 OMC 材料的 TEM 图

10.3.5 小结

本工作中提出使用来自不同生物质来源的木质素作为唯一碳前体，并以各种金属离子作为交联剂，一锅合成木质素基有序介孔碳。相比于传统有序介孔碳制备工艺，该过程无须引入外源的不可持续且有毒的酚类化合物和醛类交联剂，更加绿色环保。选择不同木质素和金属均可以合成功能化金属/金属氧化物掺杂的 OMC，可应用于不同催化反应，并表现出良好的催化活性。该方案为以可持续的生物质大分子为碳前驱体制备负载金属的功能化有序介孔碳提供了新的策略。

参 考 文 献

[1] Lu S, Zhu T, Li Z, et al. Ordered mesoporous carbon supported $Ni_3V_2O_8$ composites for lithium-ion batteries with long-term and high-rate performance. Journal of Materials Chemistry A, 2018, 6 (16): 7005-7013.

[2] 马秀花, 袁红, 王云杰, 等. 有序介孔碳材料的制备及应用. 化工新型材料, 2019, 47 (9): 19-23.

[3] Ladmakhi H B, Chekin F, Fathi S, et al. Electrochemical sensor based on magnetite graphene oxide/ordered mesoporous carbon hybrid to detection of allopurinol in clinical samples. Talanta, 2020, 211: 120759.

[4] Qin H, Jian R, Bai J, et al. Influence of molecular weight on structure and catalytic characteristics of ordered mesoporous carbon derived from lignin. ACS Omega, 2018, 3 (1): 1350-1356.

[5] Szczesniak B, Choma J, Jaroniec M. Major advances in the development of ordered mesoporous materials. Chemical Communications (Cambridge), 2020, 56 (57): 7836-7848.

[6] Meng L, Xue J. Ordered mesoporous carbon nanoparticles with well-controlled morphologies from sphere to rod via a soft-template route. Journal of Colloid & Interface Science, 2012, 377 (1): 169-175.

[7] Zhang F, Meng Y, Gu D, et al. A facile aqueous route to synthesize highly ordered mesoporous polymers and carbon frameworks with Ia3d bicontinuous cubic structure. Journal of the American Chemical Society, 2005, 127 (39): 13508-13509.

[8] Tanaka S, Nishiyama N, Egashira Y, et al. Synthesis of ordered mesoporous carbons with channel structure from an organic-organic nanocomposite. Chemistry Communications, 2005(16): 2125-2127.

[9] Saha D, Warren K E, Naskar A K. Soft-templated mesoporous carbons as potential materials for oral drug delivery. Carbon, 2014, 71: 47-57.

[10] Herou S, Ribadeneyra M C, Madhu R, et al. Ordered mesoporous carbons from lignin: a new class of biobased electrodes for supercapacitors. Green Chemistry, 2019, 21 (3): 550-559.

[11] Wang S, Lyu L, Sima G, et al. Optimization of fructose dehydration to 5-hydroxymethylfurfural catalyzed by SO_3H-bearing lignin-derived ordered mesoporous carbon. Korean Journal of Chemical Engingeering, 2019, 36 (7): 1042-1050.

[12] Ma T Y, Liu L, Yuan Z Y. Direct synthesis of ordered mesoporous carbons. Chemical Society Reviews, 2013, 42: 3977-4003.

[13] Sanchez-Sanchez A, Izquierdo M T, Medjahdi G, et al. Ordered mesoporous carbons obtained by soft-templating of tannin in mild conditions. Microporous Mesoporous Mater, 2018, 270: 127-139.

[14] Tang Y, Qiu M, Yang J, et al. One-pot self-assembly synthesis of Ni-doped ordered mesoporous carbon for quantitative hydrogenation of furfural to furfuryl alcohol. Green Chemistry, 2021, 23 (4): 1861-1870.

[15] Anderson E M, Stone M L, Katahira R, et al. Differences in S/G ratio in natural poplar

variants do not predict catalytic depolymerization monomer yields. Nature Communications, 2019, 10 (1): 2033.

[16] Saha D, Li Y, Bi Z, et al. Studies on supercapacitor electrode material from activated lignin-derived mesoporous carbon. Langmuir, 2014, 30 (3): 900-910.

[17] Wang S, Sima G, Cui Y, et al. Efficient hydrolysis of cellulose to glucose catalyzed by ligninderived mesoporous carbon solid acid in water. Chinese Journal of Chemical Engineering, 2020, 28 (7): 1866-1874.

[18] Gómez Millán G, Hellsten S, King A W T, et al. A comparative study of water-immiscible organic solvents in the production of furfural from xylose and birch hydrolysate. Journal of Industrial and Engineering Chemistry, 2019, 72: 354-363.

[19] Wang R, Liang X, Shen F, et al. Mechanochemical synthesis of sulfonated palygorskite solid acid catalysts for selective catalytic conversion of xylose to furfural. ACS Sustainable Chemistry & Engineering, 2019, 8 (2): 1163-1170.

[20] Chen F, Zhou W, Yao H, et al. Self-assembly of NiO nanoparticles in lignin-derived mesoporous carbons for supercapacitor applications. Green Chemistry, 2013, 15 (11): 3057-3063.

[21] Chen M, Shao L L, Lv X W, et al. In situ growth of Ni-encapsulated and N-doped carbon nanotubes on N-doped ordered mesoporous carbon for high-efficiency triiodide reduction in dye-sensitized solar cells. Chemical Engineering Journal, 2020, 390: 124633.

[22] Shuai L, Luterbacher J. Organic solvent effects in biomass conversion reactions. ChemSusChem, 2016, 9 (2): 133-155.

[23] Bruce S M, Zong Z, Chatzidimitriou A, et al. Small pore zeolite catalysts for furfural synthesis from xylose and switchgrass in a γ-valerolactone/water solvent. Journal of Molecular Catalysis A: Chemical, 2016, 422: 18-22.

[24] Yang T, Zhou Y H, Zhu S Z, et al. Insight into aluminum sulfate catalyzed xylan conversion into furfural in a gamma-valerolactone/water biphasic solvent under microwave conditions. ChemSusChem, 2017, 10 (20): 4066-4079.

[25] 缪正调, 杨海艳, 史正军, 等. 水热环境下的核桃壳木质素提取及结构表征. 林业工程学报, 2016, 1 (6): 108-113.

[26] Deuss P J, Scott M, Tran F, et al. Aromatic monomers by in situ conversion of reactive intermediates in the acid-catalyzed depolymerization of lignin. Journal of the American Chemical Society, 2015, 137 (23): 7456-7467.

[27] Shan W, Zhang P, Yang S, et al. Sustainable synthesis of alkaline metal oxide-mesoporous carbons via mechanochemical coordination self-assembly. Journal of Materials Chemistry A, 2017, 5 (45): 23446-23452.

[28] D'angelo J V H, Francesconi A Z. Gas-liquid solubility of hydrogen in n-alcohols ($1 \leqslant n \leqslant 4$) at pressures from 3.6MPa to 10MPa and temperatures from 298.15 K to 525.15

K. Journal of Chemical & Engineering Data, 2001, 46 (3): 671-674.

[29] Jaatinen S, Stekrova M, Karinen R. Ni - and CuNi - modified activated carbons and ordered mesoporous CMK - 3 for furfural hydrotreatment. Journal of Porous Materials, 2017, 25 (4): 1147-1160.

[30] Su Y, Chen C, Zhu X, et al. Carbon - embedded Ni nanocatalysts derived from MOFs by a sacrificial template method for efficient hydrogenation of furfural to tetrahydrofurfuryl alcohol. Dalton Trans, 2017, 46 (19): 6358-6365.

第11章 生物质水热炭材料的研究进展

郭海心,单建荣,陈炳堃

农业农村部环境保护科研监测所

水热技术(hydrothermal processing,HTP)是在无氧条件下以水作为反应介质,在一定温度及自产生的压力下对生物质进行物理与化学转化的技术。水热技术操作简单,可不添加除水之外的任何催化剂,产物用途广泛,固体产物可用作催化剂、燃料、土壤改良剂等。水热炭的制备工艺和应用见图 11-1。依据水热转化过程中的参数、产物分布和理化特性等的不同,水热技术通常可分为水热气化、水热液化及水热炭化(HTC)[1],目标产物分别为气相产物、液相产物和固体碳材料。水热气化和水热液化通常需要较高的反应温度(分别为 600~1 000℃和 500~600℃),而水热炭化是一种用于生物质燃料提质的经济、有效的方法。水热炭化是在比较温和的亚临界水环境下进行的,其生物质与水的质量比例为(1:3)~(1:10),反应温度为 180~260℃,反应时间为 5~240min,反应压力为 2~10MPa[2]。水热法的温度和压力都不是很高,反应条件相对温和,避免了高温引起的微粒团聚现象,可依靠水热过程自发产生的压力在较短时间内获得较高的产物收率。水热炭产率为 50%~80%,液相产率为 5%~20%,气体产生量较小,为 2%~5%。本章针对秸秆等农林废弃物水热炭化过程中产物演变规律、产物特性及其应用等进行分析。

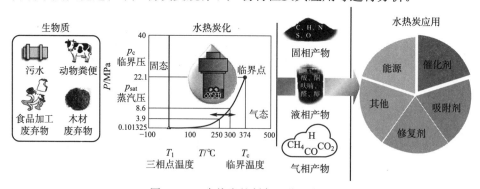

图 11-1 水热炭的制备工艺和应用

第11章 生物质水热炭材料的研究进展

11.1 概述

生物质水热炭化技术的研究可追溯至 20 世纪，1913 年德国化学家 Bergius 就运用该技术在 250～310℃炭化处理纤维素，对自然界煤的形成机理进行了研究[3]。1932 年 Berl 和 Schmid 在此基础上以纤维素和木质素为模型化合物，在 150～350℃水热条件下，他们从不溶性煤化产物的元素构成、化学成分等角度对炭化过程进行了更系统的实验[4]。1960 年 Schuhmacher 等指出在水热分解过程中 pH 具有显著的影响[5]。水热炭化法虽然已有上百年的发展历史，但其研究目的却一直停留在通过该方法制备特定的液态和气态产物上，固相常被视为副产物而摒弃。直到 20 世纪中期，Wang 等首次通过该方法制得均匀的碳球，并指出该碳球具有非常好的热化学稳定性和良好的导热性、导电性[6]，水热炭化法才再度引起了研究者的关注，其在不同领域的应用有着巨大的潜在应用价值。

目前，水热炭化的研究集中在水热炭化技术的反应机制、炭化产品的改性和应用方面。作为一种新型的热化学转化技术，与其他转化技术相比，水热技术具有无须预先干燥处理、转化效率高、操作温度相对较低等优势，在处理废弃生物质（尤其是处理湿生物质原料）上具备较大的发展潜力。然而，目前水热技术对废弃物的处理原料还比较单一，对于复杂成分物料的水热过程及不同组分的反应路径仍需进一步探讨。废弃生物质成分的差异性，将直接影响水热炭化反应的特性，也决定了相关产物的应用范围。为了确保获得高品质水热炭产物（具备高热值、低污染物水平、高营养含量等特性），如何调控水热炭化反应过程参数，考察其应用特性，以实现低值生物质的高值化应用，是急需解决的问题。

11.2 生物质水热炭材料的制备

水热炭合成的机理：水热炭的合成以水为媒介，以生物质为原料，其中生物质一般因为含有纤维素、半纤维素、木质素等成分（部分生物质组分成分含量见表 11-1），所以生物质水热炭材料的制备需经历大分子分解为小分子和小分子重新聚合为大分子的两个过程，涉及水解、脱水、缩聚等步骤。随着温度与压力的升高，水的介电常数显著降低，易分解成水合氢离子（H_3O^+）和氢氧根离子（OH^-），并且可提高对中极性或非极性化合物的溶解能力[7]，进而激发有机物质生成可溶性的小分子低聚物或单体物质。在亚临界条件下，水的存在降低了主要组分键断裂所需的活化能水平，促进了生物质大分子键的断裂并形成低聚糖,再进一步分解为葡萄糖、木糖和果糖等单糖。不同原料水热炭化反应过程和物质转化路径见图11-2。

表11-1 部分生物质组分成分含量(%,以干重计)

种类	纤维素	半纤维素	木质素	灰分	粗蛋白
油菜秸秆	49.3	18.9	21.5	—	—
小麦秸秆	35.2	22.1	18.2	7.5	—
玉米秸秆	36.2	34.2	8.0	—	—
棉花秸秆	41.6	23.6	23.3	4.9	—
木屑	27.5	15.6	26.9	—	15.5
松木	44.5	28	26.8	—	—
草坪植物	23.1	16.4	12.1	—	24.9
稻草	21.5	50.1	17.1	—	—
甘蔗渣	46.2	20.8	19.5	1.2	—
枫树叶	11.6	9.9	24	—	29.8
豆类	29.2	9.2	9.5	—	—
香蕉茎	30.1	27.8	6.08	—	—

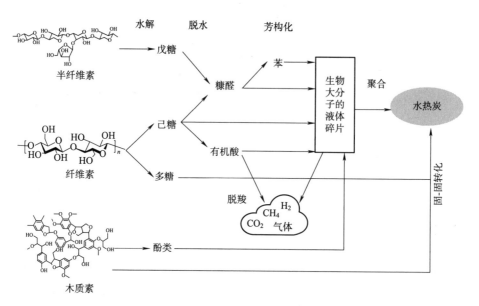

图11-2 不同原料水热炭化反应过程和物质转化路径

水解后产生单体,在水热条件下进一步脱水产生糠醛和有机酸(甲酸、乙酸、乙酰丙酸等),这些有机酸会通过脱羧的方式生成CO_2,迅速降低组分中的氧碳比（O/C）和氢碳比（H/C），促进生物质进行炭化[8]。生成的不饱和化合物经分子间/内脱水、羟醛缩合、芳构化等过程，形成固体水热炭。

纤维素的水解机理与半纤维素相似，均从解聚形成寡糖开始，之后水解为单糖，脱水为糠醛，随后经脱羧、芳构化和聚合形成水热炭。半纤维素一般在180℃开始水解，纤维素一般在200℃开始水解[9]。而木质素的结构复杂，不易水解，在200℃以上仅有少部分水解，260～280℃才开始大量水解，发生重组形成水热炭[10]。

生物质中的其他组分如灰分和粗蛋白含量也可极大地影响水热炭的形成和组成。生物质中的灰分与粗蛋白含量低，相应的水热炭的灰分和粗蛋白含量也低。水热炭的固定碳含量依存于其灰分含量，其灰分含量低，相对的固定碳含量就高，反之亦然。

根据表11-2可看出，生物质原料经水热炭化处理之后生成的固体炭材料，与原料相比，其灰分含量显著降低，氢碳比（H/C）和氧碳比（O/C）略微降低。其高位发热量（高热值）明显升高。在HTC反应中，纤维素与半纤维素的降解温度为160～180℃，而大部分木质素的降解温度接近于临界点温度。随着反应温度与反应时间的增加，产出的高热值中间产物，如2,5-羟甲基糠醛，此物可沉积于水热炭的多孔表面，使水热炭的能量密度增加。此外，生物质聚合物对材料的疏水性能有很强的影响。生物质中的半纤维素具有强大的吸水能力，亲水性强；木质素则几乎不吸水，疏水性强[11]。在临界点附近，半纤维素组分含量的减少（或木质素含量的增加），导致其疏水性提高，这一特点能延长水热炭的自体储存时间，而且没有生物降解的风险。

水热法制得的碳材料通常为球状结构，比表面积较小，孔数量少，可通过在水热炭化过程中添加活性剂（如酸性添加剂、碱性添加剂等）、模板剂（如氧化铝膜、二氧化硅颗粒[12]）等方法，调整水热炭的形貌、尺寸。

在水热反应时加入酸或碱催化剂，会造成水热环境中H^+或者OH^-离子浓度增加，改变水热反应的路径。酸性添加剂，如HCl、H_2SO_4、HNO_3和柠檬酸等，会增加反应溶液中H^+含量，加速水解和脱水反应，显著降低水热炭的氧碳比（O/C）和氢碳比（H/C）。值得注意的是，碱性添加剂，如氢氧化钾、氢氧化钠和碳酸钾等，仅可在一定阶段改变水热炭化过程的pH，最终产物的pH仍表现为中性或酸性[13]。为了提高水热炭化的反应速率或者水热炭的质量产率或性能，除了酸碱添加剂外，还可添加金属盐分和氧化物等。例如，$FeCl_3$可以催化脱水脱羧促进糠醛衍生物的生成，同时$FeCl_3$提高了挥发分向固定炭的转化效率[14]。水热炭表面富含—COOH、—OH等大量的含氧官能团，说明在制备固体酸碱催化剂时水热炭是良好的前驱体。

在HTC反应条件下，添加模板剂，然后通过酸洗、热处理等方法去除，可使生成的炭化材料结构均一，具有中孔、大孔、纳米线、纳米空心球等结构，还可以通过后处理的方式达到修饰表面官能团的目的[15]。利用模板法制备多孔炭化材料，能够实现对其尺寸、结构及组成的有效调控，从而得到具有不同性质的多孔炭化材料，以满足各个领域的需要。

水热炭的微晶结构与原料和制备温度有关。当制备条件温和时，水热炭表现出与原料相似的结构；当制备条件较剧烈时，水热炭的结构发生巨大的转变，表现出不同的结构。例如，吴艳姣等以淀粉、呋喃、葡萄糖和蔗糖与硫酸混合制备水热炭时，XRD图谱均在$10°\sim30°$出现一个宽衍射峰，为无定形结构[16,17]。而以棕榈空果串和纤维素为原料制备水热炭时，当制备温度<220℃时，二者表现出纤维素的特征峰，为结晶结构[18]。当制备温度>220℃时，纤维素水热炭的结晶峰逐渐减弱消失，转化为无定形结构。此外，水热炭的比表面积和孔隙率随着反应温度的增高，呈增加趋势，当温度升高到一定程度，比表面积又开始下降。反应温度增加，生物质原料水解程度和反应速率增加，可促进中间小分子间聚合，导致芳香化程度提高，生成大量的气相产物和液相产物，得到的水热炭的质量减少。当温度过高时，原料反应较为剧烈，会加速生物质分解，降低水炭产率。此外，反应时间（达到峰值温度后保持的时间）不仅对产物的分布和性质造成影响，还对水热系统的能量平衡和运行成本也有一定的影响。在反应时间较短时，可获得较高的水热炭产率，但是随着反应时间的延长，水热炭的热值增加，多孔结构受到不利影响，限制了其在吸附方面的潜在应用。

水热炭化装置分为间歇式水热炭化装置和连续流通式水热炭化装置，相比于间歇式水热炭化装置，流体式水热炭化过程必须在高压的环境下进行，而高压连续给料也提高了水热炭化生产工艺的总体生产成本。为了进一步提高水热炭化过程的经济性，有效进行热处理，水循环和液体中间产品的处理显得十分重要。因此，应在流程设计与开发方面进行深入的研究。

表 11-2 生物质原料及水热炭的物化性质对比

来源	原料				水热条件		水热炭				参考文献
	灰分含量/%	氢碳比(H/C)	氧碳比(O/C)	高热值/(MJ/kg)	温度/℃	时间/h	灰分含量/%	氢碳比(H/C)	氧碳比(O/C)	高热值/(MJ/kg)	产率/%	
玉米青贮	11.45	1.58	0.55	22.3	190	2	11.65	1.37	0.39	25.40	71.8	[19]
					190	6	8.71	1.29	0.34	26.40	55.7	
					190	10	10.41	1.33	0.33	27.00	65.0	

(续)

来源	原料				水热条件		水热炭				参考文献
	灰分含量/%	氢碳比(H/C)	氧碳比(O/C)	高热值/(MJ/kg)	温度/℃	时间/h	灰分含量/%	氢碳比(H/C)	氧碳比(O/C)	高热值/(MJ/kg)	产率/%	
玉米青贮	11.45	1.58	0.55	22.3	230	2	12.38	1.26	0.24	29.70	60.4	[19]
					230	6	13.29	1.20	0.16	32.60	49.5	
					230	10	13.21	1.18	0.14	33.30	49.3	
					270	2	13.10	1.13	0.12	33.80	41.3	
					270	6	14.57	1.16	0.10	35.20	43.4	
					270	10	14.26	1.13	0.09	35.70	40.2	
大麦秆	4.30	1.45	0.66	—	250	2	0.43	0.86	0.21	—	37.0	[20]
云杉	0.23	1.49	0.65	19.94	175	0.5	0.11	1.44	0.62	20.40	88.0	[21]
					200	0.5	0.12	1.40	0.59	21.00	78.0	
					225	0.5	0.14	1.24	0.49	22.50	70.0	
干树叶	11.08	0.12	1.29	16.42	200	0.5	13.64	0.12	1.42	16.81	71.0	[22]
					210	0.5	15.89	0.13	1.16	17.66	63.1	
					220	0.5	21.04	0.12	1.15	18.98	61.1	
					230	0.5	11.08	0.12	1.37	18.10	63.4	
					240	0.5	19.19	0.12	1.11	19.98	67.4	
					250	0.5	17.46	0.11	1.14	18.29	57.4	
桦木	0.28	1.56	0.68	20.42	175	0.5	0.09	1.55	0.67	20.50	79.5	[21]
					200	0.5	0.09	1.45	0.62	20.60	67.3	
					225	0.5	0.13	1.24	0.49	22.50	58.0	
固体废纸浆	24.30	0.15	1.15	16.10	200	0.5	26.40	0.13	0.97	17.40	93.5	[23]
					250	0.5	36.60	0.12	0.64	18.00	66.7	
					300	0.5	46.10	0.11	0.37	20.70	52.5	

11.3 水热炭材料的应用

水热炭制备的重要特征是可持续且易于推广，早期的水热炭应用研究主要集中在土壤修复方面，随着研究的深入和技术的进步，水热炭的应用领域不断扩大，涉及能源、环境治理、催化应用等领域。本章我们将简单介绍这些领域的最新研究进展。

11.3.1 能源

水热炭化工艺可将多种廉价易得生物质原料如秸秆、树叶等转化为类煤产物[24-26]。我国生物质种类及水热炭煤产物分类如图11-3所示。水热炭化工艺过程还会伴随着高热值（HHV）的升高，得到的固体产物HHV也很高，主要原因是去除了半纤维素与纤维素成分，提高了材料的碳氧比（C/O）。Yu等制得的果壳水热炭产率为31.4%，HHV为25.8 MJ/kg；与果壳生物质炭相比，水热炭产率为27.8%，HHV为22.0 MJ/kg，产率和热值均低于水热炭[27]。

图11-3 我国生物质种类及水热炭煤产物分类

生物质原料中的碱金属和碱土金属是形成灰分的主要成分，在水热炭化反应过程中，这些无机化合物能够溶于工艺水中，并排出系统外，从而减少灰分的产生，也可减少其作为燃料燃烧时产生的结垢结渣、设备腐蚀等问题，这些优点使得水热炭成为十分优异的能源替代品。Liu等采用水热炭化技术处理废弃生物质（椰子纤维和枯桉树叶），水热炭化温度范围设定为150~375℃，停留时间为30min，随着温度的升高，椰子纤维和枯桉树叶的能量密度分别增大了1.24倍与1.17倍，与原料相比，水热炭的灰分更低，减小了燃烧过程污垢和熔渣对设备的侵蚀[28]。水热炭作为能源材料具有较高的碳含量、HHV、质量密度、机械强度，以及吸湿性低的优点，其应用前景较为广阔。

11.3.2 环境治理

在环境治理领域，研究人员利用水热炭化技术处理废弃生物质（如农作物秸秆、树叶木屑、餐厨垃圾等），得到不可溶的固相产物，其具有微观结构的

第11章 生物质水热炭材料的研究进展

炭微球,表面含有大量羟基、羧基等亲水性官能团。该材料被用于土壤改良、炭固定、重金属吸附、有机污染物吸附等领域。

(1) 土壤改良。水热炭具有一定的稳定性,常被应用于土壤中来增加土壤肥力,降低 CO_2、CH_4 等温室气体排放,是一种简单、便宜和有效的土壤修复方法[29]。多项研究表明,水热炭由于其自身的理化性质(具有微孔和中孔结构及表面官能团等),作为土壤改良剂或肥料将其添加进土壤可显著改变土壤化学性质、微生物群落结构的功能。

水热炭中的 C 和 Mg 元素含量能够影响铵盐、磷酸盐等重要营养物质的吸收;水热炭能提供比较多的硫元素,同时降低土壤中的可用 N 元素,能够刺激根瘤菌的生长,从而促进大豆类的植物生长[30]。Scheifele 等运用水热炭进行土壤改良,考察大豆根瘤、生物固氮(BNF)、植物生长、土壤化学性质变化,发现经水热炭改良后的根瘤干物质和 BNF 分别增加 3.4 倍和 2.3 倍,且与土壤中速效硫含量呈正相关,与土壤中速效氮含量呈负相关,因此,炭化有机物对土壤生物固氮的改善是由于土壤速效硫的增加和速效氮的减少[31]。

水热炭还可提升土壤的有效含水量,从修复角度可以增加粗颗粒植物的可用土壤蓄水。Abel 等考察了添加生物质炭对沙质土壤持水性和疏水性的影响,并对比了热解炭和水热炭的施加效果。研究结果发现,两种生物质炭的加入都降低了体积密度、增加了总孔隙度,比较适合作为土壤改良剂,且水热炭相比于热解炭对土壤的湿稳定性更具有影响[32]。

(2) 炭固定。生物质原料转化为固体炭,然后储存在土壤里的过程,称为炭固定或炭捕集封存(CCS)。研究发现生物质水热炭化的过程也可实现炭固定,具有环境友好、安全无害、操作简单等优点。水热炭可有效固定生物质中的碳源,其可作为生物质炭使用,降低大气中的碳排放量,而且生物质废弃物含有的营养元素(N、P、K 等),经过水热处理后大约 50% 会富集到水热炭中,后续可将其作为土壤肥料应用,或进一步对营养元素进行提取回收。

Bento 等将甘蔗渣、酒糟、浓磷酸混合后于 230℃ 温度下水热炭化 13h 制备水热炭,在沙土和黏土中进行柱淋溶试验,经过 30d 后,水热炭所含营养元素含量降低约 40%,大部分营养元素仍保留在水热炭中,通过对实验前后水热炭的结构和晶相观察,未发现有差异,表明水热炭中晶相溶解度较低,可以促进营养元素在长时间内缓慢释放[33]。Malghani 等发现在土壤中加入水热炭能够起到一定的固炭作用,而且能够显著减少 N_2O 的排放,但是水热炭也有不足之处,那就是其稳定性较差[34]。Schimmelpfennig 等以芒草为原料分别制备了生物质炭和水热炭,在不同因素(潮湿、反复冻融、翻搅、添加糖类)干扰下,对沙土与壤土中降解和温室排放情况进行研究,发现二者中温室气体 CO_2 排放量排序均依次为:生物质原料>水热炭>生物质炭,结果表明水热炭和生物质炭都可以有效实现炭捕集封存。生物质炭相对最稳定，回收率可以达到95%～99%，而水热炭的回收率为89.4%，因此需要对水热炭在土壤中稳定性进行深入研究，发挥生物质炭所不具备的优点[35]。

(3) 重金属吸附。水热炭常被用来吸附处理水中的 Cd^{2+}、Pb^{2+}、Cr^{6+}、Cu^{2+}、As^{3+} 等重金属离子。与传统的活性炭吸附剂相比，水热炭的比表面积较小，孔隙结构不发达，水热炭表面会形成光滑的炭球，该炭球类似于核-壳型结构，核和壳分别由醚、醌等疏水性的含氧官能团和羟基、羧基等亲水性的含氧官能团组成，使其具有良好的化学吸附特性，尤其是对Cr（Ⅵ）、Cu（Ⅱ）、Ni（Ⅱ）等重金属。吸附剂对重金属离子的吸附效果与吸附剂的比表面积和孔隙结构有关，其表面负载的官能团也具有重要作用。研究发现，水热炭对重金属离子的吸附主要以化学吸附且单分子层吸附为主，并且前期吸附速率较快。也有研究者采用合成杂化[36]、碱处理的方式来增加水热炭比表面积，优化其吸附性能。Jelena、赵婷婷等用KOH、$KMnO_4$后处理水热炭，随着水热炭比表面积的增加，其对Pb（Ⅱ）的吸附能力也随之增大[37,38]；Tang等制备出Ni/Fe杂化的水热炭材料，用来去除水溶液中的Pb^{2+}，1.5h内完成了所有的去除，效果较为显著。Ni/Fe-水热炭不仅可作为Pb^{2+}的有效吸附剂，而且可起到催化剂的作用，促进氢离子的产生，将Pb^{2+}还原成Pb^0 [39]。

(4) 有机污染物吸附。日常的生产生活以及化工产品、农药的使用等都会对水体造成严重的有机污染，水热炭是污水中有机污染物的良好吸附剂。水热炭对有机污染物的吸附既有物理吸附，又有化学吸附（氢键、静电、络合作用），而且以化学吸附为主要控制步骤。其研究主要集中在有机染料[40]、抗生素[41]、多环芳烃类[42]物质方面。Chen等使用KOH对水热炭进行活化，比表面积从$1.7m^2/g$升高到$1710m^2/g$，相同吸附条件下，对四环素的吸附能力从$250m^2/g$提高到了$423.7m^2/g$，而且在pH为5～9时对四环素的吸附能力仍保持不变[43]。水热炭化过程条件较温和，产生的生物质炭表面仍含有丰富的含氧官能团，适宜做前驱体制备功能性炭材料，例如对多种有机污染物、无机污染物具有较强的吸附能力。Parshetti等以城市餐厨垃圾为原料，利用HTC技术在温度250℃、时间20min条件下制备水热炭，用物理吸附法去除水体中吖啶橙和罗丹明6G染料，其最大吸附能力分别可达79.36mg/g、71.42mg/g，与同类型吸附剂相比，其吸附效果较好[44]。Reza等通过在水热炭化工艺中添加铁氧体，制备出磁性水热炭（MHC），并将其作为厌氧膜载体用于有机污染物沼气生产中的吸附-厌氧消化反应中[45]。但是，Ding与Jain等的研究发现，活化改性后水热炭中的磁赤铁矿会和KOH相互作用，从而降低材料的比表面积[46,47]。因此，对水热炭进行改性时，需要综合考虑两者对吸附效率的影响。

11.3.3 催化应用

水热法制备的碳材料具有良好的化学稳定性和热稳定性，其表面的酸性官能团在沸水和蒸汽中不易脱落，为其作为优良的液固相催化剂载体提供了基础。水热炭在液相体系可吸附大量的溶剂分子产生溶胀效应，并在内部孔道之间形成一个微型的溶液体系，使得水热炭固体酸催化剂虽然具有相对较小的表面积，但仍然拥有极大的有效反应面积、固体酸催化效率和反应活性。水热炭表面富含羧基（—COOH）、—OH 等大量的含氧官能团，通过一步修饰法或者再磺酸化可合成富含磺基（—SO$_3$H）和氨基的固体催化剂。Yan 等以秸秆为原料首先合成水热炭微球材料，之后利用磺酸基后嫁接法，磺酸化水热炭微球，合成了富含—SO$_3$H、—COOH 和—OH 的固体酸催化剂，研究发现该固体酸催化剂能够将 5-HMF 的产率从 24.9% 升高到 44.1%，催化效率和 CrCl$_3$ 催化剂的催化效率相当[48]。Qi 等以葡萄糖为原料，加入磺基水杨酸或者丙烯酸一步法制得了富含 CM-SO$_3$H 或者羧基 CM-COOH 的水热炭固体酸催化剂，发现 CM-SO$_3$H 的催化效果最好，能够催化 59.4% 的纤维素水解[49]。王雪等以褐煤为原料，通过浓硫酸一步炭化磺化法制备磺酸基固体酸催化剂，其具有最优的催化活性，催化油酸和甲醇的酯化反应的酯化率达到 93.50%，而且在低于 140℃时具有较好的热稳定性，重复使用 5 次后，催化酯化率为 57.21%[50]。

11.4 结论与展望

在本章中，详细讨论了一系列生物质基水热炭的形成机理，由于其具有制备方法环境友好、表面化学性质可调以及 HHV 高的优点，使得其在工业、农业、能源、材料、环保行业等有广阔的应用前景，水热炭的合成将成为未来碳质材料研究领域的热点。除了上述优点，在水热炭的研究方面仍有一些障碍和挑战需要克服，具体如下：

（1）目前对于水热炭制备原料方法的研究主要以木质纤维素类生物质为主，对生物质残渣及废弃物为原料的研究还比较浅。由于水热炭化工艺另一个明显的优势就是摒弃了预干燥步骤，因此需要深入地研究高含水量生物质材料的水热炭化过程及机制。不同化学成分的生物质对水热炭的性能有很大的影响，应严格选择碳质材料的理想前驱体。木质纤维素、灰分、水分、氧气等组成对材料的性能有一定的影响。为了解决这一问题，对不同原料进行全面的比较研究，对于确定其共同特征和制订相关制备方案具有重要意义。此外，材料表面特性与原料组成之间的相关性还应考虑水热条件的变化。

(2) 尽管反应温度被认为是影响水热炭物理化学性能的最主要因素,但还需要考虑更多的变量,如原料成分组成(元素分析、纤维素和木质素组成、矿物成分特征)、反应条件(反应压力、反应时间、颗粒大小分布、固体加载比例、填料比、催化添加量、液体质量、加热速率、反应器形状及大小)也会对生产的水热炭特定特性产生一定影响。在工业生产中,所有这些变量都需要精确设计。现在可以提供的这些基本数据都还不充足,需要更多有价值的信息来支持并建立水热炭工业化生产的基本工艺条件,以便于大规模制造出性能合适的水热炭。

(3) 水热炭化工艺能够显著提高产物(水热炭)的物理化学性质,甚至有取代煤的潜力。然而与其他热预处理(如热解、气化和干燥烘焙)相比,其在工业规模上的应用仍存在较大的阻力。生物质基功能性碳质材料的机理应用,有助于深入了解表面官能团和其性能的相关性。目前水热炭化装置多为间歇式反应釜,而流体式水热炭化技术由于苛刻的操作条件,目前仍有一些技术难点有待解决和攻克。

(4) 水热炭虽然可以低成本、高效率地去除水中重金属离子、有机污染物和其他污染物,但对于吸附后的水热炭的分布、转化机制和回收有待定性和定量的研究,这也是吸附材料普遍存在的一个问题。目前,有些吸附材料在对氮、磷进行吸附后可作为农业肥料应用于农业中,鉴于此,对于吸附完有害物质的材料,应更多地考虑相关分析和处理,寻找其资源化和稳定化的方法,避免对环境产生二次污染。

(5) 水热炭虽然比表面积较低,但其富含官能团,使其在众多反应中表现出了优异的催化活性。目前经一步法或后嫁接法合成的磺酸基水热炭材料在生物质基材料水解、脱水、酯化等反应中表现了良好的反应活性。然而,大多数水热炭材料在循环再利用中表现出了局限性,因此如何提高水热炭材料的化学稳定性将是今后研究的难点和热点。

(6) 尽管近年来人们对水热炭进行了大量的研究,但对液相和气相产物的关注有限,这些含有中间产物的副产物需要更详细的分析,以便更好地理解水热转化过程与水热炭形成的关系。

参 考 文 献

[1] Savage, Phillip E. Organic chemical reactions in supercritical water. Chemical Reviews, 1999, 99 (2): 603-622.

[2] Parshetti G K, Kent Hoekman S, Balasubramanian R. Chemical, structural and combustioncharacteristics of carbonaceous products obtained by hydrothermal carbonization of

palm empty fruit bunches. Bioresource Technology, 2013, 135: 683-689.
[3] Bergius F. Production of hydrogen from water and coal from cellulose at high temperatures and pressures. Journal of the Society of Chemical Industry, 1913, 32 (9): 462-467.
[4] Berl E, Schmidt A. Uber die entstehung der kohlen. Ⅱ. die inkohlung von cellulose und lignin in neutralem medium. European Journal of Organic Chemistry, 1932, 493 (1): 97-123.
[5] Schuhmacher J P, Huntjens F J, Van Krevelen D W. Chemical structure and properties of coal ⅩⅩⅥ- studies on artificial coalification. Fuel, 1960, 39 (3): 223.
[6] Wang Q, Hong L, Chen L, et al. Monodispersed hard carbon spherules with uniform nanopores. Carbon, 2001, 39 (14): 2211-2214.
[7] Frida S R, Gerardus K, Marcelinus E, et al. Delignification, carbonization temperature and carbonization time effects on the hydrothermal conversion of salacca peel. Journal of Nanoscience and Nanotechnology, 2018, 18 (10): 7263-7268.
[8] 谷萌. 水热炭化-厌氧消化联合处理餐厨垃圾效能研究. 重庆: 重庆大学, 2021.
[9] Pauline A L, Kurian J. Hydrothermal carbonization of organic wastes to carbonaceous solid fuel-A review of mechanisms and process parameters. Fuel, 2020, 279: 118472.
[10] 李思敏. 木质素及其衍生物定向转化制备液体燃料的反应机理和产物调控研究. 杭州: 浙江大学, 2021.
[11] Kambo H S, Dutta A. A comparative review of biochar and hydrochar in terms of production, physico-chemical properties and applications. Renewable and Sustainable Energy Reviews, 2015, 45: 359-378.
[12] Qingnan Meng, Kai Wang, Xiaobo Xu, et al. Synthesis of hollow silica particles using acid dissolvable resorcinol-formaldehyde resin particles as template. ChemistrySelect, 2018, 3 (31): 8919-8925.
[13] Flora J F R, Lu X, Li L, et al. The effects of alkalinity and acidity of process water and hydrochar washing on the adsorption of atrazine on hydrothermally produced hydrochar. Chemosphere, 2013, 93 (9): 1989-1996.
[14] Qi R Z, Xu Z H, Zhou Y W, et al. Clean solid fuel produced from cotton textiles waste through hydrothermal carbonization with $FeCl_3$: upgrading the fuel quality and combustion characteristics. Energy, 2021, 214: 118926.
[15] Pei W X, Li Z, Zhu Y S, et al. Direct synthesis of ordered mesoporous hydrothermal carbon materials via a modified soft-templating method. Microporous and Mesoporous Materials, 2017, 253: 215-222.
[16] Liu Y, Fang Y, Lu X, et al. Hydrogenation of nitrobenzene to p-aminophenol using Pt/C catalyst and carbon-based solid acid. Chemical Engineering Journal, 2013, 229: 105-110.
[17] Lu L, Kong C, Sahajwalla V, et al. Char structural ordering during pyrolysis and combustion and its influence on char reactivity. Fuel, 2002, 81 (9): 1215-1225.

[18] Wild T, Bergins C, Strauß K. Demineralisierung von braunkohle in kombination mit der mechanisch/thermischen entwässerung. Chemie Ingenieur Technik, 2004, 76 (11): 1715-1720.

[19] Jan M, Lion E, Judith P, et al. Hydrothermal carbonization of anaerobically digested maize silage. Bioresource Technology, 2011, 102 (19): 9255-9260.

[20] Marta S, Juan A M, Antonio B F. Hydrothermal carbonization of biomass as a route for the sequestration of CO_2: chemical and structural properties of the carbonized products. Biomass and Bioenergy, 2011, 35 (7): 3152-3159.

[21] Quang-Vu B, Khanh-Quang T, Roger A K, et al. Comparative assessment of wet torrefaction. Energy & Fuels, 2013, 27: 6743-6753.

[22] Najam U S, minah O, Woori J, et al. Conversion of dry leaves into hydrochar through hydrothermal carbonization (HTC). Journal of Material Cycles and Waste Management, 2017, 19 (1): 111-117.

[23] Reza M T, Charles C, Kevin M H. Hydrothermal carbonization of autoclaved municipal solid waste pulp and anaerobically treated pulp digestate. ACS Sustainable Chemistry & Engineering, 2016, 4 (7): 3649-3658.

[24] Musa U, Castro-Díaz M, Uguna C N, et al. Effect of process variables on producing biocoals by hydrothermal carbonisation of pine Kraft lignin at low temperatures. Fuel, 2022, 325: 124784.

[25] Zhang X, Gao B, Zhao S, et al. Optimization of a "coal-like" pelletization technique based on the sustainable biomass fuel of hydrothermal carbonization of wheat straw. Journal of Cleaner Production, 2020, 242: 118426.

[26] Yu Y, Guo Y, Wang G, et al. Hydrothermal carbonization of waste ginkgo leaf residues for solid biofuel production: hydrochar characterization and its pelletization. Fuel, 2022, 324: 124341.

[27] Yu G, Yano S, Inoue H, et al. Pretreatment of rice straw by a hot-compressed water process for enzymatic hydrolysis. Appl Biochem Biotechnol, 2010, 160 (2): 539-551.

[28] Liu Z, Quek A, Kent Hoekman S, et al. Production of solid biochar fuel from waste biomass by hydrothermal carbonization. Fuel, 2013, 103: 943-949.

[29] Belda R M, Lidón A, Fornes F. Biochars and hydrochars as substrate constituents for soilless growth of myrtle and mastic. Industrial Crops and Products, 2016, 94: 132-142.

[30] 俞盈, 韩兰芳, 姜晓满. 水热炭的制备、结构特征和应用. 环境化学, 2018, 37(6): 1232-1244.

[31] Scheifele M, Hobl A, Buegger F, et al. Impact of pyrochar and hydrochar on soybean (*Glycine max* L.) root nodulation and biological nitrogen fixation. Journal of Plant Nutrition and Soil Science, 2017, 180: 199-211.

[32] Abel S, Peters A, Trinks S, et al. Impact of biochar and hydrochar addition on water

[33] Bento L R, Castro A J R, Moreira A B, et al. Release of nutrients and organic carbon in different soil types from hydrochar obtained using sugarcane bagasse and vinasse. Geoderma, 2019, 334: 24-32.

[34] Malghani S, Gleixner G, Trumbore S E. Chars produced by slow pyrolysis and hydrothermal carbonization vary in carbon sequestration potential and greenhouse gases emissions. Soil Biology and Biochemistry, 2013, 62: 137-146.

[35] Schimmelpfennig S, Kammann C, Mumme J, et al. Degradation of miscanthus×giganteus biochar, hydrochar and feedstock under the influence of disturbance events. Applied Soil Ecology, 2017, 113: 135-150.

[36] 陈雪琦, 郭明辉, 徐靖焓, 等. 掺N、S综纤维素基水热炭的制备及其表征. 东北林业大学学报, 2017, 45 (10): 72-75.

[37] Jelena T P, Mirjana D S, Jelena V M, et al. Alkali modified hydrochar of grape pomace as a perspective adsorbent of Pb^{2+} from aqueous solution. Journal of Environmental Management, 2016: 182.

[38] 赵婷婷, 刘杰, 刘茜茜, 等. $KMnO_4$存在下利用水热法由牛粪制备水热炭及其吸附Pb (Ⅱ) 性能. 环境化学, 2016, 35 (12): 2535-2542.

[39] Tang Z, Deng Y, Luo T, et al. Enhanced removal of Pb (Ⅱ) by supported nanoscale Ni/Fe on hydrochar derived from biogas residues. Chemical Engineering Journal, 2016, 292: 224-232.

[40] Yi C, Ml B, Hha B, et al. A novel one-step strategy for preparation of Fe_3O_4-loaded Ti_3C_2 MXenes with high efficiency for removal organic dyes. Ceramics International, 2020, 46 (8): 11593-11601.

[41] 袁丹, 孙蕾, 万顺刚, 等. 液化黑藻基炭微球水热制备及吸附诺氟沙星的过程与机制. 环境化学, 2017, 36 (6): 1262-1271.

[42] Peng N, Li Y, Liu T, et al. Polycyclic aromatic hydrocarbons and toxic heavy metals in municipal solid waste and corresponding hydrochars. Energy & Fuels, 2017, 31 (2): 1665-1671.

[43] Chen S Q, Chen Y L, Jiang H. Slow pyrolysis magnetization of hydrochar for effective and highly stable removal of tetracycline from aqueous solution. Industrial & Engineering Chemistry Research, 2017, 56 (11): 3059-3066.

[44] Parshetti G K, Chowdhury S, Balasubramanian R. Hydrothermal conversion of urban food waste to chars for removal of textile dyes from contaminated waters. Bioresource Technology, 2014, 161: 310-319.

[45] Reza M T, Rottler E, Tolle R, et al. Production, characterization, and biogas application of magnetic hydrochar from cellulose. Bioresour Technol, 2015, 186: 34-43.

[46] Ding L, Wang Z, Li Y, et al. A novel hydrochar and nickel composite for the electrochemical supercapacitor electrode material. Materials Letters, 2012, 74: 111-114.

[47] Jain A, Balasubramanian R, Srinivasan M P. Production of high surface area mesoporous activated carbons from waste biomass using hydrogen peroxide - mediated hydrothermal treatment for adsorption applications. Chemical Engineering Journal, 2015, 273: 622 - 629.

[48] Yan L, Liu N, Wang Y, et al. Production of 5 - hydroxymethylfurfural from corn stalk catalyzed by corn stalk - derived carbonaceous solid acid catalyst. Bioresource Technology, 2014, 173: 462 - 466.

[49] Qi X, Lian Y, Yan L, et al. One - step preparation of carbonaceous solid acid catalysts by hydrothermal carbonization of glucose for cellulose hydrolysis. Catalysis Communications, 2014, 57: 50 - 54.

[50] 王雪, 王克冰, 钟源, 等. 一步炭化磺化法制备煤基固体酸催化剂及其表征. 中国油脂, 2022, 47 (6): 100 - 104.

第 12 章 生物质炭表面含氧官能团的调控及应用

代立春,周海琴

农业农村部沼气科学研究所

生物质炭表面的含氧官能团对其界面功能有着重要的作用。生物质炭表面的含氧官能团类型及其界面功能如图 12-1 所示[1],生物质炭表面的含氧官能团主要有醚基、酚羟基、酮基、羧基和内酯基等,这些官能团可通过表面络合、氢键供给与接收、电子供给与接收等途径调控生物质炭的界面功能。然而生物质炭主要来自高温热解等过程,较高的温度会导致含氧官能团的分解,使得生物质炭表面往往较缺乏含氧官能团,限制了生物质炭的应用性能。可通过低温空气烘焙和无氧烘焙等工艺来原位制备富氧生物质炭,以及热空气氧化和微波氧化冲击来增加生物质炭表面含氧官能团的改性方法,通过这一系列的调控手段获得富氧或氧化生物质炭并将其应用于多个方向,实现了秸秆等木质纤维素类固体生物质的高值利用。

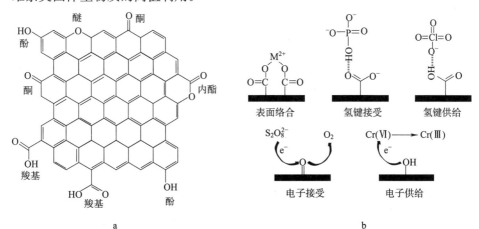

图 12-1 生物质炭表面的含氧官能团类型及其界面功能
a. 生物质炭表面含氧官能团类型 b. 含氧官能团的界面功能

12.1 低温烘焙富氧生物质炭

12.1.1 低温烘焙富氧生物质炭的制备

将玉米秸秆在105℃条件下干燥,然后用研磨机(FW80,北京永光医疗设备有限公司)研磨,过80目筛后使用管式炉(MXG1200-200,上海微行炉业有限公司)将其制备为生物质炭。

烘焙炭(TC)的制备过程:将装有适量粉碎玉米秸秆的坩埚置于管式炉中,然后在空气或N_2气氛中以10℃/min的升温速率加热管式炉到200℃、250℃或300℃,并在该温度条件下保持30min。在空气气氛中制备的TC按照制备温度分别表示为200-Air、250-Air和300-Air,在N_2气氛中制备的TC按照制备温度分别表示为200-N_2、250-N_2和300-N_2。此外,以相同的步骤在N_2气氛、500℃条件下制备用于比较的典型热解炭(PC),表示为500-N_2。

12.1.2 低温烘焙富氧生物质炭的结构特征

(1) TC和PC的得率、元素组成和灰分含量。如图12-2a所示,空气中TC的得率小于30%,而N_2中TC的得率从200-N_2的97.54%下降到300-N_2的57.37%,这一现象说明烘焙的气氛对炭的形成会产生很大的影响。在2012年的一项以油棕纤维和桉树为原料的烘焙炭研究中,不同气氛条件下制得的烘焙炭也出现了这一规律[2]。此外,在500℃、N_2气氛中制备的PC的得率远低于N_2气氛(即惰性气氛)下TC的得率,但高于空气气氛(即氧化气氛)下TC的得率。

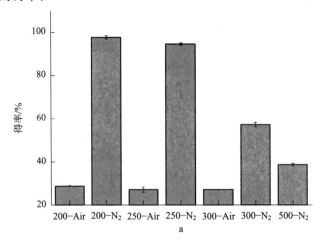

第12章 生物质炭表面含氧官能团的调控及应用

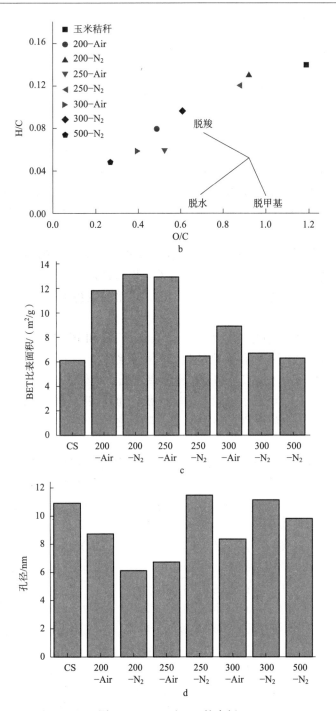

图 12-2 TC 和 PC 的表征
a. 得率 b. 范式图 c. BET 比表面积 d. 孔径

在研究结果中，玉米秸秆中的氧（O）含量约为 40.92%，在 N_2 气氛中制备的 TC 氧含量大于 28%，在空气中制备的 TC 氧含量小于 21%，而 PC 中氧含量则仅为 13.54%。玉米秸秆中碳（C）的含量为 38.46%，在 TC 中，碳含量提高到 40% 左右，而在 PC 中，碳含量又进一步提高到 51.06%。在 PC 和空气中制备的 TC 中，灰分含量显著增加到大于 30%，尤其是 300 - Air 中灰分含量的达到了 40.30%，而在 N_2 制备的 TC 中，灰分含量相较于玉米秸秆没有显著增加。这些结果表明，与热解炭（500 - N_2）相比，烘焙炭的氧含量较高，而碳含量较低，并且在 N_2 中制备的烘焙炭比在空气中制备的烘焙炭的氧含量更高。根据相关元素含量的测定，对 O/C 和 H/C 进行计算比较后发现，烘焙炭的 O/C 和 H/C 比率都更高，表明烘焙中的脱羧过程弱于热解中的脱羧过程。

对热解生物质炭进行氧化提高氧含量是提高生物质炭吸附性能的有效策略。由于生物质在烘焙过程中脱羧能力差，烘焙将是较为快捷的富氧生物质炭制备途径，因此，与热解的生物质炭相比，烘焙的生物质炭有利于生物质炭的污染物吸附。

（2）低温烘焙富氧生物质炭的孔隙结构。TC 和 PC 的 N_2 吸附-脱附曲线为Ⅳ型等温线，表明该两种类型的炭具有介孔结构。如图 12-2c、图 12-2d 所示，与玉米秸秆相比，TC 和 PC 孔隙率较低。具体来说，较低烘焙温度或空气气氛中制备的 TC 显示出较高的表面积，而且在空气气氛中制备的 TC 的孔体积比在 N_2 中制备的 TC 以及 PC 高。除此之外，炭化后玉米秸秆的平均孔径没有增加。

在水溶液体系中，一些孔隙率较差的吸附剂也表现出超强的吸附性能[3]。因此孔隙率可能并不是溶液中控制污染物吸附效果的决定性因素。例如，经 HNO_3 氧化的牛粪生物质炭的表面积远低于经 HNO_3 氧化的小麦秸秆生物质炭，但经 HNO_3 氧化的牛粪生物质炭对 U（Ⅵ）的吸附能力却更好[4]。

（3）TC 和 PC 的 FTIR 光谱、XRD 图谱和 XPS 光谱。如图 12-3a 所示，观察 TC 和 PC 的 FTIR 图谱可以发现，TC 在 3 400 cm^{-1} 处的峰强度大于 PC，这表明 TC 中的—OH 含量更丰富。烘焙炭 200 - N_2 和原始玉米秸秆在 1 740 cm^{-1} 处观察到了吸收峰，且在烘焙炭 200 - Air 中，该峰移动到 1 700 cm^{-1} 左右，而 PC 炭在该位置没有出现明显的吸收峰，这表明 TC 和原始玉米秸秆中存在 C=O 振动，250 - N_2、300 - N_2 中的吸收峰变化表明玉米秸秆中的酯 C=O 可以在较低的烘焙温度或 N_2 气氛中保留。在任何条件下制备的 TC 在 1 638 cm^{-1} 处的吸收峰强度都大于玉米秸秆，PC 在该位置的峰移动到了 1 580 cm^{-1}，该位置的峰为芳香族 C=O/C=C 的振动峰。在 N_2 中制备的 TC 在 1 047 cm^{-1} 附近出现了吸收峰，而在 PC 和空气气氛中制备的 TC 的光谱图中没有观察到该位置的吸收峰。玉米秸秆烘焙炭 200 - Air、250 - Air、250 - N_2 和 300 - N_2 在 1 513 cm^{-1} 附近出现了吸收峰，该峰为 C=C 的伸缩振动。这些结果表明，烘焙的气氛和温度是控制 TC 上的含氧官能团的重要因素。同时也表明，在从生物质中保留含氧官能团方面，烘焙比热解更有效。因此，TC 比 PC 具有更丰富的含氧官能团。

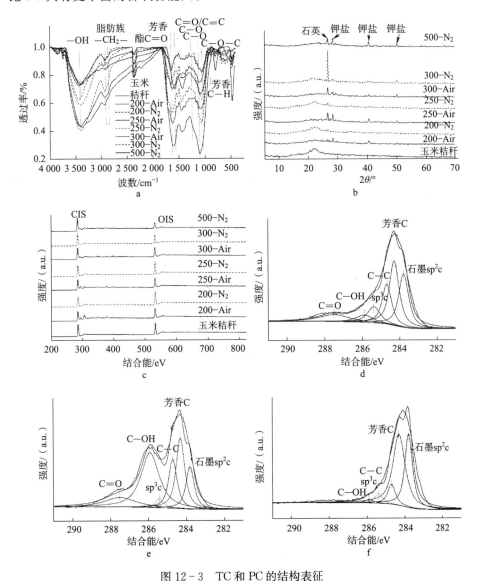

图 12 - 3 TC 和 PC 的结构表征
a. FTIR 图谱 b. XRD 图谱 c. XPS 谱图 d. 250 - Air 的 XPS C1s 分峰拟合结果
e. 250 - N_2 的 XPS C1s 分峰拟合结果 f. 500 - N_2 的 XPS C1s 分峰拟合结果

如图 12-3b 所示，对所得生物质炭进行 XRD 扫描可发现，TC 和 PC 的主要物相是石英和钾盐，这主要是因为炭前体玉米秸秆富含硅和钾。生物质炭中的石英有助于生物质炭的吸附应用。SiO_2 对 U（Ⅵ）的吸附很有效，尤其是在存在高浓度磷酸盐的情况下[5]。考虑到农作物秸秆生物质炭同时也富含磷酸盐，因此，其对 U（Ⅵ）的吸附可能也会得到提高。

如图 12-3c 所示，XPS 分析结果表明，PC 显示出最低的 O1s 强度，这表明热解后的 PC 中含氧官能团有所损失。炭材料中的官能团包括以下几种：C—O [结合能（BE）=283.2 eV]、sp^2 石墨碳（BE=283.8 eV）、芳族碳（C—C，C—H；BE=284.3 eV）、C—C（BE=284.7 eV）、sp^3 杂化碳（BE=285.4 eV）、C—OH（BE=285.9 eV）和 C=O（BE=288.3 eV）。对所得生物质炭的 C1s 谱图进行分峰拟合发现（图 12-3f），C—OH 和 C=O 两种官能团含量的排序为：N_2 中制备的 TC＞空气中制备的 TC＞PC。此外，PC 中羰基的比例远高于 TC，TC 中则是羧基和羟基的比例更高，而羧基和羟基的活性在吸附过程中更强。这一结果证明了在 N_2 中烘焙有助于含氧官能团在生物质炭中的保留，这与 FTIR 结果一致。

12.1.3　低温烘焙富氧生物质炭的铀吸附性能

生物质炭是一种新兴的吸附剂，目前用于环境应用中的生物质炭的主要制备方式是热解，关于烘焙炭用作吸附剂的相关研究较少。本研究比较了 TC 和 PC 用作吸附剂时的吸附性能（图 12-4）。图 12-4a 显示了 PC 和在各种条件下制备 TC 的 U（Ⅵ）吸附能力。结果表明，PC（500-N_2）对 U（Ⅵ）的吸附能力远低于 TC，在空气中制备的 TC 对 U（Ⅵ）的吸附能力优于 N_2 中制备的 TC。

考虑到 TC 的得率和吸附能力，进一步对 TC（250-Air、250-N_2）和 PC（500-N_2）的吸附性能进行研究。如图 12-4b 所示，TC 和 PC 在 pH 为 4~6 时对 U（Ⅵ）的吸附效果更好。这一结果与其他 U（Ⅵ）吸附剂一致，例如真菌菌丝/氧化石墨烯气凝胶对 U（Ⅵ）的最佳吸附 pH 为 5[6]。在较低的 pH 条件下，UO_2^{2+} 离子是 U（Ⅵ）的主要形式，由于络合位点较少以及质子化位点的静电排斥作用，生物质炭对 U（Ⅵ）的吸附能力较差。在弱酸性条件下，UO_2^{2+} 离子水解形成 $UO_2(OH)^+$、$(UO_2)_2(OH)_2^{2+}$ 二聚体和 $(UO_2)_3(OH)_5^+$ 三聚体，占据优势地位[7]。在较高的 pH 条件下，带正电的 U（Ⅵ）离子和带负电的生物质炭之间产生的静电相互作用为吸附的主要机制。此外，U（Ⅵ）离子、络合阴离子（如碳酸根和羟基阴离子）[$(UO_2)_3(OH)_7^-$ 和 $UO_2(OH)_4^{2-}$]会增强静电排斥过程，从而导致较低的吸附量[6]。因此，pH 对 U（Ⅵ）吸附的影响规律表明 U（Ⅵ）在 TC 和 PC 上的吸附主要归因于表面络合。

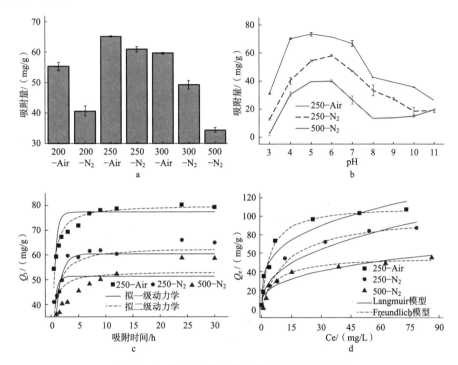

图 12-4 TC 和 PC 用作吸附剂时的吸附性能
a. 不同生物质炭对 U（Ⅵ）的吸附能力　b. pH 对生物质炭 U（Ⅵ）的影响
c. 生物质炭的 U（Ⅵ）吸附动力学　d. 吸附等温线

如图 12-4c 所示，TC 和 PC 的 U（Ⅵ）吸附动力学表明吸附过程包括快速的初始吸附过程和较慢的后续吸附过程。烘焙炭 250-Air 在 9h 时达到吸附平衡，而烘焙炭 250-N_2 和热解炭 500-N_2 在 24h 时达到吸附平衡。烘焙炭 250-Air 不仅对 U（Ⅵ）的吸附量更高，而且对 U（Ⅵ）的吸附速率也更快。吸附过程的动力学模型拟合显示该吸附更符合拟二级动力学吸附模型，表明溶液中 TCs 和 PC 对 U（Ⅵ）的吸附速率主要由生物质炭上的吸附位点与 U（Ⅵ）之间形成配体，即吸附之间的化学吸附过程决定，这也是各种吸附剂吸附 U（Ⅵ）的主要机制，例如真菌菌丝/氧化石墨烯气凝胶[6]、HNO_3 氧化生物质炭[4]等吸附材料对 U（Ⅵ）的吸附。

如图 12-4d 所示，烘焙炭 250-Air 在较低的吸附平衡浓度时展现出了比烘焙炭 250-N_2 和热解炭 500-N_2 更高的吸附能力。例如，在平衡浓度为 1mg/L 左右时，250-Air 对 U（Ⅵ）的吸附量达到了 35mg/g 左右，远高于 250-N_2 和 500-N_2，这表明烘焙炭 250-Air 在较低的 U（Ⅵ）浓度下对 U（Ⅵ）的吸附效率更高。此外，与热解炭 500-N_2 相比，烘焙炭 250-N_2 的平衡吸附量仅在较高的平衡浓度下有显著的增加。吸附等温线的模型拟合结果显示该吸附更符合 Langmuir 模型，250-Air、250-N_2 和 500-N_2 的最大 U（Ⅵ）吸附量分别为 111.52mg/g、101.57mg/g 和 56.21mg/g，这些炭对 U（Ⅵ）的吸附过程为单层吸附。

12.1.4 小结

热解是制备生物质炭的主要途径，然而，由于热解过程中会发生脱羧作用，热解炭（PC）的含氧官能团的含量通常很低。生物质炭的氧化，如化学氧化[4]和热空气氧化[8]等，是采用通过增加 PC 上的含氧官能团来提高其吸附性能的策略，但这些策略都属于生物质炭的异位改性方法。因此在本研究中，提出了以烘焙作为生物质的炭化方式以原位制得具有高吸附性能的富氧生物质炭。考虑到 TC 具有较低的处理温度、较简单的制备路线、较高的产物得率和较高的吸附容量，TC 对水污染控制更具有实际应用的意义。然而，对 TC 吸附性应用的研究目前还较少，需要更多的努力来促进 TC 在水污染控制中的应用。

12.2 热空气氧化生物质炭

12.2.1 热空气氧化生物质炭的制备

收集不同条件下生产的生物质炭，并在热空气氧化（TAT）前将生物质炭烘干、研磨，过 80 目筛子后封存备用。稻草生物质炭（RSB）和污水污泥生物质炭（SSB）来自克拉玛依奥丰环境科技有限公司，为 500℃、缺氧气氛下热解产生。玉米秸秆生物质炭（CSB）、玉米芯生物质炭（CCB）、竹子生物质炭（BB）和蒸馏谷物生物质炭（DGB）来自四川霍尔茨清洁能源有限公司，为生物质气化的副产品。

通常情况下普通工厂发电机的余热为 300℃ 左右，因此选择 300℃ 作为生物质炭热空气氧化的温度。先将装有约 30g 生物质炭的坩埚放入管式炉中（MXG1200-200，购自上海微 X 炉有限公司），然后将生物质炭样品在空气中以 10℃/min 的速度从室温加热到 300℃，并在 300℃ 条件下保持 30min。

12.2.2 热空气氧化对生物质炭结构的调控作用

（1）TAT 对生物质炭得率及有机元素和灰分含量的影响。如图 12-5a 所示，不同生物质炭经 TAT 后的得率为 76.76%~94.18%，都远远高于以往研究中的报告[8,9]。这可能是因为本研究中生物质炭的用量比之前研究中的高，且 TAT 时容器中的初始氧含量也会影响生物质炭的失重量[8]。此外，TAT 后的产量与 C 含量呈负相关，而与灰分含量呈正相关，表明 TAT 下生物质炭的重量损失主要是由 C 挥发造成的。

第12章 生物质炭表面含氧官能团的调控及应用

TAT 后 SSB 的含碳量最低（51%），这可能是由于其表面极性较高，而生物质炭的表面极性会影响其 TAT 后的含碳量。此外，这说明在热空气氧化中生物质炭的灰分含量与 TAT 后的含 C 量之间几乎没有关联，这与化学氧化不同。例如，灰分含量较高的生物质炭在用 HNO_3 进行化学氧化后显示出较高的含 C 量[4]。这一结果表明，C 在 TAT 下不会受到灰分的保护，而在化学氧化下可以受到灰分的保护[4]。

TAT 后的生物质炭显示出较高的 O 含量，O/C 的比率增加，表明 O 在 TAT 后被有效地插入生物质炭中。例如，TAT 后 RSB 的 C 含量从 49.21% 减少到 40.30%，而 O 含量从 7.45% 增加到 12.14%，TAT 后 RSB 的 O/C 比率从 0.15 增加到 0.30。此外，生物质炭的表面 O/C 比率高于其总 O/C 比率，这与其他研究中观察到的结果一致[4, 10]。TAT 后 RSB 和 CCB 的总 O/C 比率分别增加了 100% 和 61%，而这两种生物质炭的表面 O/C 比率分别增加了 3% 和 32%，这表明更多的 O 被插入生物质炭中新形成的微孔和中孔的内表面，这可能是由于 TAT 对生物质炭中微孔和中孔的形成较为有效[8]。

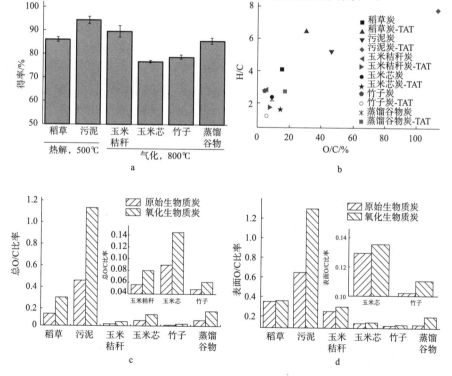

图 12-5 不同原材料生物质炭的表征
a. 不同条件 TAT 后生物质炭的得率 b. TAT 前后不同生物质炭的范式图
c. 不同生物质炭的总 O/C 比率 d. 不同生物质炭的表面 O/C 比率

(2) TAT 后生物质炭的 XPS 光谱。本部分研究通过对生物质炭的 XPS 谱图进行分峰拟合来阐明生物质炭在 TAT 后表面官能团的变化。如图 12-6b 所示,对 XPS C1s 谱图进行分析后发现生物质炭中的 sp^2 石墨碳和芳香族碳在 TAT 后会减少,而脂肪族 C—C 形式的碳在 TAT 后会增加。而 C—O 键,特别是 C—OH 在 TAT 后大幅增加,这与 TAT 后生物质炭 FTIR 光谱中含 O 的基团增强的观察一致。以前的研究结果表明,U(Ⅵ) 的吸附机制主要为 U(Ⅵ) 离子和含氧官能团之间的络合作用[11-13]。因此,预计经过 TAT 后的生物质炭将显示出更强的 U(Ⅵ) 吸附性能。

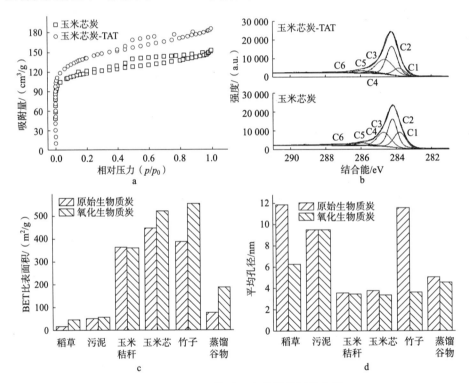

图 12-6 TAT 前后玉米芯炭的相关表征

a. N_2 的吸附-解吸曲线 b. XPS 分峰拟合 c. 不同生物质炭 TAT 前后的 BET 比表面积
d. 不同生物质炭 TAT 前后的平均孔径

(3) TAT 后生物质炭的孔隙结构。关于 TAT 对不同生物质炭孔隙修饰能力的相关研究很少[8,14]。在本研究中,利用生物质炭的 N_2 吸附来探究 TAT 对各种生物质炭孔隙结构的修饰作用。N_2 的吸附-解吸曲线如图 12-6a 所示,在相对压力低于 0.1 的情况下,经过 TAT 的 RSB、CCB、BB 和 DGB 显示出比原始的更高的 N_2 吸附量,表明 TAT 明显改善了这些生物质炭的微孔结构,而比其他四种生物质炭的灰分含量高的 SSB 和 CSB，在相对压力为 0.1 时，TAT 后的 N_2 吸附量增加较少。例如，灰分含量约为 50% 的 CSB 的 BET 表面积在 TAT 后从 362.26m^2/g 降至 360.35m^2/g，如图 12-6c 所示。这一结果表明，在 TAT 过程中，生物质炭中的灰分不会促进生物质炭中微孔和中孔的发展，但一般来说，生物质炭在 TAT 后显示出更高的中孔率。例如，BB 的平均孔径从 11.53nm 减少到 3.62nm，如图 12-6d 所示。此外，对于平均孔径小（即中孔率高）的生物质炭，TAT 在进一步改善其中孔率方面不够有效。例如，对于 CSB，其平均孔径低至 3.56nm，在 TAT 后仅略微降低到 3.46nm。中孔有利于处理水相中的污染物，而微孔更适合于空气净化。因此，生物质炭的 TAT 可以使它们很好地适用于废水处理。

12.2.3 热空气氧化生物质炭的铀吸附性能

经过 TAT 处理的生物质炭显示出更高的 U(Ⅵ) 吸附量，表明 TAT 能有效促进生物质炭对 U(Ⅵ) 的吸附。在此，我们选择 CCB 和 SSB 作为典型的贫灰生物质炭和富灰生物质炭，进一步研究 TAT 对生物质炭 U(Ⅵ) 吸附性能的影响。

吸附动力学表明，与上一节的研究结果相似，U(Ⅵ) 的吸附过程由快速的初始吸附过程和较慢的后续吸附过程组成。在初始吸附过程中，U(Ⅵ) 离子被吸附在生物质炭上，因此 U(Ⅵ) 离子之间的相互作用可以忽略不计，形成单层吸附，而当单层达到饱和时，生物质炭上吸附物的重新排列可能会进一步提高吸附量，这就是后续较慢的吸附过程。具体来说，TAT 后的 CCB 在快速的初始吸附过程中表现出明显的吸附量的增加，而 TAT 后的 SSB 只在随后的慢速吸附过程中表现出吸附量的明显增加。这些观察结果与前人的研究结果一致。例如，化学氧化后的小麦秸秆生物质炭（灰分相对较少）在快速的初始吸附过程中表现出更高的镉吸附量[15]，而化学氧化后的牛粪生物质炭（灰分丰富）只在随后较慢的步骤中表现出明显的增加[4]。这些结果表明，TAT 促进了生物质炭（特别是富含灰分的生物质炭）的内部吸附过程，这可能是由于 TAT 后生物质炭基质中介孔性的发展，这在孔隙结构的分析中得到了证明。

如图 12-7c、图 12-7d 所示，TAT 后灰分较少的 CCB 对 U(Ⅵ) 的吸附量急剧增加，而 TAT 后灰分较多的 SSB 对 U(Ⅵ) 的吸附量仅略有增加。Langmuir 和 Freundlich 等温线模型的拟合结果显示，TAT 后，CCB 和 SSB 的最大 U(Ⅵ) 吸附量分别从 68.82mg/g 和 78.66mg/g 增加到 163.18mg/g 和 96.73mg/g。具体来说，在 TAT 前后，Langmuir 模型对 CCB 的 U(Ⅵ) 吸附有更好的拟合，而 Freundlich 模型在 TAT 前后对 SSB 的 U(Ⅵ) 吸附有更好的拟合。这些结果可能是由于 CCB 作为灰分含量较少的生物质炭在表面结构上更均匀，而 SSB 作为灰分含量较高的生物质炭在表面结构上更不均匀。

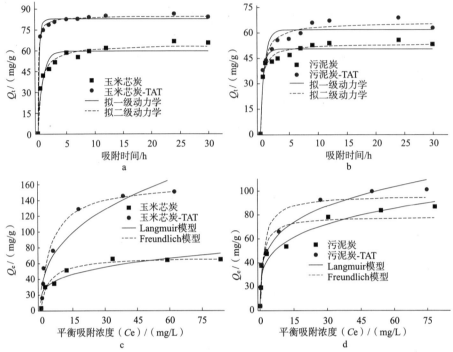

图 12-7　TAT 前后不同生物质炭的吸附动力学和吸附等温线
a. 玉米芯炭的动力学模型拟合　b. 污泥炭的动力学模型拟合
c. 玉米芯炭的等温线模型拟合　d. 污泥炭的等温线模型拟合

　　Freundlich 模型的 n 值是衡量表面异质性的指标，较高的 n 值表明异质性的表面具有广泛的吸附点分布。在本研究中，与原始的生物质炭相比，经过 TAT 的生物质炭显示出更高的 n 值，表明 TAT 降低了生物质炭表面的均匀性。这些结果与化学氧化生物质炭不一致，化学氧化生物质炭与原始生物质炭相比显示出较低的 n 值[4]。化学氧化生物质炭的 n 值较低的原因可能是由于生物质炭在高浓度酸中进行化学氧化时灰分被去除，导致其表面更加均匀；对于 TAT，生物质炭中的灰分含量大幅增加，导致其表面异质性更强。此外，TAT 后 CCB 的 n 值增加比 TAT 后 SSB 的 n 值增加更明显，这表明 TAT 对 CCB 这样的灰分含量极少的生物质炭的表面改性可能更有效。

12.2.4　小结

　　本节研究发现，TAT 可增加生物质炭的 O 含量、O/C 比率和含氧官能团含量，可通过减少平均孔径、增加表面积，发展生物质炭的介孔性。通过批量吸附实验发现 TAT 可显著改善各种生物质炭的 U(Ⅵ)吸附性能，而且 TAT 在促进贫灰生物质炭的 U(Ⅵ)吸附性能方面更为有效。除此之外，由于 TAT 在处理时间（物理/化学活化的典型处理时间通常>1h，化学氧化的典型处理时间通常>4h[4,16]，而 TAT 的处理时间只有 30min）、处理温度（传统活化过程>600℃[17,18]，TAT 过程可介于 200~300℃）以及环境友好程度方面（生物质气化厂的发电机余热约为 300℃，可满足 TAT 对生物质炭进行后处理的温度要求；TAT 无须添加化学剂，不会产生废水）都具有更大的优势，因此，TAT 可能是一个具有成本效益的策略，可以替代传统的广泛使用的生物质炭修饰策略。

12.3 微波氧化冲击生物质炭

12.3.1 生物质炭的微波氧化冲击改性

本节研究中所用的多孔生物质炭（AC）购买自上海麦克林生化有限公司，其原料为果壳。将 AC 用粉碎机研磨，过 80 目筛后放入 105℃烘箱烘干至恒重，封存备用。将装有（1.00±0.05）g 多孔生物质炭的坩埚放入微波炉中，在空气气氛下对炭样品进行微波氧化冲击改性（MW-AOS）。AC 微波辐照的功率为 800W，时间为 15s 或 30s，根据辐照的功率和时间将得到的样品标记为 AC-800-15 和 AC-800-30。

12.3.2 MW-AOS 对多孔生物质炭结构的调控作用

（1）MW-AOS 造成的生物质炭质量损失及对有机元素和灰分的影响。在空气气氛中进行的氧化是从氧在自由碳活性位点上的化学吸附开始的，氧与碳结合形成可转移的氧碳复合物 [C(O)]，新形成的氧碳复合物将进一步解吸为 CO 或 CO_2[19,20]，从而导致质量的损失。在本研究中，尽管 MW-AOS 过程中的峰值温度>500℃，但由于 MW-AOS 的时间较短，生物质炭的质量仅出现了轻微的损失。例如，经过 MW-AOS 处理 15s 后的质量损失为 4%，30s 处理后的质量损失增加到 14%（表 12-1）。质量损失是衡量材料改性的一个重要经济参数。MW-AOS 之后的轻微质量损失表明，MW-AOS 具有好的经济效益。

表 12-1　MW-AOS 后 AC 的质量损失、元素含量及灰分含量

样品	质量损失/%	C 含量/%	H 含量/%	N 含量/%	S 含量/%	O 含量/%	灰分含量/%
AC	—	84.43	1.89	0.20	0.06	3.80	9.63

(续)

样品	质量损失/%	C含量/%	H含量/%	N含量/%	S含量/%	O含量/%	灰分含量/%
AC-800-15	4%	76.26	1.68	0.18	0.02	11.79	10.07
AC-800-30	14%	84.86	1.42	0.21	0.03	3.38	10.12

在大多数情况下，空气氧化可使炭材料的总氧含量增加[8,21,22]。然而，在某些情况下，也可观察到空气氧化导致氧含量下降现象。例如，蒸汽活化的AC在200℃下TAT 2h后，总氧含量从11.8%下降到10.4%[23]。在本研究中，元素分析结果显示，AC中的氧含量在较短的处理时间（15s）内急剧增加到11.79%，然后在较长的处理时间（30s）内急剧下降到3.38%。总氧含量的急剧增加可能是由于生物质炭表面对氧气的化学吸附。这些结果表明，在15s内温度从室温迅速上升到521℃有利于化学吸附氧在AC上的保存，而在MW-AOS期间保持高温会导致AC上化学吸附氧的显著解吸。此外，通过计算后发现生物质炭的极性[(O+N)/C]在15s的MW-AOS后有所增加，说明在改性过程中生物质炭上有极性官能团的形成。

（2）MW-AOS后生物质炭的孔隙结构。MW-AOS前后AC的孔隙结构参数如表12-2所示。MW-AOS前后的样品均为Ⅰ型N_2吸附-解吸等温线，在相对压力0.40~0.99的范围内有小的H4型滞后环，这表明微孔在AC的孔隙结构中占主导。在以往的研究中，氧化总是导致炭材料孔隙结构的崩溃。例如，活性炭纤维在输出电压为8kV、30min的氧等离子体氧化后的BET比表面积从1 783m^2/g下降到990m^2/g[24]；橄榄石衍生的活性炭在臭氧和化学氧化后的BET比表面积分别从1 194m^2/g下降到797.4m^2/g和173.2m^2/g[25]。在本研究中，AC在MW-AOS前后几乎显示出相同的孔隙结构，表明MW-AOS在保留AC的孔隙结构方面具有优势。具体来说，在处理时间为15s时，观察到MW-AOS后AC的BET比表面积略有增加，随着辐照时间从15s增加到30s，BET比表面积略有下降（从1 021.43m^2/g到1 000.89m^2/g）。这些结果表明，在MW-AOS过程中，MW-AOS的处理时间是控制AC孔隙结构的关键因素。

表12-2 MW-AOS前后生物质炭的孔隙结构参数

样品	BET比表面积/(m^2/g)	微孔面积/(m^2/g)	介孔面积/(m^2/g)	总孔体积/(cm^3/g)	平均孔径/nm
AC	1 005.27	933.60	71.67	0.45	1.77
AC-800-15	1 021.43	946.18	75.24	0.45	1.77
AC-800-30	1 000.89	922.17	78.72	0.45	1.78

(3) MW-AOS 后生物质炭的表面化学特征。在本研究中，根据元素分析的结果可以看出对于不同 MW-AOS 处理时间的 AC，分别观察到了总氧含量的增加和减少。然而，图 12-8a 中的 XPS 图谱结果表明，在 MW-AOS 处理 15s 或 30s 后，AC 的表面氧含量却均有所增加。这可能是由于微波辐照期间加热速率加快以及热量分布不均匀导致的。

炭材料的氧化涉及其表面各种含氧官能团（包括醚基、羟基、酮基、苯酚基、内酯基和羧基）的形成、转化和分解。根据 MW-AOS 前后 AC 的 FTIR 图谱可以看出，所有 AC 在 3 400cm^{-1}、1 650cm^{-1}、1 100cm^{-1} 处都存在着吸收峰（图 12-8b），这些位置分别为—OH、C═C/C═O 和 C—O—C 基团。不同官能团的吸收峰重叠使 FTIR 光谱的分配变得困难。因此，XPS 光谱被用来观察含氧官能团的变化。O1s 的分峰结果显示，MW-AOS 后的 AC 主要是由稳定的醚/醚环组成，羰基 C═O 较少（图 12-8c）。例如，在 800W 功率下 MW-AOS 15s 后，O1（酮基、羧基/内酯基中的 C═O）的比例降低到 7.69%，而 O2（醚基中的 C—O）的比例保持在 51%。此外，O3（苯酚基或羧基/内酯基中的 C—O）的比率有所增加，这可能是由于苯酚（C—OH）的形成导致的。内酯基/羧基的去除可能是由于其相对稳定性低于醚、酮和酚基[26]。因此，在热氧化过程中，羧基和内酯基更容易被分解为二氧化碳。

使用程序升温脱附（TPD）分析研究 MW-AOS 后 AC 上含氧官能团的组成。在 TPD 过程中，醚基和酚基分解会产生 CO，而羧基或内酯基分解会产生 CO_2。如图 12-8d 所示，AC-800-15 产生了较低的 CO_2 量，这表明在 MW-AOS 15s 后，AC 上的 O—C═O 基团有所减少。具体来看，原始的 AC 在 250℃ 左右显示出比 MW-AOS 15s 后的 AC 更强的 CO_2 解吸峰，该位置为羧基的分解温度，表明 MW-AOS 后羧基有所减少。

12.3.3　MW-AOS 后多孔生物质炭的亚甲基蓝吸附

AC 是一种用于去除有机污染物的常用吸附剂，其对含有非极性或低极性基团的有机污染物的吸附机理通常是 π-π 相互作用、氢键作用、孔隙填充和静电吸引等机制的共同作用。以前的氧化策略通常会导致 O—C═O 基团的积累，这对于生物质炭通过表面络合来吸附阳离子重金属是有正向作用的。然而，O—C═O 基团的富集会增加炭材料表面的亲水性，这可能会阻碍其与含有非极性或低极性基团的有机污染物的结合。极性的增加可能会抵消氧化后芳香环的氢键作用和 π 电子共轭所带来的污染物吸附效果[27, 28]，导致 AC 对有机污染物的吸附效率低。已有一些研究报告称，炭材料对有机污染物的吸附效

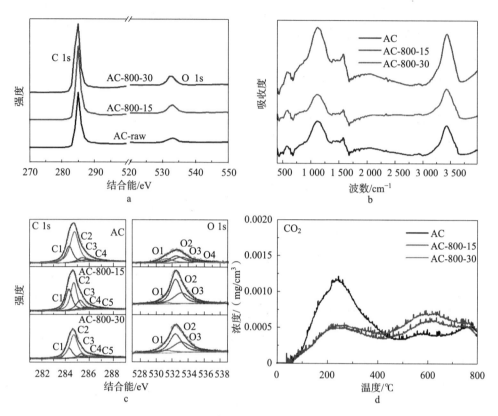

图 12-8 MW-AOS 前后 AC 的表征结果
a. XPS 图谱 b. FTIR 图谱 c. XPS 的分峰拟合 d. TPD 过程中 CO_2 的产生曲线

果因氧化而减少[29]。因此，本研究选择了具有不同极性的有机污染物来探究 MW-AOS 对 AC 吸附性能的影响，验证不在 AC 表面积累 O—C═O 基团的 MW-AOS 氧化策略是否在提高有机污染物的吸附方面更具有优势。

如图 12-9a 所示，MW-AOS 后的 AC 对染料（即亚甲基蓝、孔雀石绿、甲基橙）和抗生素（如土霉素）表现出更高的吸附能力。具体来说，MW-AOS 对极性较低的有机污染物的吸附效率较高，当 MW-AOS 处理时间从 15s 增加到 30s 时，吸附能力下降。例如，AC-800-15 对 MG 的吸附增强了 47%。此外，在 pH 为 3~11 时，经过 MW-AOS 处理的 AC 对亚甲基蓝表现出更高的吸附能力（图 12-9b）。AC 对有机污染物吸附性能的增强可能是由于含氧官能团（如醚）和有机污染物分子之间的氢键作用有所增强，同时 MW-AOS 降低了高极性含氧官能团的含量，通过限制对水的表面亲和力来吸附含有非极性或低极性基团的有机污染物[30]。

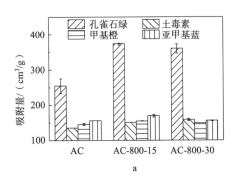
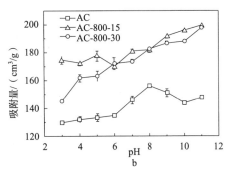

图 12-9 氧化后样品的相关吸附实验

a. MW-AOS 前后 AC 对有机污染物的吸附 b. 不同 pH 条件下 AC 及其改性样品的亚甲基蓝吸附

12.3.4 MW-AOS 后多孔生物质炭的电化学储能性能

在电化学中,将电极表面电荷累积和氧化还原反应产生的赝电容之和称为总电容。据报道,电活性含氧官能团有利于赝电容的提升,而高极性含氧官能团(内酯基、羧基、酸酐基团)对电化学性能有负面影响[31-34]。正如前面对 MW-AOS 前后生物质炭结构的表征结果显示那样,高极性基团 O—C═O (羧基、内酯基和酸酐基团)在 MW-AOS 之后呈降低趋势,而电活性含氧官能团在 MW-AOS 之后被选择性地富集。基于此,将 MW-AOS 前后的生物质炭应用于电化学储能中。

使用电化学工作站(上海晨华 CHI760e)对 AC 的电化学性能进行测定。如图 12-10a、图 12-10b 所示,在 10mV/s 的扫描速率下,MW-AOS 前后 AC 制备的工作电极的循环伏安(CV)曲线均呈现类似矩形的形状,而在 1A/g 的恒流充放电(GCD)曲线也显示出等腰三角形的形状,这表明这些生物质炭电极均显示出双电层的充放电特征[31]。并且 MW-AOS 之后的交流电显示出更大的 CV 曲线面积和更长的 GCD 曲线放电时间,表明原 AC 的比电容在 MW-AOS 之后得到了明显的改善。如图 12-10c 所示,AC 的比电容在 MW-AOS 15s (AC-800-15)后,从 1 A/g 的 60 F/g 增加到 1 A/g 的 208 F/g。短时间的 MW-AOS 有利于 AC 电化学性能的显著提高。阻抗(EIS)的测定有利于阐明 AC 电化学性能增强的机理[31]。如图 12-10d 所示,样品的实轴交点显示,样品的电阻(R_e)遵循 AC-800-15＜AC-800-30＜AC 的顺序,这表明 MW-AOS 可以增加 AC 的导电性。此外,根据圆弧曲线的跨度可发现,电荷转移电阻遵循 AC-800-15＜AC-800-30＜AC 的顺序,表明 MW-AOS 可以改善电极中的离子迁移过程。这些结果表明,MW-AOS 通过降低 R_e 和促进 AC 电极中的电荷转移,提升 AC 的电容和电子转移速率。电阻的降低和电荷转移的改善可能是由于O—C═O基团的去除。据报道,O—C═O基团对表面导电性和离子迁移到孔隙中具有负面影响[31]。

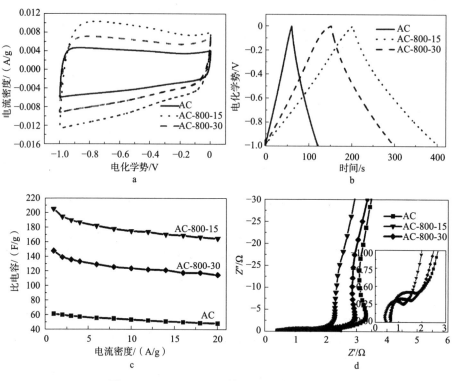

图12-10 MW-AOS前后AC的电化学参数
a. CV曲线 b. GCD曲线 c. 不同电流下的比电容 d. 阻抗

12.3.5 小结

微波氧化冲击改性(MW-AOS)作为一种炭材料表面功能化策略,可选择性地调整生物质炭的表面功能。表征结果表明,由于低极性高赝电容含氧官能团(即乙醚)的富集和高极性低赝电容含氧官能团(即内酯基/羧基)的贫化的综合作用,MW-AOS显著提高了生物质炭在有机污染物吸附和电化学储能方面的性能(比电容增加了250%)。因此,MW-AOS有望作为一种独特的炭材料定向调控策略。

参 考 文 献

[1] Dai L, Lu Q, Zhou H, et al. Tuning oxygenated functional groups on biochar for water

pollution control: a critical review. Journal of Hazardous Materials, 2021, 420: 126547.

[2] Lu K M, Lee W J, Chen W H, et al. Torrefaction and low temperature carbonization of oil palm fiber and eucalyptus in nitrogen and air atmospheres. Bioresource Technology, 2012, 123: 98-105.

[3] Dai L, Zhu W, He L, et al. Calcium-rich biochar from crab shell: an unexpected super adsorbent for dye removal. Bioresour Technol, 2018, 267: 510-516.

[4] Jin J, Li S W, Peng X Q, et al. HNO_3 modified biochars for uranium (VI) removal from aqueous solution. Bioresource Technology, 2018, 256: 247-253.

[5] Comarmond M J, Steudtner R, Stockmann M, et al. Thesorption processes of U(VI) onto SiO_2 in the presence of phosphate: from binary surface species to precipitation. Environmental Science & Technology, 2016, 50 (12): 11610-11618.

[6] Yi L, Li L, Tao C, et al. Bioassembly of fungal hypha/graphene oxide aerogel as high performance adsorbents for U(VI) removal. Chemical Engineering Journal, 2018, 347: 407-414.

[7] Zhao Y, Li J, Zhao L, et al. Synthesis of amidoxime-functionalized $Fe_3O_4@SiO_2$ core-shell magnetic microspheres for highly efficient sorption of U(VI). Chemical Engineering Journal, 2014, 235: 275-283.

[8] Xiao F, Pignatello J J. Effects ofpost-pyrolysis air oxidation of biomass chars on adsorption of neutral and ionizable compounds. Environmental Science & Technology, 2016, 50 (12): 6276-6283.

[9] Xiao F, Bedane A H, Zhao J X, et al. Thermal air oxidation changes surface and adsorptive properties of black carbon (char/biochar). Science of the Total Environment, 2018, 618: 276-283.

[10] Ding Z, Xin H, Wan Y, et al. Removal of lead, copper, cadmium, zinc, and nickel from aqueous solutions by alkali-modified biochar: Batch and column tests. Journal of Industrial and Engineering Chemistry, 2016, 33: 239-245.

[11] Alam M S, Gorman-Lewis D, Chen N, et al. Mechanisms of the removal of U(VI) from aqueous solution using biochar: a combined spectroscopic and modeling approach. Environmental Science & Technology, 2018, 52 (22): 13057-13067.

[12] Sun Y, Wu Z Y, Wang X, et al. Macroscopic and microscopic investigation of U(VI) and Eu(III) adsorption on carbonaceous nanofibers. Environmental Science & Technology, 2016, 50 (8): 4459.

[13] Xie Y, Helvenston E M, Shuller-Nickles L C, et al. Surface complexation modeling of Eu(III) and U(VI) interactions with graphene oxide. Environmental Science & Technology, 2016, 50 (4): 1821.

[14] Tam M S, Antal M J. Preparation of activated carbons from macadamia nut shell and coconut shell by air activation. Industrial & Engineering Chemistry Research, 1999, 38 (11): 4268-4276.

[15] Fan Q, Sun J, Lei C, et al. Effects of chemical oxidation on surface oxygen-containing functional groups and adsorption behavior of biochar. Chemosphere, 2018, 207: 33-40.

[16] Ghaffar A, Ghosh S, Li F, et al. Effect of biochar aging on surface characteristics and adsorption behavior of dialkyl phthalates. Environmental Pollution, 2015, 206: 502-509.

[17] Franciski M A, Peres E C, Godinho M, et al. Development of CO_2 activated biochar from solid wastes of a beer industry and its application for methylene blue adsorption. Waste Management, 2018, 78: 630-638.

[18] Rajapaksha A U, Chen S S, Tsang D C W, et al. Engineered/designer biochar for contaminant removal/immobilization from soil and water: potential and implication of biochar modification. Chemosphere, 2016, 148: 276-291.

[19] Cerciello F, Senneca O, Coppola A, et al. The influence of temperature on the nature and stability of surface-oxides formed by oxidation of char. Renewable & Sustainable Energy Reviews, 2021, 137: 110595.

[20] Batchu R, Thompson Z, Fang Z, et al. Role of surface diffusion in formation of unique reactivity for graphite oxidation: time-resolved measurements in a pulsed diffusion reactor. Carbon, 2021, 182: 781-790.

[21] Yang Y, Wang J, Wang Z, et al. Abatement of polycyclic aromatic hydrocarbon residues in biochars by thermal oxidation. Environmental Science & Technology Letters, 2021, 8(6): 451-456.

[22] Cao X, Xiao F, Duan P, et al. Effects of post-pyrolysis air oxidation on the chemical composition of biomass chars investigated by solid-state nuclear magnetic resonance spectroscopy. Carbon, 2019, 153: 173-178.

[23] Raoof, Bardestani, Serge, et al. Steam activation and mild air oxidation of vacuum pyrolysis biochar. Biomass and Bioenergy, 2018, 108: 101-112.

[24] Huang Y, Yu Q, Li M, et al. Surface modification of activated carbon fiber by low-temperature oxygen plasma: textural property, surface chemistry, and the effect of water vapor adsorption. Chemical Engineering Journal, 2021, 418: 129474.

[25] Bohli T, Ouederni A. Improvement of oxygen-containing functional groups on olive stones activated carbon by ozone and nitric acid for heavy metals removal from aqueous phase. Environmental Science and Pollution Research, 2016, 23(16): 15852-15861.

[26] Han G F, Xiao B B, Kim S J, et al. Tuning edge-oxygenated groups on graphitic carbon materials against corrosion. Nano Energy, 2019, 66: 104112.

[27] Jie J, Ke S, Wang Z, et al. Effects of chemical oxidation on phenanthrene sorption by grass- and manure-derived biochars. Science of the Total Environment, 2017, 598: 789-796.

[28] Jin J, Sun K, Wang Z, et al. Characterization and phenanthrene sorption of natural and pyrogenic organic matter fractions. Environmental Science & Technology, 2017, 51

(5): 2635.

[29] Li X, Zhao H, Quan X, et al. Adsorption of ionizable organic contaminants on multi-walled carbon nanotubes with different oxygen contents. Journal of Hazardous Materials, 2011, 186 (1): 407-415.

[30] Wu W, Chen W, Lin D, et al. Influence of surface oxidation of multiwalled carbon nanotubes on the adsorption affinity and capacity of polar and nonpolar organic compounds in aqueous phase. Environmental Science & Technology, 2012, 46 (10): 5446-5454.

[31] Zhang Y, Li X, Lv Z, et al. Capacitive mechanism of oxygen functional groups on carbon surface in supercapacitors. Electrochimica Acta, 2018, 282: 618-625.

[32] Lee J, Abbas M A, Bang J H. Exploring the capacitive behavior of carbon functionalized with cyclic ethers: a rational strategy to exploit oxygen functional groups for enhanced capacitive performance. ACS Applied Materials & Interfaces, 2019, 11 (21): 19056-19065.

[33] Hsieh C T, Teng H. Influence of oxygen treatment on electric double-layer capacitance of activated carbon fabrics. Carbon, 2002, 40 (5): 667-674.

[34] Liu W J, Jiang H, Yu H Q. Emerging applications of biochar-based materials for energy storage and conversion. Environmental Science & Technology, 2019, 12 (6): 1751-1779.

图书在版编目（CIP）数据

秸秆高值转化利用技术／申锋等著.—北京：中国农业出版社，2023.5
ISBN 978-7-109-30674-5

Ⅰ.①秸… Ⅱ.①申… Ⅲ.①秸秆-综合利用 Ⅳ.①S38

中国国家版本馆 CIP 数据核字（2023）第 079343 号

中国农业出版社出版
地址：北京市朝阳区麦子店街 18 号楼
邮编：100125
责任编辑：魏兆猛　文字编辑：徐志平
版式设计：王　晨　责任校对：刘丽香
印刷：北京中兴印刷有限公司
版次：2023 年 5 月第 1 版
印次：2023 年 5 月北京第 1 次印刷
发行：新华书店北京发行所
开本：700mm×1000mm　1/16
印张：16
字数：305 千字
定价：69.00 元

版权所有·侵权必究
凡购买本社图书，如有印装质量问题，我社负责调换。
服务电话：010-59195115　010-59194918